图说园林树木栽培与修剪

张小红　冯莎莎◎编著

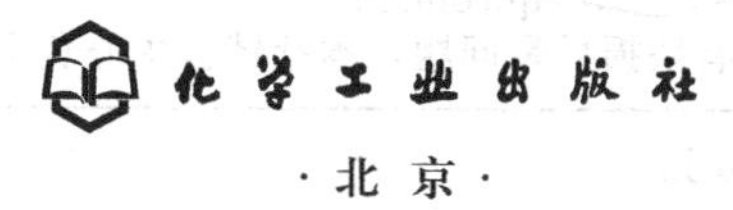

·北京·

图书在版编目（CIP）数据

图说园林树木栽培与修剪/张小红，冯莎莎编著．北京：化学工业出版社，2016.6（2023.5重印）
（园林育苗技术系列）
ISBN 978-7-122-26893-8

Ⅰ.①图…　Ⅱ.①张…②冯…　Ⅲ.①园林树木-栽培技术-图解②园林树木-修剪-图解　Ⅳ.①S68-64

中国版本图书馆CIP数据核字（2016）第085985号

责任编辑：邵桂林　　　　装帧设计：韩　飞
责任校对：王素芹

出版发行：化学工业出版社（北京市东城区青年湖南街13号　邮政编码100011）
印　　装：天津盛通数码科技有限公司
850mm×1168mm　1/32　印张 10¾　字数 310千字
2023年5月北京第1版第8次印刷

购书咨询：010-64518888
售后服务：010-64518899
网　　址：http://www.cip.com.cn
凡购买本书，如有缺损质量问题，本社销售中心负责调换。

定　　价：39.00元　

《园林育苗技术系列》编委会

图说
园林树木栽培
与修剪

前言

· Foreword ·

随着社会的发展，人们环保意识日益增强，对生活环境要求不断提高，园林绿化作为城市和农村环境建设的重要组成部分，迅速发展起来。园林绿化工作的主体是园林植物，其中又以园林树木所占比重最大。做好园林树木的栽培与修剪，使其茁壮生长，是提高城市绿化水平、巩固绿化成果的关键。

本着浅显易懂、图文并茂、形象直观的原则，编写《图说园林树木栽培与修剪》，对园林树木的栽培管理与整形修剪技术进行了详细讲述，以期为园林工作者提供操作指南。

本书共分六章。第一章主要讲解园林树木的分类、选择与配置、栽植技术、大树移植及土肥水管理技术。第二章主要讲述了园林树木整形修剪的意义与原则、修剪的基本方法、不同类型园林树木的整形修剪方法。第三至六章详细介绍了行道树和庭荫树、花灌木、绿篱及藤本类共 60 种常见园林树木的栽培管理和整形修剪技术。

在本书的编写过程中，得到了河北北方学院园艺系王鹏、郑志新老师的协助，在此表示衷心感谢。书中图片大部分由笔者自己拍照和绘制，少量来自网络和参考书，对提供资料和协助本书写作的同志，在此表示诚挚的谢意。

由于编写时间仓促，书中不足之处在所难免，恳请读者批评指正。

编著者

图说
园林树木栽培
与修剪

目录

·Contents·

第一章 园林树木栽培技术

第一节 园林树木分类 …… 1
一、根据树木的生长习性分类 …… 1
二、根据叶存在期的长短分类 …… 2
三、根据光照因子分类 …… 3
四、根据树木的植物学特点分类 …… 4
五、根据树木的观赏特性分类 …… 4
六、根据树木在园林绿化中的用途分类 …… 5
第二节 树种选择与配置 …… 6
一、树种选择的基本原则 …… 7
二、树种特性与树种选择 …… 7
三、适地适树的途径和方法 …… 9
四、主要绿化类型的树种选择 …… 10
五、园林树木的配置方式 …… 18
第三节 园林树木栽植技术 …… 24
一、园林树木栽植的概念 …… 24
二、园林树木栽植原理 …… 26
三、栽植前的准备 …… 28
四、栽植技术 …… 35
五、栽植成活期的养护管理 …… 50
第四节 大树移植 …… 59
一、大树移植概述 …… 59
二、大树移植前的准备 …… 63
三、大树移植技术 …… 68

四、提高大树移植成活率的措施 …… 78
五、土球破损、散球怎么办 …… 82
六、大树降温微灌系统 …… 83
第五节 园林树木的土、肥、水管理 …… 84
一、园林树木的土壤管理 …… 84
二、园林树木的水分管理 …… 89
三、园林树木的营养管理 …… 99

第二章 园林树木整形修剪基础

第一节 园林树木整形修剪的意义与原则 …… 109
一、园林树木整形修剪的意义 …… 109
二、园林树木整形修剪的原则 …… 109
第二节 园林树木的枝芽特性 …… 113
一、芽的种类 …… 113
二、枝的种类 …… 114
三、枝芽特性 …… 117
第三节 园林树木修剪的基本方法 …… 121
一、修剪时期 …… 121
二、修剪的基本方法 …… 122
三、修剪的注意事项 …… 129
四、修剪常用工具及使用要点 …… 132
第四节 不同类型园林树木的整形修剪方法 …… 137
一、园林树木的整形方式 …… 137
二、不同类型树木的整形修剪 …… 149

第三章 行道树和庭荫树的栽培与修剪

一、垂柳 …… 163
二、馒头柳 …… 165
三、毛白杨 …… 167
四、龙爪槐 …… 170
五、榆树 …… 172

六、梧桐 …………………………………………………… 174
七、二球悬铃木 ……………………………………………… 177
八、银杏 …………………………………………………… 180
九、泡桐 …………………………………………………… 182
十、合欢 …………………………………………………… 185
十一、七叶树 ………………………………………………… 188
十二、鸡爪槭 ………………………………………………… 190
十三、复叶槭 ………………………………………………… 192
十四、流苏树 ………………………………………………… 194
十五、西府海棠 ……………………………………………… 196
十六、玉兰 …………………………………………………… 199
十七、碧桃 …………………………………………………… 202
十八、梅花 …………………………………………………… 204
十九、樱花 …………………………………………………… 207
二十、柿树 …………………………………………………… 210
二十一、苹果 ………………………………………………… 212
二十二、油松 ………………………………………………… 217
二十三、雪松 ………………………………………………… 220
二十四、侧柏 ………………………………………………… 223
二十五、圆柏 ………………………………………………… 226
二十六、龙柏 ………………………………………………… 227
二十七、香樟树 ……………………………………………… 231
二十八、杜英 ………………………………………………… 233
二十九、广玉兰 ……………………………………………… 236
三十、女贞 …………………………………………………… 239
三十一、桂花 ………………………………………………… 241

第四章　花灌木的栽培与修剪

一、连翘 …………………………………………………… 246
二、紫薇 …………………………………………………… 248
三、紫荆 …………………………………………………… 251
四、榆叶梅 ………………………………………………… 255

五、紫丁香 …… 257
六、蜡梅 …… 259
七、石榴 …… 263
八、木槿 …… 266
九、牡丹 …… 269
十、迎春花 …… 273
十一、红叶石楠 …… 276
十二、红花檵木 …… 278
十三、三角梅 …… 282
十四、夹竹桃 …… 285
十五、杜鹃花 …… 288
十六、月季 …… 290
十七、瑞香 …… 294
十八、栀子花 …… 298
十九、茶花 …… 301
二十、枸骨 …… 304

第五章　绿篱的栽培与修剪

一、中华金叶榆 …… 308
二、火棘 …… 310
三、大叶黄杨 …… 313
四、小叶黄杨 …… 316
五、紫叶小檗 …… 318
六、小叶女贞 …… 320

第六章　藤本的栽培与修剪

一、凌霄 …… 323
二、紫藤 …… 325
三、葡萄 …… 328

参考文献

第一章

园林树木栽培技术

第一节　园林树木分类

园林树木是指城乡各类园林绿地、风景名胜区及相关景观中的各类木本植物，它们通常以单株、群集、成片的形式出现在各类景观中，是人类着重经营的植物类型之一。

一、根据树木的生长习性分类

此分类见图 1-1。

1. 乔木

树体高大，有直立发达的主干，主侧枝分布鲜明。其中，小乔木树高 5～8m，如圆柏、樱花、木瓜、枇杷等；大乔木树高 20m 以上，如银杏、悬铃木、梧桐、毛白杨等。

2. 灌木

树体矮小，无发达主干或多主干。其中，小灌木株高不足 1m，如金丝桃、紫叶小檗等；中灌木株高 1～2m，如南天竹、小叶女贞、麻叶绣球、郁李等；大灌木株高 2m 以上，如珊瑚树、榆叶梅等。但是有些树木也不是绝对的，通过一定的整形修剪手段的处理，比如桂花、月季，可能是小乔木，也可能是灌木。

3. 藤本

茎不能直立，须借助于吸盘、吸附根、卷须、钩刺或枝蔓及茎本身的缠绕性，攀附他物向上生长。如紫藤、凌霄、常春藤、五叶地锦、爬山虎、金银花、络石、葡萄等。

4. 竹木

园林树木栽培应用中的特殊单子叶类植物，其生长点与上述树种迥然不同，具独特的节间生长特性。

5. 棕榈类

特指棕榈科植物，为单子叶植物在园林树木栽培应用中的又一奇葩，为营造南方热带园林植物景观的主要选择。

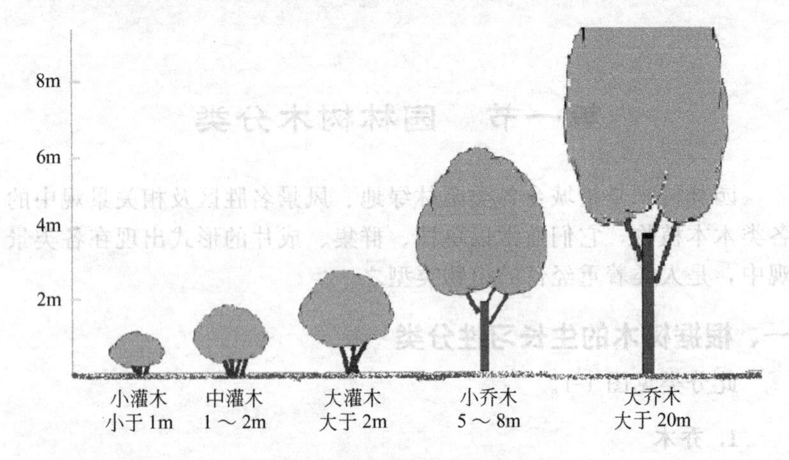

图 1-1　园林树木分类

二、根据叶存在期的长短分类

此分类见图 1-2。

1. 常绿树

四季常年着生绿色枝叶的树木。大多数松柏类树木属于常绿树。常绿树的叶子并非永远不落，只是叶片寿命比落叶树的叶片寿命长一些，如冬青叶可活 1～3 年，松树叶可活 3～5 年，罗汉松的叶子可活 2～8 年。

2. 落叶树

在秋季落叶过冬，第二年春天生长新叶且旺盛生长的树木。常见的有杨、柳、银杏、梅等。

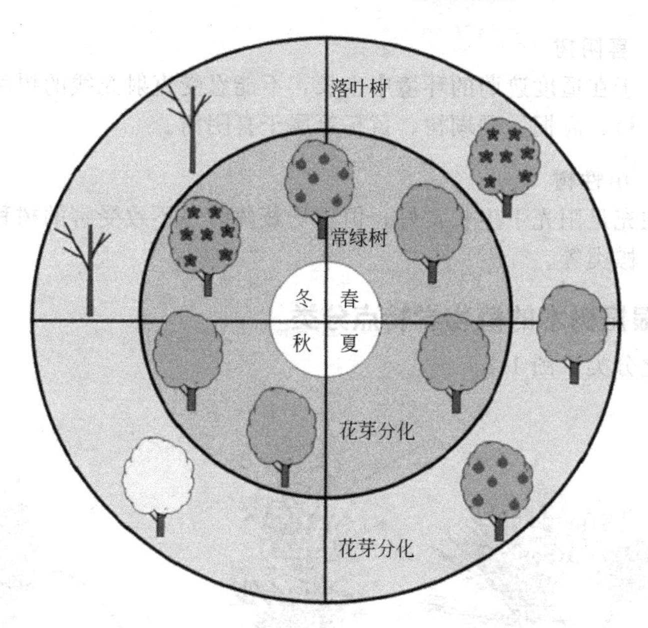

图 1-2 常绿树和落叶树的四季变化

三、根据光照因子分类

此分类见图 1-3。

1. 喜阳树

喜好在阳光强烈处生长的树种。喜阳树生长环境缺乏阳光，则往往会生长不良或枯死。月季、牡丹、棕榈、苏铁、橡皮树、银杏、紫薇、杨属、松属等属于喜阳树。

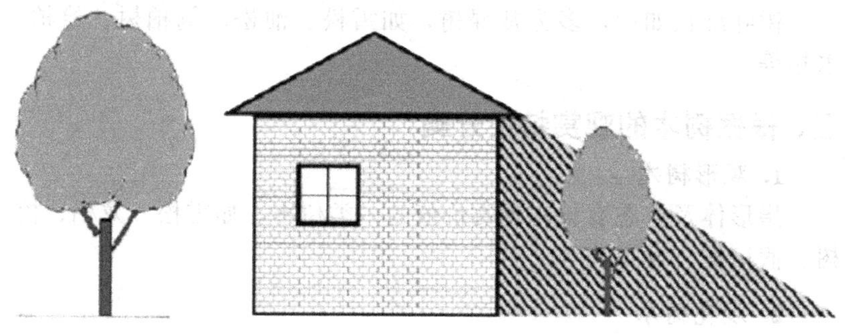

图 1-3 喜阳树（左）和喜阴树（右）

2. 喜阴树

适于在适度遮荫的环境中生长，不能忍受直射光线的树种，云杉、冷杉、海桐、珊瑚树、黄杨等属于喜阴树。

3. 中性树

在充足阳光下生长良好，但稍受蔽荫时也不致受害的树种。如侧柏、槭类等。

四、根据树木的植物学特点分类

此分类见图 1-4。

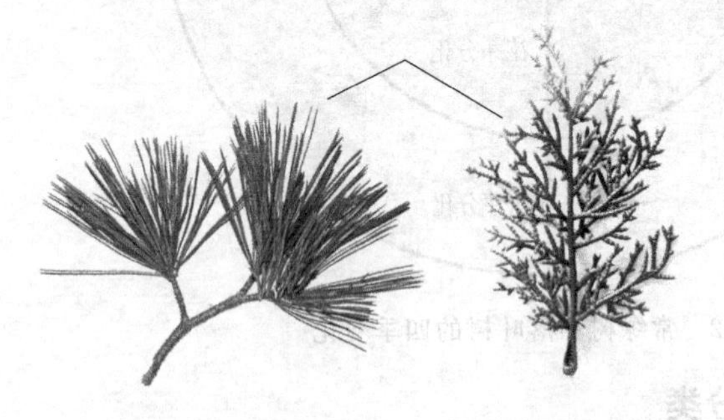

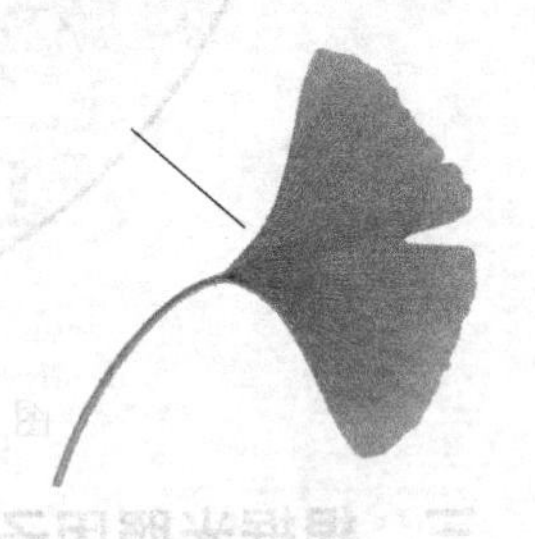

图 1-4　阔叶树和针叶树树叶

1. 阔叶树

叶片扁平宽，叶形随树种不同而有多种形状的多年生木本植物。如杨树、柳树、银杏等。

2. 针叶树

树叶细长如针，多为常绿树，如雪松、油松、侧柏树、桧柏、水杉等。

五、根据树木的观赏特性分类

1. 观形树木

指形体及姿态有较高观赏价值的一类树木，如雪松、龙柏、榕树、假槟榔、龙爪槐等。

2. 观花树木

指花色、花形、花香等有较高观赏价值的树木，如梅花、蜡梅、月季、牡丹、白玉兰等。

3. 观叶树木

树木叶之色彩、形态、大小等有独特之处，可供观赏，如银杏、鸡爪槭、黄栌、七叶树、椰子等。

4. 观果树木

果实具有较高观赏价值的一类树，或果形奇特，或其色彩艳丽，或果实巨大等，如柚子、秤锤树、复羽叶栾树等。

5. 观枝干树木

这类树木的枝干具有独特的风姿，或具奇特的色彩，或具奇异的附属物等，如白皮松、梧桐、青榨槭、白桦、栓翅卫矛、红瑞木等。

6. 观根树木

这类树木裸露的根具观赏价值，如榕树、蜡梅等。

六、根据树木在园林绿化中的用途分类

根据树木在园林中的主要用途可分为独赏树、庭荫树、防护树、花灌类、藤本类、植篱类、地被类、盆栽与造型类、室内装饰类、基础种植类等，这里重点介绍几类。

1. 独赏树

可独立成景供观赏用的树木，主要展现的是树木的个体类，一般要求树体雄伟高大，树形美观，或具独特的风姿，或具特殊之观赏价值，且寿命较长，如雪松、南洋杉、银杏、樱花、凤凰木、白玉兰等均是很好的独赏树。

2. 庭荫树

主要是能形成大片绿荫供人纳凉之用的树木。由于这类树木常用于庭院中，故称庭荫树，一般树木高大、树冠宽阔、枝叶茂盛、无污染物等，选择时应兼顾其他观赏价值。如梧桐、国槐、玉兰、枫杨、柿树等常用作庭荫树。

3. 行道树

是道路绿化栽植树种。一般来说，行道树应树形高大、冠幅

大、枝叶茂密、枝下高较高，发芽早、落叶迟，生长迅速，寿命长，耐修剪，根系发达、不易倒伏，抗逆性强的特点。在园林实践中，完全符合理想的十全十美的行道树种并不多。我国常见的有悬铃木、樟树、国槐、榕树、重阳木、女贞、毛白杨、银桦、鹅掌楸、椴树等。

4. 防护树类

主要指能从空气中吸收有毒气体、阻滞尘埃、防风固沙、保持水土的一类树木。这类树种一般在应用时，多植成片林，以充分发挥其生态效益。

5. 花灌类

一般指观花、观果、观叶及其他观赏价值的灌木类的总称，这类树木在园林中是应用最广。观花灌木如榆叶梅、蜡梅、绣线菊等，观果类如火棘、金银木、华紫株等，观叶类有石楠、连翘等。

6. 植篱类

植篱类树木在园林中主要用于分隔空间、屏蔽视线、衬托景物等，一般要求树木枝叶密集、生长慢、耐修剪、耐密植、养护简单。常见的有大叶黄杨、雀舌黄杨、法国冬青、侧柏、女贞、九坐香、马甲子、火棘、小蜡树、六月雪等。

7. 地被

指那些低矮的、铺展力强、常覆盖于地面的一类树木，多以覆盖裸露地表、防止尘土飞扬、防止水土流失、减少地表辐射、增加空气湿度、美化环境为主要目的。那些矮小的、分枝性强的，或偃伏性强的，或是半蔓性的灌木，以及藤本类均可作园林地被用。

第二节　树种选择与配置

树种的选择直接关系到园林绿化的质量，是城市园林建设的重要环节，因此，正确选择树种是学习园林树木栽培的一个重要方面。

一、树种选择的基本原则

园林树种的选择应满足目的性、适应性、经济性三条基本原则。

(一) 目的性原则

选择的树种应充分满足栽培目的要求。园林绿化的主要目的是观赏，园林树木的观赏特性主要由树形、叶色、枝干和花果的形状、色泽，香气等要素构成，树种的选择不能只注重观赏效果，要充分发挥树木的生态价值、环境保护价值、经济价值等，满足其多功能、多效益的目的。

(二) 适应性原则

园林树木的生长、发育受生态因子的影响，树种的选择必须考虑当地的自然条件，使栽植树种（或品种）的生态学特征与立地条件相适应，即“适地适树”。适地适树就是要使“地”和“树”之间的矛盾在树木生长的主要过程中达到平衡，充分发挥土地和树种的潜力。在某种场合或某个阶段人为措施可使树木生长的需求与立地环境达到平衡，但片面强调人为措施来改造立地环境，以“满足”树木生长的需求，往往导致失败。

(三) 经济性原则

园林树木的选择在满足目的性和适应性的基础上，要尽可能选择来源广、繁殖易、苗木价格低、栽植成活率高、养护费用较低的树种或品种。对部分园林树木来说，经济实效性还体现在所选树种在提高社会效益、生态效益的同时，能够兼顾市场需求，具有一定的经济开发前景。

二、树种特性与树种选择

随着城市的发展，人们愈来愈热衷于引种新、奇、特的植物，这就要求除了满足树种选择的基本原则外，还应注意树种特性与管护成本。

(一) 管护成本

树种选择要考虑它的预期功能与管护成本的关系，不同种类的组合与今后必须投入的养护费用有密切的关系，如果经费不能保证，要舍弃那些必须投入大量人力养护管理的树种，改选具有相似美学特性的易护理树种，才能确保园林群落的稳定和发挥预期的功能。

（二）树种特性

1. 树体尺度

指树木达到壮龄时的树体大小，主要包括树木高度，树冠的大小。不同树种达到壮龄时树体的尺度有很大的差别（见图 1-5），树种选择如不考虑其壮龄树体的大小，为了很快达到设计要求而密植，若干年后树木就会超越设计预留的空间，必须采取额外的措施来控制，才能维持原来的景观效果。例如过度生长的灌木，常因阻挡了窗户和景色而破坏设计初衷；植株过大可能会影响围栏、排水沟、人行道和铺路石，也会过度遮蔽下层植物。

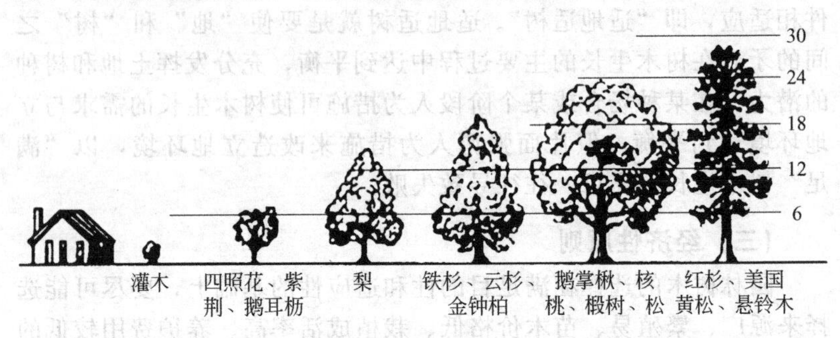

图 1-5　不同树种成龄时的树体尺度比较（m）

2. 根系特性

根为树体提供吸收养分、水分和支撑的功能，对植物抗风起相当作用。不同树种根系分布习性不同，浅层根系发达的大树易风倒，还会造成地表铺装与建筑物的破坏。柳、白杨等树种根系扩展迅速，容易损害城市的地下设施，如路面、球场、下水道管等。

3. 观赏特点

园林树木的观赏特点主要指树形以及叶、花与果的观赏效果。彩叶树木和观花、观果的树木历来是园林的首选树种，在选择其较高观赏性的同时，要考虑其负面影响，错误的选择成为城市树木群落的不稳定因素。如有些植物的花易引起过敏反应；有些植物有难闻的气味等，不适合作行道树和种植在庭院中。

4. 树木的功能

就生态功能而言，主要包括对小气候的影响及减少大气污染等作用，不同树种的生态功能有很大的差异，主要取决于树冠的大小、叶量的多少以及树木的生长与生产特点。厚的、有软毛的、蜡质的叶能提高植物抗旱能力，大而稠密的叶能提供良好的遮阳效果，并有良好的降尘作用；常绿树种因冬季有叶片而防风效果好。特别应注意的是，有些树木会释放污染大气的物质，如一些易挥发性有机物（VOC）从而导致臭氧和一氧化碳的生成。

三、适地适树的途径和方法

（一）选树适地

在给定了绿化规划区的基础上选择最适于该施工地段的园林树木，而乡土树种应该是首选的对象，另外应注意选择当地的地带性植被种类构筑稳定的群落。这必须充分了解“地”和“树”的特性，即全面分析栽植地的立地条件，尤其是极端限制因子，同时要了解候选树种的生物学、生理学、生态学特性，这除依靠树木学基本知识外，还可通过一系列调查研究来获得。

（二）选地适树

在充分调查了解树种生态学特性及立地条件的基础上，充分利用栽植地存在的生态梯度，选择适宜所选树种生长的特定小生境。如对于忌水的树种，可选栽在地势相对较高、地下水位较低的地段；对于南树北移，极低气温是限制因子的树种，可选择背风向阳的南坡或冬季主风向有天然屏障的地形处栽植。

（三）改地适树

在特定的区域栽植具有某特殊性状的树种，而该立地的生态因子又限制了该树种的生长，则可根据树种的要求来改造立地环境。一般通过施肥改变土壤的pH，客土改变原土壤的质地，增设灌排水设施调节水分，或与其他树种混交改变光照条件等措施，满足树种生长。一般园林绿化项目不宜动用大量的投入来改地适树，可选择的树种很多，寻找替代的树种可减少不必要的投资。

（四）“改树”适地

这是“选树适地”的延伸，属于育种改良的范畴，如通过育种工作增强树种的耐寒性、耐旱性或抗盐性，以适应在寒冷、干旱或盐渍化的栽植地上生长，这是一个漫长的过程，不是某一项园林工程可以实现的。

（五）应用乡土树种

“乡土树种”是指未经人类作用引进的那些树种，乡土树种最适应当地的气候及土壤条件，在各地的乡土树种中都有较高观赏价值的树种，它们一般无需对土壤作特殊处理。更重要的是“乡土树种”能很好地显示地方特色，从而具有特殊的栽培价值。应用乡土树种更有利于在城市中创造自然或半自然的绿化景观。

四、主要绿化类型的树种选择

（一）观赏树种选择

1. 观形树种（见图 1-6）

图 1-6　观形树种

树形是园林造景的基本因素之一，不同树形的树木精心配置，就会产生丰富的层次感和韵律感，构成美丽、协调的画面。例如雪松、龙柏、水杉等尖塔形、圆锥形的树给人以庄严肃穆的感觉；新疆杨等柱状窄冠树具有高耸挺拔的效果；龙爪槐等垂枝类树有优雅婀娜的风韵等。人们可根据群体构图需要和与周围建筑物等环境协调的原则选择具有不同树形的树木。除自然树形外，还可以通过修剪获得特殊树形，如耐修剪的黄杨、冬青、女贞、桧柏等常修剪成人们喜爱的各种形状。

2. 观叶树种（见图 1-7）

图 1-7 观叶树种

园林中最基本、最常见的色调是由树木的叶色烘托出来的。常绿树四季常青，尤其在万物萧疏的冬季，绿色给大地赋予生机；落叶树在早春吐展淡绿或黄绿的嫩芽，向人们报告大地在苏醒；秋天色叶树种更是给人以不似春光，胜似春光的感觉。而一些树木叶色的四季变化又给人以时光流逝的动感，如深秋叶色变红或紫色的树种有柿、樱花、漆树、花楸、卫矛、山楂、黄连木、地锦、元宝枫等。秋天叶色变黄或黄褐色的有银杏、鹅掌楸、白桦、水杉、楸树、复叶槭、核桃等。色叶树种在园林中群植还可配置成大的色块图案，这是 20 世纪 80 年代以后在国内外园林种植绿地设计中的流行手法。

有些树种的叶片在整个生长期均有绚丽的色彩，如紫叶李、紫叶小檗、洒金柏、金心黄杨等在园林中能起到很好的点缀作用。不同树种叶片的大小、形状、萌芽期和展叶期也不尽相同，可根据人们喜爱和园林构景需要加以选择。

3. 观花树种（见图 1-8）

树木的花有着变化万千的形状、五彩缤纷的颜色以及各种类型

图 1-8　观花树种

的芳香。玉兰、厚朴、山茶等花形大，远距离观赏价值高；栾树、合欢、紫薇、绣球等花虽小，但构成庞大的花序，其效果也很好。不同花色的合理搭配，能显著提高其观赏效果，通常依花色不同将观花树分为红色花系、黄色花系、紫色花系、白色花系四大类。观花树种选择时，除考虑上述因素外，还应考虑开花时间，以创造四季有花开的环境。但有些树种因产生过多的花粉而污染环境，这也是必须要考虑的因素，特别是在人群密集、宾馆、疗养院等地更应注意。

4. 观果树种（见图 1-9）

图 1-9　观果树种

园林树木的果实有多种类型，有些具有食用价值，有的有很高的观赏价值，有些树种的果实兼具多种价值，如柿子、山楂、石楠、荚蒾、四照花等果色鲜艳；栾树淡黄色的果实，犹如一串串彩色小灯笼挂在树梢；金银木、冬青、南天竹、红透晶莹的果实，可一直挂树留存到白雪皑皑的冬季。

5. 观枝树种（见图 1-10）

图 1-10　观枝树种

有些树种干、枝的外皮具有特殊的颜色，在园林景色中起到一定的观赏作用。如白皮松青白色且带有斑纹的树皮，梧桐的绿色干皮在秋季落叶后更为醒目。枝干具有特殊皮色的树种还有竹、白桦、毛白杨、悬铃木、红瑞木、榔榆、豺皮樟等。

（二）行道树树种选择

行道树是城镇绿化的主要部分，如美国一般城市的行道树占城市树木总量的10％～15％。目前对行道树树种的选择与配置一般有两种：其一为单一树种配置，即一条道路应用一种树种，整齐化并便于管理；另一种则采用多树种配置，这主要鉴于单一树种可能在结构上具有不稳定的因素。美国在经历了 20 世纪 30 年代荷兰榆树病的危害以后，基本趋向于采用多样性的行道树结构；而我国在行道树的选择上也经历了曲折的过程，如 20 世纪 50 年代大多数城市选用二球悬铃木等大树冠的乔木，构成树冠覆盖率很高的林荫道，80 年代以小乔木、小树冠的乔木为主，90 年代以后出现乔、灌木结合的林带。

道路绿化应作统一规划，根据道路级别、位置等具体条件确定树种。在主干道上选用的树种要有代表性、能反映城市风貌，而且要避免树种单一化，遵从人性化的原则（见图 1-11）。一般行道树以种植有一定冠幅的高大乔木为主，常绿与落叶树种比例适当，既能遮蔽夏季的阳光又不影响冬季的采光，同时不妨碍交通。

图 1-11　行道树

行道树的选择一般要求具备以下条件：乔木树种主干通直，枝叶繁茂，枝下高 2.5m 以上，寿命长；耐瘠薄、耐高温，抗逆性强；有减尘、降噪、耐修剪、清洁卫生等特点。

（三）绿篱树种选择

将树木密植成行即成为绿篱，它是园林植物配置中的重要组成部分（见图 1-12）。绿篱可以是不经修剪的自然式绿篱，也可以是人工修剪成一定形状的规则式绿篱。绿篱树种在园林绿化中应用十

图 1-12　绿篱

分广泛，在园林中主要起分隔空间、围合场地、遮蔽视线、衬托景物、美化环境以及防护作用，种类不同，视觉感受不一样。其实绿篱从广义来讲还应该包括花篱、果篱、刺篱、蔓篱等，按其高矮还可分为高篱、中篱和矮篱。高篱以高度在1.5m以上的植物构成，对空间进行划分或屏障景物，在园林中有时可以代替墙体；中篱高度一般在0.5～1.5m，主要用于围合开场空间；矮篱高度一般在0.5m以下，用途近于中篱，而对空间的整体性和视觉干扰就更小。绿篱和树墙的树种应具备以下特征：冠高比大，叶片较小，枝叶稠密；耐修剪、萌蘖性强，适于密植；易大量繁殖，抗性强。

（四）林带树种选择

1. 风景林带的树种选择

风景林带可作风景局部的界限，也可作背景起衬托作用，使重点景物的观赏效果更为突出。选择风景林带树种要注意它与主景的色调差异，如深色主景的后面宜用叶色较浅的树种作背景林带，而浅色主景以用深色叶的树种更好（见图1-13）。

图1-13 林带树种

2. 防护林带的树种选择

要求林分郁闭早，寿命长，根系发达，适应性强。此外，应根据主要防护目的来选择树种：如防风固沙树种应具备根系穿透力强，根系发达，耐瘠薄等特点；防噪吸声树种应树形高大，树冠浓密；厂矿周围防污染树种应选择具有抵抗及吸收 SO_2、HF、Cl_2 等有害气体的树种，如臭椿等。

3. 水旁绿化树种的选择

水旁绿化包括城市各类河道、池塘两岸的绿化（见图 1-14），以往常常从防洪角度考虑把这类河岸用石质材料覆盖，近年来提出建设城市亲水的景观带而增加了对耐湿树种的要求。在水边植树，主要考虑的是树种的耐湿性及被水淹没的问题，在华东地区一般可供选择的树种主要有柳类、枫杨、水杉、乌桕、白蜡、楝树、杨树的耐水品系等。

图 1-14　水旁绿化

（五）其他

1. 宅旁绿化树种选择（见图 1-15）

除了考虑一般的观赏及生态功能外，应注意树木对建筑结构的影响，如在 1～2 层的住宅旁需避免栽培树体大、需水量多的树木，不宜在朝南的窗边栽植常绿的大乔木，选择花粉量少、分泌释放物对人体健康无影响的树种。

2. 广场绿化树种选择（见图 1-16）

城市广场是城市美化及市民活动的场所，主要表现为大面积铺装构成的极度人工化环境，地面高温、干旱是该类立地的主要特点。因此应选择耐干旱、耐高温树种，同时要求树木具有良好的分

图 1-15 宅旁绿化

图 1-16 广场绿化

枝结构、树冠形状，树干强度高，耐修剪、寿命长等特点。

3. 工厂区绿化树种选择（见图 1-17）

工厂区绿化树种选择的首选条件是树木的抗污染能力，必须在认真调查污染类型的前提下做出决定。同时考虑选择生长快。树冠大、叶面积指数高的树种，可增强树木对污染物的吸收、滞留的作用。

4. 城市废弃地绿化树种选择（见图 1-18）

城市废弃地的类型多样，一般包括有粉煤灰、炉渣地、含有金属废弃物的土壤、工矿区废物堆积场地、因贫瘠而废弃的土地等。其共有的特点是由于废弃沉积物、矿物渗出物、污染物和其他干扰物的存在，土壤中缺少自然土中的营养物质，使得土壤的基质肥力很低，另外由于有毒性化学物质的存在，导致土壤物理条件不适宜植物生长。因此在栽植计划上应首先经过土壤改良，然后营造草本

图 1-17　厂区绿化

图 1-18　废弃地绿化

植被为主，再选择抗污染、耐瘠薄、耐干旱性的树种。如在以粉煤灰为主的废弃地中，抗性较强的树种有桤木属、柳属、刺槐、桦属、槭属、山楂属、金丝桃属、柽柳属等。

五、园林树木的配置方式

园林树木配置，不仅要根据树形、树姿、群体艺术美的构图来搭配树种，还应做到使群体中的个体处于适合于树木生长的环境，并使个体与个体之间、种群与种群之间相互协调、互益生存。只有根据树种的生理生态特点，在符合生态学基础上的合理配置，才能使不同树种在同一立地中良好生长，发挥应用的功能，保持长期稳定的景观效果。

（一）配置方式

园林树木的配置，是指在栽植地上对不同树木按一定方式进行的种植，包括树种搭配、排列方式以及间距的选择。一方面应遵循景观美学的原则，另一方面更需考虑树木的生态学特性及生物学特性，才能使规划设计的景观生态系统持续、稳定经营，同时也大大减少今后的维护费用。

1. 自然式配置

自然式配置是运用不同的树种，以模仿自然、强调变化为主，具有活泼、愉快、幽雅的自然情调。有孤植、丛植、群植等种植类型。

孤植是指将乔木单株栽植，也可以是多株紧密栽植，形成单株栽植的效果，其功能是遮阳和观赏，往往在全景中起画龙点睛的作用（见图1-19）。孤植树应具有高大开张的树冠，并在树姿、树形、色彩、芳香等方面有特色，寿命长、成荫效果好。

图1-19　孤植

丛植是指一定数量的观赏乔、灌木自然地组合栽植在一起（见图1-20）。构成树丛的树木株数由数株到十几株不等，以遮阳为主要目的的丛植全部由乔木组成，且树种单一；以观赏为主的丛植应以乔灌混交，并配置一定的宿根花卉，使它们在形态和色调上形成对比、构成群体美。丛植在公园及庭院中应用较多。

群植通常是由十几至几十株树木按一定的构图方式混植而成的人工林群体结构，其单元面积比丛植大，在园林绿地中可做主景、

图 1-20　丛植

背景之用（见图 1-21）。

图 1-21　群植

2. 规则式配置

多以某一轴线为对称排列，以强调整齐、对称或构成多种几何图形，有对植、行列植等种植类型。

对植一般指用两株或两丛树，按照一定的轴线关系，相互对称或均衡地种植（见图 1-22、图 1-23）。主要用于公园、道路、广场、建筑的出入口，左右对称、相互呼应，在构图上形成配景或夹景，以增强透视的纵深感。对植的树木要求外形整齐美观，严格选择规格一致的树木；可用两种以上的树木对植，但相对应的树木应为同种、同规格。

行列植指将乔、灌木按一定株行距成行成排地种植，在景观上形成整齐、单纯、统一的效果，可以是一种树种、也可以是多树种搭配（见图 1-24）。它是园林绿地中应用最多的基本栽植形式，如

图 1-22　对植（一）

图 1-23　对植（二）

图 1-24　行列式

行道树、防护林带、风景林带、树篱等。

（二）园林树木配置的要点

为了使群体观赏效果得以良好发挥，在依据树种外形、花期等特性设计艺术构图的基础上，还必须从生态学角度出发，做好以下几点。

1. 根据目的性、适应性、经济性原则选择主要树种（见图 1-25）

主要树种是构成园林景观的主体，其生长适应性广、观赏价值高、环保等效能好。主要树种一般为居于上层的优势树种，必须严格做到适地适树。

图 1-25 主要树种配置（广玉兰为主要树种）

2. 依据种群互益原则，配置次要树种（见图 1-26）

次要树种又称伴生树种，是在一定时期与主要树种相伴而生，并为主要树种的生长创造有利条件的树种。次要树种与主要树种应是互益关系，或次要树种能辅佐主要树种生长，改良主要树种的生长环境。避免用与主要树种有相近生态习性或有相同的病虫害源的树种，次要树种也应具有一定的观赏效果。

3. 体现多样性，合理确定种间比例（见图 1-27）

多样性是自然法则中的一条重要规律，树木的单一种植是不良的种植方式，而不断重复运用某一树种或少数树种，也会使人们感

图 1-26 为次要树种配置（剑兰为次要树种）

图 1-27 树种的多样性

官上难以接受。实行动态经营，应在大规模的范围内体现多样性，但在营建园林景观时应注意不同种类之间的合理比例，避免在小面积绿地中出现过多的种类而造成视觉上的混乱以及管护上的不便。在不同树种的配植中，一般情况下主要树种比例应较大，但速生、喜光的乔木树种，可在不影响景观效果的前提下，适当缩小比例；次要树种所占比例，应以有利于主要树种为原则，往往初植密度可以适当加大，以利于早成景且提高防护能力，但随着树龄的增大，种间竞争通常日益激烈，需及时通过一定的人为措施加以调节，保证群体的稳定性。

（三）多树种配置的树群培育技术

栽植和培育多树种混交的园林树木群体，关键在于正确处理好不同树种的种间关系，使主要树种尽可能多受益、少受害。因此在种植和以后的养护过程中，每项技术措施都应围绕这个主题。

栽植前，在慎重选择主要树种的基础上，确定合适的树种比例和配置方式，避免不利作用的发生。

栽植时，通过控制栽植时间、苗木年龄，合理安排株行距来调节种间关系。实践证明，选用生长速度悬殊、对光的需求差异大的树种，以及采用分期栽植方法，可以取得良好的效果。

在树木生长过程中，不同树种种间关系渐趋复杂，对空间及营养争夺也日渐激烈。为了避免或消除这种对资源的竞争可能造成的不利影响，需要及时采取人为措施进行定向干扰以实现对结构的调控。如当次要树种生长速度过快，其树高、冠幅过大造成主要树种光照不足时，可以采取平茬、修枝、疏伐等措施调节，也可以采用环剥、去顶、断根和化学药剂抑制等方法来控制次要树种的生长。当次要树种与主要树种对土壤养分、水分竞争激烈时，可以采取施肥、灌溉、松土等措施，缓和推迟矛盾的发生。

第三节　园林树木栽植技术

一、园林树木栽植的概念

园林树木的栽植是将树木从一个地点移植到另一个地点，并使其继续生长的操作过程。园林树木栽植前，首先要做好绿化设计，设计要充分体现出植物配置的科学性、经济性和艺术性，然后栽植。严格地讲，栽植包括三方面内容：即起挖、搬运、种植。

1. 起挖

指将被移栽的树木自土壤中带根挖起，分为裸根起挖与带土球起挖两种方式。

2. 搬运

指将树木进行合理的包装，用一定的交通工具（人力、车辆或机械等）运到指定的地点，分人工运苗与机械运苗两种方式。

3. 种植

指将被起挖的树木按要求重新栽种的操作。其中包括假植、移植、定植。

（1）假植　指短时间或临时将苗木根系埋在湿润的土中。因假植的原因不同，假植的时间和方法也不同。通常将假植分为在苗圃中的假植和出圃后的假植。

苗圃中假植，多因秋季苗木不能全部出售运走，又要腾空土地，将苗木抽起集中假植起来，翌年春季再出售；或是因苗木冬季越冬而假植，这种假植的时间较长，在北方要经过数月（11月下旬至翌年3月中旬）。

出圃后假植，一般因为起苗后没有土地栽植，临时假植3～5天；或是已将苗木运到计划栽植的地点，由于栽植地点没有整好，不能立即种植而假植，这种假植通常10～15天；有时因交叉施工的原因，假植时间可能需要一个多月；有的因为反季节移植，为了囤苗，时间就会更长一些，可达数月之久。如果假植的时间很短（1～2天），可采用苫布、草席、草袋、稻草或铲少量的松土盖好；如果假植的时间较长，则在工地附近选背风地方挖深30～50cm的沟假植；越冬假植时间长，多采用假值沟假植；为了囤苗采用容器假植效果非常好。

（2）移植　苗木栽植在一个地方生长一段时间后，还要再移走，这次的栽植称为“移植”。移植原因很多，通常苗圃中为了促进苗木生长，将苗木从小苗区移到大苗区，这个过程也是移植，绿化施工时，为了近期的绿化效果，栽植得较密，随着苗木的长大，植株开始拥挤，这时必须进行移植，否则将影响景观效果；有的单位为了应用方便，将苗木移到不影响绿化效果的地方长时间囤苗，也称移植；还有其他原因的需要而移植。

（3）定值　按照设计要求树木栽种以后不再移动，永久性地生长在栽种地，则称为“定植”。定植后的树木，一般在较长时间内不再被移植。定植前，应对树木进行核对分类，以避免栽植中的混乱出错，影响设计效果。

二、园林树木栽植原理

要确保栽植树木成活并正常生长，应对树木栽植的原理有所了解，要遵循树体生长发育的规律，选择适宜的栽植树种，掌握适宜的栽植时期，采取适宜的栽植方法，提供相应的栽植条件和管护措施，特别关注树体水分代谢生理活动的平衡，协调树体地上部和地下部的生长发育矛盾，促进根系的再生和树体生理代谢功能的恢复，使树体尽早尽好地表现出根壮树旺、枝繁叶茂、花果丰硕的蓬勃生机，圆满达到园林绿化设计所要求的生态指标和景观效果。

（一）适树适栽

适树适栽是园林树木栽植中的一个重要原则。首先必须了解树种的生态习性以及对栽植地区生态环境的适应能力，要有相关成功的驯化引种试验和成熟的栽培养护技术；其次可充分利用栽植地的局部特殊小气候条件，满足新引入树种的生长发育要求，达到适树适栽的要求。

（二）适时适栽

确定某种树最适移栽时期，原则上要选择有利于根系迅速恢复的时期和选择尽量减少因移栽而对新陈代谢活动产生不良影响的时期。一般以晚秋和早春为佳。

1. 春季栽植

春栽一般在土壤解冻以后至树木发芽前进行。春栽适合落叶和常绿树木的栽植；在冬季极寒冷地区和当地不耐寒的树种宜采用春栽，特别是春雨连绵的地方，春季栽植最为理想。此时，土温上升适合根系生长，而气温较低，地上部还未开始生长，蒸腾较少。春栽在土壤解冻后愈早愈好，尽量在树木未发芽之前栽种。

2. 夏季栽植

夏季移栽树木，大部分树种要带土球、加大种植穴的直径（通常比土球要大 30～50cm），树冠要重剪，还要配合其他减少蒸腾的措施，如喷水、遮阳、喷抗蒸剂等，才有利于成活。夏季树木移栽成本较高，往往树冠经过重修剪后对树形有影响，所以尽量不在此时移植。

3. 秋季栽植

秋栽一般在落叶后至土地冻结前进行，此时树体本身停止生长活动，需水少；根系有一次生长高峰，伤根容易恢复，易发新根，栽植成活率较高。秋栽的时间比春栽长，有利于劳力的调配和大量栽植工作的完成，翌年春季气温转暖后苗木开始生长，不需要缓苗时间，生长情况也较春植者好。不利的是春旱或风沙大的地方易受严冬冻旱及其他伤害。

4. 冻土栽植

我国东北寒冷地区，在冬季可进行冻土移栽。在土层冻结 5～10cm 时开始挖坑和起苗，这时下层土壤未冻结，挖坑、起苗效率比冻结深时高 2～3 倍，四周挖好后，先不要切断上根，放置一夜，待土球完全冻好后，再把主根切断包扎，起运。冻土移栽比春季移栽成活率低，移栽要避开三九天，能提高成活率。

阔叶常绿树种中除华南产的极不耐寒种类外，一般的树种自春暖至初夏或 10 月中旬至 11 月中旬均可栽植，最好避开大风及寒流侵袭。竹子除炎夏和严冬外，四季均可种。其他耐寒的亚热带树种如苏铁、樟树、栀子花、夹竹桃等以晚春栽种为宜。同类树种命又因生长发育习性、观赏时期及其他要求的不同而各有适宜的移栽时期。

（三）适法适栽

园林树木的栽植方法依据树种的生长特性、树体的生长发育状态、树木栽植时期以及栽植地点的环境条件等，可分别采用裸根栽植和带土球栽植。

1. 裸根栽植

多用于常绿树小苗及大多落叶树种。裸根栽植的关键在于保护好根系的完整性，骨干根不可太长，侧根、须根尽量多带。从掘苗到栽植期间，务必保持根部湿润，防止根系失水干枯。

2. 带土球栽植

常绿树种及某些裸根栽植难于成活的落叶树种，如长山核桃、七叶树、玉兰等，多行带土球移植；大树移植和生长季栽植，亦要求带土球进行，以提高树木移植成活率。

三、栽植前的准备

（一）植树工程施工原则与主要工序

1. 施工原则

（1）必须符合规划设计要求（按图施工）；

（2）施工技术必须符合树木的生活习性；根据树木习性确定栽植方式；

（3）适时栽植，最好随起、随运、随栽，合理安排种植顺序；

（4）加强经济核算，提高经济效益；

（5）严格执行植树工程的技术规范和操作规程。

2. 植树工程施工的主要工序

（1）了解设计意图与工程概况；

（2）现场踏勘；

（3）制定施工方案；

（4）施工现场的准备；

（5）技术培训。

（二）移植工具与材料的准备

及时准备好必要的栽植工具与材料，如挖掘树穴用的锹、镐，修剪根冠用的剪、锯，浇水用的水管、水车，吊装树木用的车辆、设备装置，包裹树体以防蒸腾或防寒用的稻草、草绳等；以及栽植用土、树穴底肥、灌溉用水等材料，保证迅速有效地完成树木栽植计划，提高树木栽植成活率。

（三）移植前土壤准备

1. 地形准备

依据设计图纸进行种植现场的地形处理，是提高栽植成活率的重要措施。必须使栽植地与周边道路、设施等的标高合理衔接，排水降渍良好，并清理有碍树木栽植和植后树体生长的建筑垃圾和其他杂物。

2. 土壤准备

当土壤条件不适时，树体生长活力减退、外表逊色，且易受病虫的侵害。如果希望在保持树体健康生长，保持土壤的良好理化特性就显得尤为重要。所以，栽植前对土壤进行测试分析，明确栽植地点的土壤特性是否符合栽植树种的要求、是否需要采用适当的改良措施，是十分必要的。

（四）定点放线

定点放线即确定树木的栽植位置。依据施工图进行定点测量放线，是关系到设计景观效果表达的基础。定点放线的方法很多，不同的栽植方式和栽植标准可用不同的定位方法。

（1）基准线定位法　一般选用道路交叉点、中心线、建筑外墙角、规则型广场和水池等建筑的边线。这些点和线一般都是相对固定的，是一些有特征的点和线。利用简单的直线丈量方法和三角形角度交会法即可将设计的每一行树木栽植点的中心线和每一株树的栽植点测设到绿化地面上。

操作步骤（见图 1-28）：

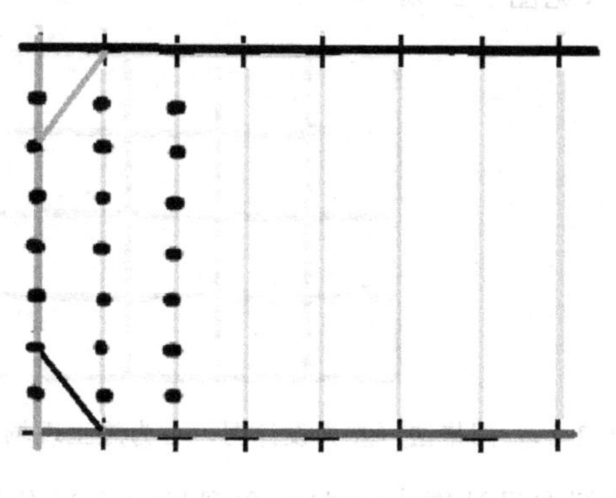

图 1-28　基准线定位法

① 根据建筑物的边线在绿化地上定出图中栽植的第一行位置绿线；

② 再用勾股定理（勾 3 股 4 玄 5）定出垂直绿线的蓝线；

③ 在绿线的另一端用勾股定理定出与绿线垂直的黑线；

④ 在蓝线和黑线上定出每行的位置；

⑤ 在每行上按株距定出每株的栽植点，用石灰做标记。

(2) 平板仪定位法　用平板仪定点测设范围较大，即依据基点将单株位置及连片的范围线按设计图依次定出，并钉木桩标明，木桩上写清树种、棵数。图板方位必须与实际相吻合。平板仪定点主要用于面积大，场区没有或少有明确标志物的工地。也可先用平板仪来确定若干控制标志物，定基线、基点，在使用简单的基准线法进行细部放线，以减少工作量。

(3) 网格法　网格法适用范围大、地势较为平坦的且无或少明确标志物的公园绿地。对于在自然地形并按自然式配置树木的情况，树木栽植定点放线常采用网格法。其做法是，按照比例在设计图上和现场分别画出距离相等的方格（20m×20m 最好），定点时先在设计图上量好树木对其方格的纵横坐标距离，再按比例定出现场相应方格的位置、钉木桩或撒灰线标明。如此地上就有了较准确的基线或基点。依此再用简单基准线法进行细部放线，导出目的物位置。

操作步骤（见图 1-29）：

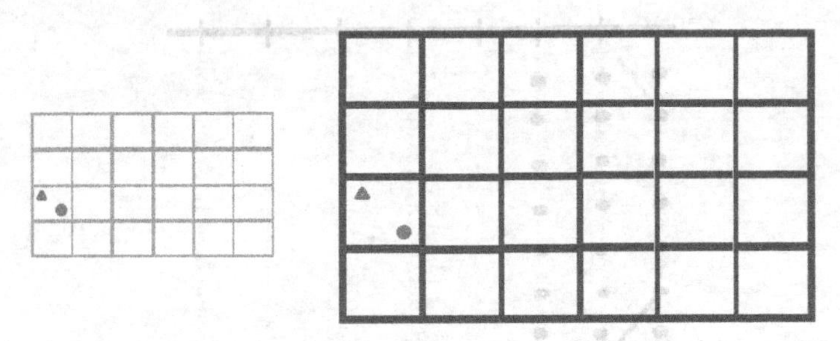

图 1-29　网格法（左为设计图，右为施工现场）

① 按照比例在设计图上（左）和现场（右）分别画出距离相等的方格，一般 20m×20m；

② 在左图的方格（设计图）中量出圆形（树种）在本方格中的纵横坐标；

③ 在对应的右图的方格中（现场）画出圆形（树种）的栽植点，用石灰做标记；

④ 如是规则式成片绿地，以圆形点为较准确的基点，用简单

基准线法进行细部放线，导出目的物（三角形）位置。

（4）交会法　适用范围较小、现场内建筑物或其他标记与设计图相符的绿地，以建筑物的两个固定位置为依据，根据设计图上与该两点的距离相交会，定出植树位置。

操作步骤（见图 1-30）：

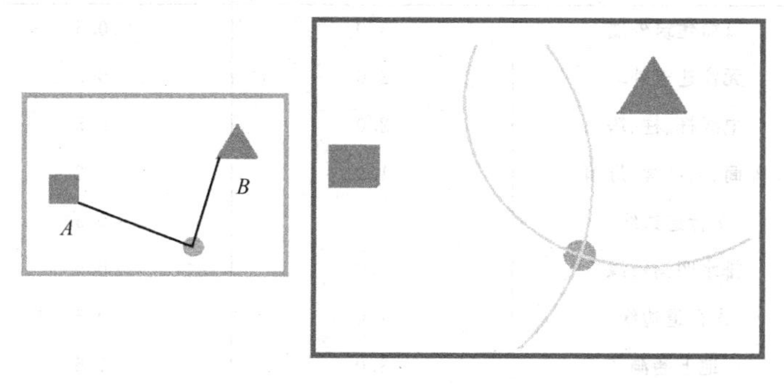

图 1-30　交会法

① 在设计图中（左图）量出方形 A 和三角形建筑物 B 到圆形栽植点的距离；

② 在施工现场（右图）从方形建筑物右下角开始，以 A 为半径画圆；

③ 在施工现场（右图）从三角形建筑物的左下角开始，以 B 为半径画圆，两个圆的交汇点即是栽植点，用石灰做标记。

（5）支距法　是一种常见的简单易行的方法，适用范围更小、就近具有明显标志物的现场。如树木中心点到道路中心线或路牙线的垂直距离，用皮尺拉直角即可完成。在要求净度不高的施工及较粗放的作业中都可用此法。

行道树和规则式成片绿地的树木定点放线，常用基准线定位法。自然式的树木种植时，在设计图上标出单株位置的，可用网格法、交会法按比例在地面定位；设计图上无固定的单株点的丛植或群植，可用平板仪定位、网络法定位、交会法结合目测定位。一般情况下，具体定植位置可根据设计思想、树体规格和场地现状等综合考虑确定，以树冠长大后株间发育互不干扰、能完美表达设计景观效果为原则。

行道树栽植时要注意树体与邻近建（构）筑物、地下工程管路及人行道边沿等的适宜水平距离（见表1-1）。

表 1-1　树体与建（构）筑物间的最小距离

建(构)筑物	至乔木主干最小水平距离/m	至灌木根基最小水平距离/m
有窗建筑外墙	3.0	0.5
无窗建筑外墙	2.0	0.5
电线杆、柱、塔	2.0	0.5
邮筒、路站牌、灯箱	1.2	1.2
车行道边缘	1.5	0.5
排水明沟边缘	1.0	0.5
人行道边缘	1.0	0.5
地下涵洞	3.0	1.5
地下气管	2.0	1.5
地下水管	1.5	1.5
地下电缆	1.5	1.5

（五）挖穴

乔木类栽植预先挖穴为好，春植秋冬季挖穴，有利于基肥的分解和栽植土的风化，可有效提高栽植成活率。树穴的平面形状没有硬性规定，多以圆、方形为主（见图 1-31），以便于操作为准，也

图 1-31　方穴和圆穴

可用挖穴机挖穴（见图 1-32）。

图 1-32 挖穴机挖穴

树穴的大小和深浅应根据树木规格、土层厚薄、地下水位高低等而定。一般栽植裸根苗，大坑有利于树体根系生长和发育；如种植胸径为 5～6cm 的乔木，土质又比较好，可挖直径约 80cm、深约 60cm 的坑穴；果树高标准栽植，常常挖 1m 见方的穴（长 1m，宽 1m，深 1m）；带土球栽植，穴直径一般比土球大 30～50cm。

挖穴要以种植点为中心，要达到规定的深度和直径；挖出的表土、心土分开堆放，栽植时将表土回填根部；发现有严重影响操作的地下障碍物（如电缆、管道等）时，应与设计人员协商，适当改动位置。

（六）回填

最好先将栽植穴于栽植前 3～5 天回填好，灌水沉实，栽植时再根据苗木根系的大小，在栽植穴中挖适当大小的穴栽植。栽植穴回填土壤时最好施足基肥，腐熟的植物枝叶、生活垃圾、人畜粪尿或经过风化的河泥、阴沟泥等均可利用，用量每穴 10kg 左右 。基肥施入穴底后，须覆盖深约 20cm 的泥土，以与新植树木根系隔离，不致因肥料发酵而产生烧根现象。栽植裸根大苗或带土球大苗常栽植时再回填土。

（七）移植前苗木准备

栽植树种、苗龄与规格，应根据设计图纸和说明书的要求进行选定，并加以编号。由于苗木的质量好坏直接影响栽植成活和以后的绿化效果，所以植树施工前必须对提供的苗木质量状况进行调查了解。

1. 苗木质量

园林绿化苗木依植前是否经过移植而分为原生苗（实生苗）和移植苗。播后多年未移植过的苗木（或野生苗）吸收根分布在所掘根系范围之外，移栽后难以成活，经过多次适当移植的苗，栽植施工后成活率高、恢复快，绿化效果好。

高质量的园林苗木应具备以下条件：

① 根系发达而完整，主根短直，接近根颈一定范围内要有较多的侧根和须根，起苗后大根系应无劈裂。

② 苗干粗壮通直（藤木除外），有一定的适合高度，不徒长。

③ 主侧枝分布均匀，能构成完美树冠，树冠丰满。其中常绿针叶树，下部枝叶不枯落成裸干状。其中干性强并无潜伏芽的某些针叶树（如某些松类、冷杉等），中央领导枝要有较强优势，侧芽发育饱满，顶芽占有优势。

④ 无病虫害和机械损伤。

园林绿化用苗，多以应用经多次移植的大规格苗木为宜。由于经几次移苗断根，再生后所形成的根系较紧凑丰满，移栽容易成活。一般不宜用未经移植过的实生苗和野生苗，因其吸收根系远离根颈，较粗的长根多，掘苗损伤了较多的吸收根，因此难以成活；需经1～2次“断根缩坨”处理或移至圃地培养才能应用。生长健壮的苗木，有利栽植成活和具有适应新环境的能力；供氮肥和水过多的苗木，地上部徒长，茎根比值大，也不利移栽成活和日后对环境的适应。

2. 苗（树）龄与规格

树木的年龄影响移植成活率的高低，并与成活后在新栽植地的适应性和抗逆性有关。

幼龄苗树体较小，根系分布范围小，起掘时根系损伤率低，且植株生长旺盛，对栽植地的环境适应能力强，因此，栽植后恢复期短，成活率高。幼龄苗移植过程（起掘、运输和栽植）也较简便，并可节约施工费用。但幼龄苗植株规格较小，成活后易遭受人为活动的损伤，绿化效果发挥亦较差。

壮老龄树木，根系分布深广，吸收根远离树干，起掘伤根率高，故移栽成活率低。为提高移栽成活率，对起、运、栽及养护技术要求较高，必须带土球移植，施工养护费用高。但壮、老龄树木，树体高大，姿形优美，移植成活后能很快发挥绿化效果，对重点工程在有特殊需要时，可以适当选用。但必须采取大树移植的特殊措施。

幼、青年苗木，尤其在苗圃经多次移植的大苗，移栽较易成活，绿化效果发挥也较快，是城市绿化首选苗木。园林植树工程选用的苗木规格，落叶乔木最小选用胸径 3cm 以上，行道树和人流活动频繁之处还宜更大些；常绿乔木，最小应选树高 1.5m 以上的苗木。

四、栽植技术

（一）树木的起挖

树木的起挖是栽植过程的重要环节，其操作的好坏直接影响栽植成活率。起挖过程应尽可能保护根系，尤其是须根，影响树木栽植后吸收功能。

1. 起挖前准备

（1）包装材料和工具的准备　苗木起挖前首先应将包装材料和锹（要锋利）备好，草绳用水浸湿。

（2）选苗　选符合规划设计要求的苗（树）木，选中的苗木涂颜色标记，用油漆涂南面。为栽植时保持原方向，一般在树干较高处的北面用油漆标出“N”字。

（3）拢冠　将分枝点低、侧枝分叉角度大及枝条长而柔软或丛径较大的灌木，用草绳将枝条向树干绑缚，再用草绳打几道横箍，分层捆住树冠枝叶，然后用草绳自下而上将各横箍连接起来，使树冠适度围拢，减少操作与运输中的枝叶损伤（见图 1-33）。

2. 起挖时间

起挖时间主要由苗木的生长特性决定，适宜的起挖时间是在苗

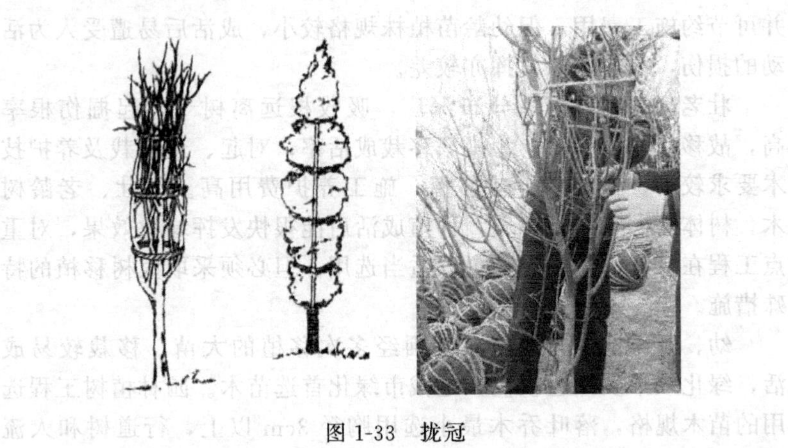

图 1-33 拢冠

木休眠期。不适宜的起挖时间会降低苗木成活率，落叶树种的起挖，多在秋季落叶或春季萌芽前。常绿树种的起挖，北方大多在春季春梢萌发前进行，秋季在新梢充分成熟后进行。

3. 起挖方法

根据苗木根系裸露情况，苗木的起挖可分为裸根起挖和带土球起挖。

(1) 裸根起挖　是应用最广泛的一种起挖方法。大部分落叶树种和容易成活的针叶树小苗一般采用裸根起挖。根系的完整和受损程度是决定裸根起挖质量的关键。一般情况下，经移植养根的树木挖掘过程中所能携带的有效根系，水平分布幅度通常为主干直径的6～8倍；垂直分布深度，约为主干直径的4～6倍，一般多在60～80cm，浅根系树种多在30～40cm。绿篱扦插苗木的挖掘，有效根系的携带量，通常为水平幅度20～30cm，垂直深度15～20cm。

起挖前如天气干燥，应提前2～3天对起苗地灌水，使土质变软、便于操作，多带根系；根系充分吸水后，也便于贮运，利于成活。而野生和直播实生树的有效根系分布范围，距主干较远，故在计划挖掘前，应提前1～2年断根缩坨处理，以提高移栽成活率。

挖掘沟应离主干稍远一些，不得小于树干胸径（主干1.5m高处的直径）的 6～8 倍，挖掘深度应较根系主要分布区稍深一些，以尽可能多地保留根系，特别是具吸收功能的根系（见图 1-34）。对规格较大的树木，当挖掘到较粗的骨干根时，应用手锯锯断或应用苗木断根机（见图 1-35），并保持切口平整，坚决禁止用铁锹去硬铲，防止主根劈裂。

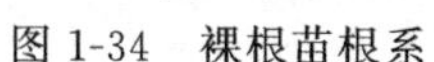

图 1-34 裸根苗根系

图 1-35 苗木断根机

（2）带土球起挖 一般常绿树、名贵大树和较大的花灌木常采取带土球起挖。土球的大小以能包括要移植树木 50%以上的根系，过大容易散落，太小则伤根过多，一般的土球直径为树干胸径的 8～10倍，土球高度约为土球直径的 2/3；灌木的土球直径是其冠幅的 1/3～1/2。起挖前如天气干燥，可提前 2～3 天灌水，增加土壤黏结力，便于操作。带土球起苗具体步骤如下。

① 划线 以树干为中心，按规定的土球直径一半长度划圆，保证起出土球符合标准。

② 起宝盖 去掉树根部比土球略大的表土，深度达水平根系露出为止。

③ 挖坨 沿地面上所画圆的外缘 3～5cm 处，向下垂直挖沟，沟宽以便于操作为度，一般 50～80cm，边挖边修土球表面，挖至土球达规定的深度（见图 1-36）。

④ 修平 挖掘到规定深度后，球底暂不挖通，用锹将土球表面轻轻铲平，上口大，下部渐小，呈锅底或苹果状（见图 1-37）。

⑤ 掏底 土球四周修整好后，再慢慢由底圈向内掏挖。直径小于 50cm 的土球，可以直接将底土掏空，放倒后再包装。直径大于 50cm 的土球则应底土中心保留一部分，起支柱作用，便于包

图 1-36　挖坨

图 1-37　修平

装。较大的土球一般在穴内打包。

⑥ 打包　固定土球，防止土球松散。

⑦ 封底出坑 竖绳打好后，将树推倒，用草袋子包严土球底部，最后抬出坑。

⑧ 平坑　将土坑回坑内。

4. 土球包扎方法

土球直径在 30～50cm 以上的，当土球周围挖好后，应立即用蒲包、草绳等进行打包，打包的形式和草绳围捆的密度视土球大小和运输距离而定。短距离运输就可以简单一些，土球直径在 30～40cm 以下者，可用草绳简易包扎，或用蒲包、稻草、塑料薄膜等包扎即可（见图 1-38）。

图 1-38　苗木简易包扎方法

土球大，运输距离远的，包扎要密一些，大土球可在穴内包扎

（见图 1-39），具体操作如下：

（1）打腰绳　先用湿草绳打内腰绳 8～10 道，草绳边缠绕边拉紧，使之部分嵌入土中。球较大时，打完竖绳可再打 5～10 道外腰绳（见图 1-40）。

图 1-39　穴内土球包扎

图 1-40　先打 8～10 道内腰绳

（2）开底沟　打腰绳后可在土球底部向内挖宽 5～6cm 宽的底沟，避免草绳脱落。

（3）打竖绳　竖绳应采用包扎牢固而较复杂的形式，如“橘子包”、“五星包”、“井字包”等（见图 1-41 至图 1-43）。如图 6-4草绳包扎路径：1-2-3-4-5……实线走前面，虚线走后面。从土球的中间通过顺时针上下缠绕，草绳间隔一般 8～10cm，根据运输距离决定打包方法，如单股单轴、单股双轴、双股双轴，交叉压花。

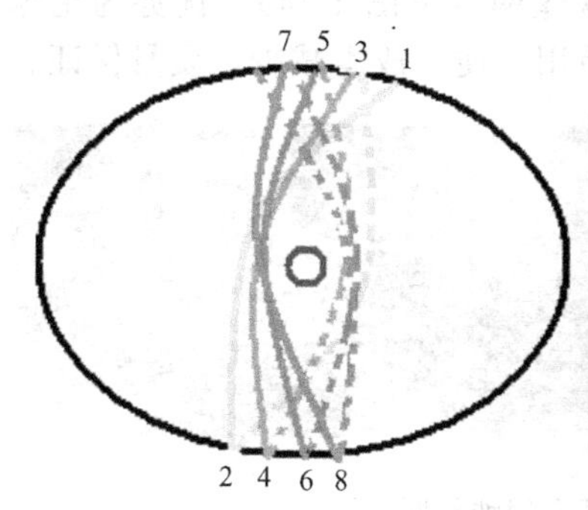

图 1-41　橘子包

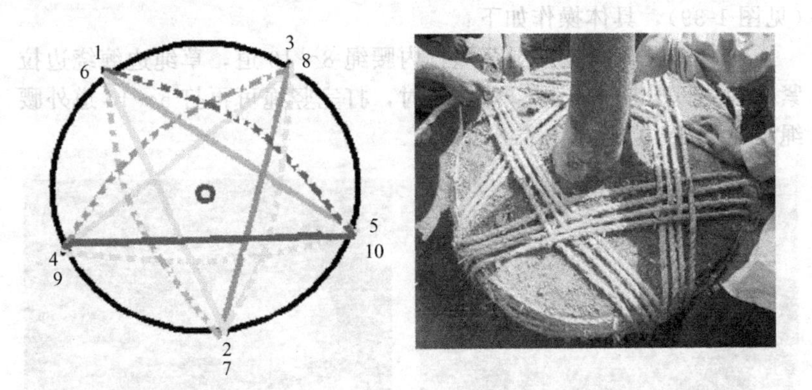

图 1-42　五星包

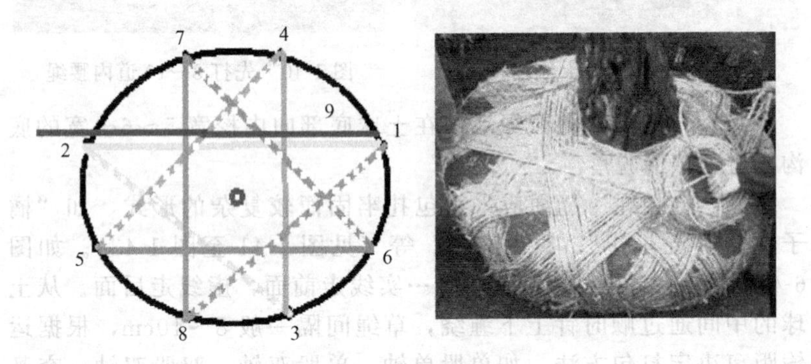

图 1-43　井字包

目前市场上有许多土球专用铁丝网（见图 1-44），优势为土球不松散，成活率高，节约人工，使用方便，成本减少，质量保证。

图 1-44　土球专用铁丝网

5. 起挖注意事项

（1）控制好起挖深度及范围。为保证起苗质量，必须特别注意苗根的质量和数量，保证苗木有足够的根系。

（2）避免在大风天起苗，否则失水过多，降低成活率。

（3）若育苗地干旱，应在起苗前 2～3 天灌水，使土壤湿润，以减少起苗时损伤根系，保证质量。

（4）为提高园林绿化植树的成活率，应随起、随运、随栽，当天不能栽植的要进行假植或覆盖，以防土球或根系干燥。

（5）对针叶树在起挖过程中应特别注意保护顶芽和根系。

（6）起挖工具是否锋利也是保证起苗质量的重要一环。

（二）装运

为了防止苗木根系在运输期间大量失水，同时也避免碰伤树体，不使苗木在运输过程中降低质量，所以苗木运输时要包装，包装整齐的苗木也便于搬运和装卸。

1. 常用的包装材料

常用的包装材料有塑料布、编织袋、草片、草包、蒲包、种植袋等，在具体使用过程中根据植物材来选择合适的包装材料。用种植袋移栽大苗，可免苗木包装过程，直接装车运输（见图 1-45 和图 1-46）。

图 1-45　种植袋内苗木

图 1-46　种植袋内苗木运输

2. 裸根苗包装方法

短距离运输时，苗木可散装在筐篓内，首先在筐底放一层湿润物，再将苗木根对根分层放在湿润物上，并在根间稍放些湿润物，苗木装满后，最后再放一层湿润物即可。也可在车上放一层湿润物，上面苗木分层放置。

长距离运输时，为防止苗木过度失水和便于搬运，苗木要打捆包装，一般每捆不超过 25kg。最后在外面要附标签，其上注明树种、苗龄、数量、等级和苗圃名称等。包装的方法有卷包和装箱。

（1）卷包　规格较小的裸根树木远途运输时使用。将枝梢向外、根部向内，并互相错行重叠摆放，以蒲包片或草席等为包装材料，再用湿润的苔藓或锯末填充树木根部空隙。将树木卷起捆好后，再用冷水浸渍卷包，然后启运。也可苗木蘸泥浆后用塑料薄膜卷包（见图 1-47）。

图 1-47　裸根苗的卷包

注意卷包内的树木数量不可过多，迭压不能过实，以免途中卷包内生热。打包时必须捆扎得法，以免在运输中途散包造成树木损失。

（2）装箱　若运距较远、运输条件较差，或规格较小、树体需特殊保护的珍贵树木，使用此法较为适宜。在定制好的木箱内，先铺好一层湿润苔藓或湿锯末，再把待运送的树木分层放好，在每一层树木根部中间，需放湿润苔藓（或湿锯末等）以作保护。为了提高包装箱内保存湿度的能力，可在箱底铺以塑料薄膜（见图1-48）。使用此法时需注意：不可为了多装树木而过分压紧挤实；苔藓不可

图 1-48　裸根苗装箱

过湿，以免腐烂发热。目前在远距离、大规格裸根苗的运送中，已采用集装箱运输，简便而安全。

3. 苗木的运输

树苗装运超高、超长、超宽应事先办好必要的手续。运苗要迅速及时，苗木要固定，开车要平稳，避免震动。短途运苗中不应停车休息，要直达施工现场；长途运苗应经常检查包内湿度和温度，如包内温度高，要将包打开，适当通风，并要更换湿润物以免发热，若发现湿度不够，要适当喷水。中途停车应停于有遮荫的场所，要检查苗木、固定绳、苫布等。有条件的还可用特制的冷藏车来运输。到达目的地后，应及时卸车，不能及时栽植的则要及时假植。

（1）裸根苗的装车方法及要求　装车不宜过高过重，压得不宜太紧，以免压伤树枝和树根；树梢不准拖地，必要时用绳子固定，绳子与树身接触部分，要用蒲包垫好，以防伤损干皮。卡车后厢板上应铺垫草袋、蒲包等物，以免擦伤树皮，碰坏树根，装裸根乔木应树根朝前，树梢向后，顺序排码。长途运苗最好用苫布将树根盖严捆好，这样可以减少树根失水（见图 1-49）。

（2）带土球苗装车方法与要求　树高 2m 以下的苗木，可以直立装车，2m 以上的树苗，则应斜放，或完全放倒土球朝前，树梢

图 1-49　裸根苗装车

向后，并立支架将树冠支稳，以免行车时树冠晃摇，造成散坨。土球规格较大，直径超过 60cm 的苗木只能码 1 层；小土球则可码放 2～3 层（见图 1-50），土球之间要码紧，还须用木块、砖头支垫，以防止土球晃动。土球上不准站人或压放重物，以防压伤土球。

图 1-50　带土球苗装车运输

（三）假植

假植的目的是将不能马上栽植的苗木暂时埋植起来，防止根系失水或干燥，保证苗木质量。假植时，选排水良好，背风背阴地挖一条假植沟，一般深宽各为 30～40cm，迎风面的沟壁作成 45°的倾斜，将苗木在斜壁上成束排列，把苗木的根系和茎的下部用湿土覆盖、踩紧，使根系和土壤紧密连接（见图 1-51）。假植后应适当灌水，但切勿过足。早春气温回升，沟内温度也随之升高，苗木不能及时运走栽植，应采取遮荫降温措施。

图 1-51 苗木假植

(四) 定值

1. 苗木分级浸根

定植前要检查树穴的挖掘质量，并根据树体的实际情况，给以必要的修整。应对树木进行质量分级，要求根系完整、树体健壮、芽体饱满、皮色光泽、无病虫检疫对象，对畸形、弱小、伤口过多等质量很差的树木，应及时剔出，另行处理。

远地购入的裸根树木，若因途中失水较多，应解包浸根一昼夜，等根系充分吸水后再行栽植。裸根定植前蘸泥浆可提高移栽成活率 20%以上。浆水配比为：过磷酸钙 1kg＋细黄土 7.5kg＋水 40kg，搅成糨糊状。

2. 苗木定植前的修剪

在定植前，对树木树冠必须进行不同程度的修剪，以减少树体水分的蒸发，维持树势平衡，以利树木成活。修剪量依不同树种及景观要求有所不同。

(1) 较大的落叶乔木，尤其是长势较强、易抽新枝的树种，如杨、柳、槐等，可进行强修剪，树冠可减少至 1/2 以上。具有明显主干的高大落叶乔木，应保持原有树形，适当疏枝，对主侧枝应在健壮芽上短截，可剪去枝条的 1/5～1/3。无明显主干、枝条茂密的落叶乔木，干径 10cm 以上者，可疏枝保持原树形；干径为 5～10cm 的，可选留主干上的几个侧枝，保持适宜树形进行短截（见图 1-52)。

图 1-52 落叶乔木栽植前强修剪

(2) 枝条茂密具有圆头型树冠的常绿乔木可适量疏枝，枝叶集生树干顶部的树木可不修剪。具轮生侧枝的常绿乔木，用作行道树时，可剪除基部 2～3 层轮生侧枝。常绿针叶树，不宜多修剪，只剪除病虫枝、枯死枝、生长衰弱枝、过密的轮生枝和下垂枝（见图 1-53 和图 1-54）。

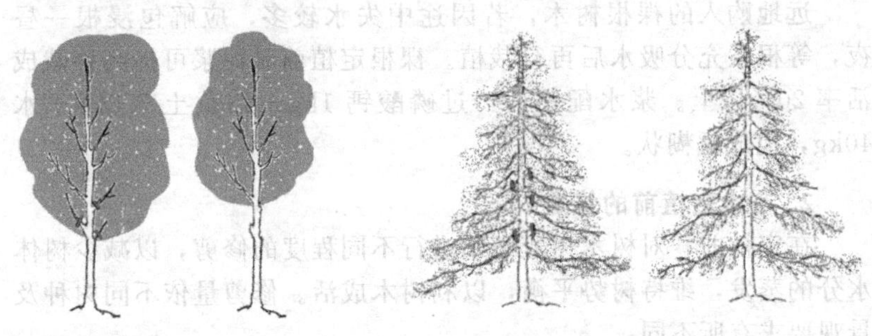

图 1-53 常绿行道树修剪　　图 1-54 针叶树修剪

(3) 用作行道树的乔木，枝下高宜大于 2.5m，第一分枝点以下枝条应全部剪除，分枝点以上枝条酌情疏剪或短截，并应保持树冠原型（见图 1-55)。珍贵树种的树冠，宜尽量保留，以少剪为宜。

(4) 花灌木及藤蔓树种的修剪，应符合下列规定：带土球或湿润地区带宿土的裸根树木及上年花芽分化已完成的开花灌木，可不

图 1-55　行道树（悬铃木）的修剪

图 1-56　绿篱的栽植后修剪

作修剪，仅对枯枝、病虫枝予以剪除。分枝明显、新枝着生花芽的小灌木，应顺其树势适当强剪，促生新枝，更新老枝。枝条茂密的大灌木，可适量疏枝。

（5）用作绿篱的灌木，可在种植后按设计要求整形修剪（见图 1-56）。

（6）落叶乔木如必须在非种植季节种植时，应根据不同情况提前采取疏枝、断根缩坨或在用容器假植育根等处理。树木栽植时应进行强修剪，保留原树冠的三分之一，修剪时剪口应平而光滑，并及时涂抹防腐剂。必须加大土球体积，可摘叶的应摘除部分叶片，但不得伤害幼芽（见图 1-57）。

（7）裸根树木定植之前，还应对断裂根、病虫根和拳曲的过长根进行适当修剪（见图 1-58）。土球包装用的草绳或稻草之类易腐烂，如果用量较稀少，入穴后不一定要解除；如果用量较多，可在树木定位后剪除一部分，以免其腐烂发热，影响树木根系生长。

3. 配苗与散苗

配苗是指将购置的苗木按大小规格进一步分级，使株与株之间在栽植后趋近一致，达到栽植有序及景观效果佳，称为配苗。如行道树一类的树高、胸径有一定差异，都会在观赏上产生高低不平、粗细不均的结果。乔木配苗时，一般高差不超过 50cm，粗细不超

图 1-57　落叶乔木非种植季节栽植的修剪

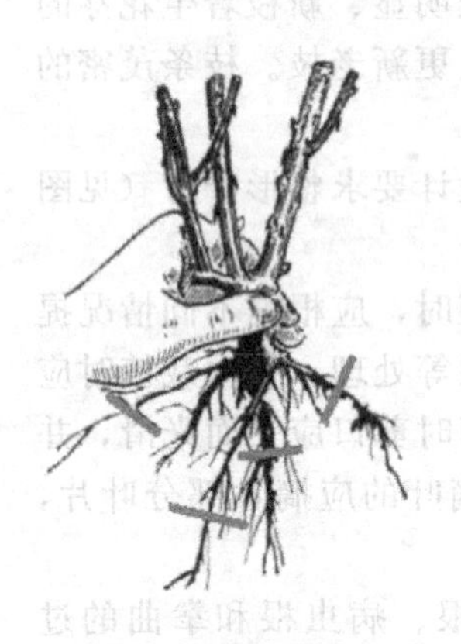

图 1-58　裸根苗栽植前根系修剪

图 1-59　散苗

过 1cm。

将苗木按设计图纸或定点木桩，散放在定植穴旁称为“散苗”(见图 1-59)。必须做到位置准确，轻拿轻放，对号入座，分级排列。应对树木进行核对分类，以避免栽植中的混乱出错，影响设计效果。

4. 定植深度和方向

树穴深浅的标准，以定植后树体根颈部略高于地表面为宜，一般小苗与原土痕平齐，切忌因栽植太深而导致根颈部埋入土中，影响树体栽植成活和其后的正常生长发育（见图 1-60）。雪松、大叶榕、桂花、广玉兰等忌水湿树种，常行露球种植，露球高度约为土球竖径的 1/3～1/4。

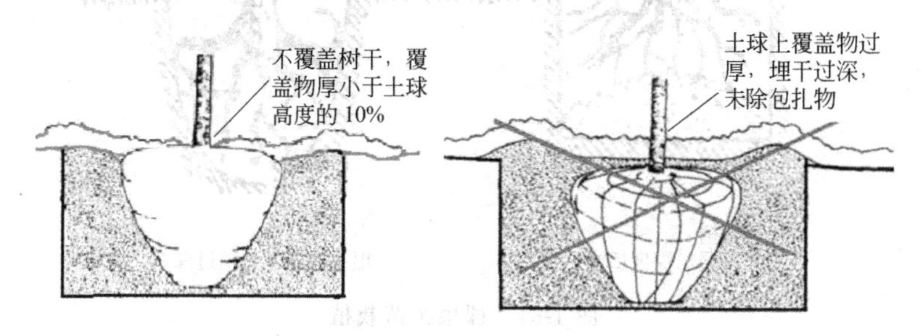

图 1-60　定植深度

树木定植时，应注意将树冠丰满完好的一面，朝向主要的观赏方向，如入口处或主行道。若树冠高低不匀，应将低冠面朝向主面，高冠面置于后向，使之有层次感。在行道树等规则式种植时，如树木高矮参差不齐、冠径大小不一，应预先排列种植顺序，形成一定的韵律或节奏，以提高观赏效果。如树木主干弯曲，应将弯曲面与行列方向一致，以作掩饰。

5. 定植技术

(1) 裸根苗定植

① 定植时将混好肥料的表土，取其一半填入坑中，培成丘状；

② 裸根树木放入坑内时，务必使根系均匀分布在坑底的土丘上，校正位置后注意苗木的深浅和水平位置（见图 1-61）；

③ 将另一半掺肥表土分层填入坑内，每填 20～30cm 土踏实一次，并同时将树体稍稍上下提动，使根系与土壤密切接触；

④ 最后填入心土，再围堰、灌水。

(2) 带土球苗栽植

① 先量好土球高度与坑是否一致，若有差距应挖土或填土，保证土球入坑后与地面相平。

② 土球入坑后放稳，进行松绑，解除包装。

③ 及时分层回填土夯实，尽量用表土回填到土球周围，夯实

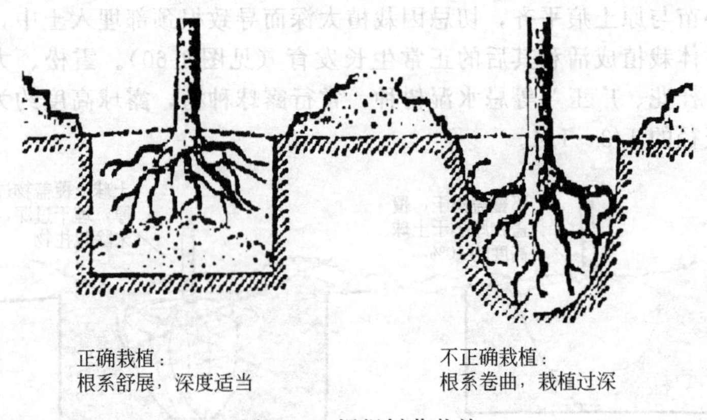

图 1-61　裸根树苗栽植

过程注意不要伤土球。

④ 最后用心土覆盖、围堰、浇水。

(3) 其他

绿篱成块状模纹群植时，应由中心向外顺序退植。坡式种植时应由上向下种植。大型块植或不同彩色丛植时，宜分区分块种植。

6. 定植注意事项

① 核对图纸树种规格准确无误再栽植。

② 观赏面和弯曲方向朝主风向，注意树的朝向，做到适当调整不宜过大。

③ 注意栽植深度，小苗与原土痕平齐，“不得过深过浅”。

④ 列植排列要整齐，三点对一直线，也可拉线绳确定栽植位置（见图 1-62）。

⑤ 定植后与图纸核对准确无误，解开拢冠草绳。

⑥ 大树带土球栽植后要树干包裹、设支架、搭建荫棚等。

五、栽植成活期的养护管理

1. 固定支撑

栽植胸径 5cm 以上树木时，特别是在栽植季节有大风的地区，植后应立支架固定，以防冠动根摇，影响根系恢复生长。要注意支

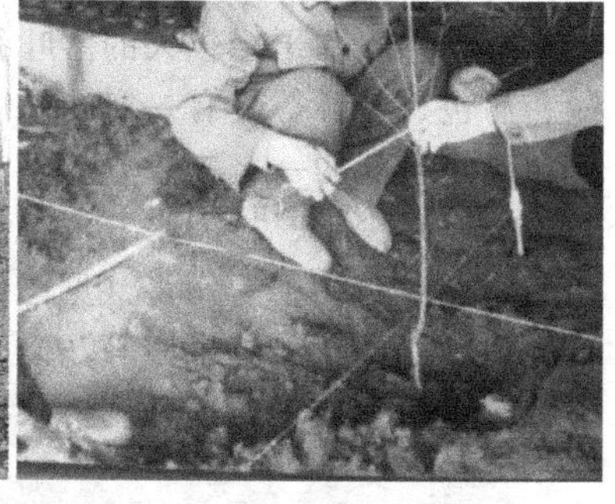

图 1-62　定植时要排列整齐

架不能打在土球或骨干根系上，支架与树干间应衬垫软物。支架设立方法很多，三角桩或井字桩的固定作用最好，且有良好的装饰效果，在人流量较大的市区绿地中多用（见图 1-63 和图 1-64）。

图 1-63　支架设立方法

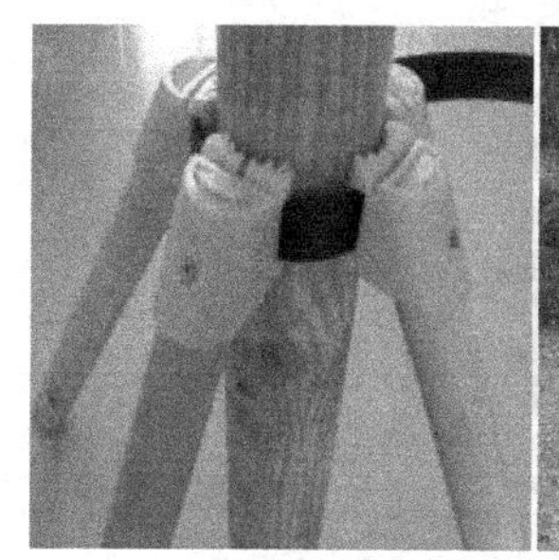

图 1-64　新型园林绿化一体式树木保护支架

2. 树干包裹

常绿乔木和干径较大的落叶乔木，定植后需进行裹干，即用草绳、蒲包、苔藓等具有一定的保湿性和保温性的材料，严密包裹主干和比较粗壮的一、二级分枝（见图 1-65）。裹干可避免强光直射和风吹，减少干、枝的水分蒸腾；可调节枝干温度，减少夏季高温和冬季低温对枝干的伤害（见图 1-38）。树干皮孔较大而蒸腾量显著的树种如樱花、鸡爪槭等，以及香樟、广玉兰等大多数常绿阔叶树种，定植后枝干包裹强度要大些，以提高栽植成活率。

图 1-65　裹干

草绳裹干效率低，不美观，易滋生病虫害；塑料薄膜裹干不透气，影响植物正常呼吸。南京宿根植物园开发的新型裹干材料植物绷带（见图 1-66），经由中科院植物所、南京大学、复旦大学、南京林大等科研教学单位多名专家论，相比于传统裹干材料，植物绷

图 1-66　植物绷带

带具有下列九大优势：

① 省时、省工、价格低廉。相比于草绳，缠裹速度提高5倍，草绳裹树时需要两人相互配合，而植物绷带只需一人轻松操作；缠裹同一棵树，使用植物绷带的直接费用约为草绳的80%。

② 保温保湿、成活率高。本产品特制结构厚度适中，保水而透气，为树木提供更好的康复条件。产品中加入特制植物生命素，可使植物成活率提高10%～15%。

③ 外形美观、防菌防虫。相比传统材料，整体景观效果更加协调；植物绷带中加入杀虫杀菌剂，保护植物减少害虫细菌侵害（见图1-67）。

图1-67 新型裹干材料

3. 树盘覆盖

浇完第三次水后，即可撤除浇水围堰，并将土壤堆积到树下成小丘状，以免根际集水；并经常疏松树盘土壤，改善土壤的通透性。栽植后使用吸湿性和保湿性强的物质如松类的树皮、锯木屑等覆盖栽植穴及其周边，覆盖厚度以5～8cm为宜。也可在根际周围种植地被植物，如马蹄金、白三叶、酢浆草等；或铺上一层白石子，既美观又可减少土面蒸发（见图1-68）。

4. 遮荫

大规格树木移植初期或高温干燥季节栽植，要搭建荫棚遮荫，以降低树冠温度，减少树体的水分蒸腾。在体量较大的乔、灌木树

图 1-68　树盘处理

种，要求全冠遮荫，荫棚上方及四周与树冠保持 30～50cm 间距，以保证棚内有一定的空气流动空间，防止树冠日灼危害（见图 1-69）。遮荫度为 70%左右，让树体接受一定的散射光，以保证树体光合作用的进行。成片栽植的低矮灌木，可打地桩拉网遮荫，网高距树木顶部 20cm 左右。树木成活后，视生长情况和季节变化，逐步去除遮阴物。

图 1-69　树冠遮荫

5. 土壤管理

降雨或浇水后如出现土壤沉陷、致使树木倾斜时，应及时扶正、培土，防止积水烂根。树盘土壤堆积过高，要铲土耙平，防止根系过深，影响根系发育。由于种种原因树体晃动时，应踩实，对于倾斜的树木应及时扶正、设立支架。

6. 水分管理

（1）土壤灌水　灌水是提高树木栽植成活率的主要措施，特别在春旱少雨、蒸腾量大的北方地区尤需注重。

① 开堰、作畦。树木定植后应在略大于种植穴直径的周围，筑成高10～15cm的灌水土堰，堰应筑实不得漏水。株距很近、连片的树木要联合起来集体围堰称“作畦”，要保证畦内地势水平，畦壁牢固不跑水（见图1-70和图1-71）。

图1-70　围堰灌水

图1-71　作畦灌水

② 灌水和排水。新植树木应在当日浇透第一遍水，以后应根据土壤墒情及时补水。黏性土壤，宜适量浇水，根系不发达树种，浇水量宜较多；肉质根系树种，浇水量宜少。秋季种植的树木，浇足水后可封穴越冬。干旱地区或遇干旱天气时，应增加浇水次数，北方地区种植后浇水不少于三遍。一般树木栽植后第一年应灌水5～6次，浇水时应防止因水流过急而冲裸露根系或冲毁围堰。

对排水不良的种植穴，可在穴底铺10～15cm砂砾或铺设渗水管、盲沟，以利排水。多雨季节要防止土堰积水，应适当培土，使树盘土面适当高于周围地面面。

（2）树冠喷水　新植树木根系吸水功能尚未恢复，而地上部枝叶水分蒸腾量较大，在适量补给根系水分的同时，还应叶面喷水。5、6 月份气温升高，树体水分蒸腾加剧，必须充分满足对水分的需要。7、8 月份天气炎热干燥，必须及时对树冠喷水保湿，喷水要求细而均匀，喷及树冠各部位和周围空间，为树体提供湿润的小气候环境。去冠移植的树体，在抽枝发叶后，亦仍需喷水保湿。用草绳裹干的树木，亦应注意向裹干的草绳喷水保湿。可采用高压水枪喷雾，喷雾要细、次数可多、水量要小，以免滞留土壤、造成根际积水（见图 1-72）。或将供水管安装在树冠上方，根据树冠大小安装一个或若干个细孔喷头进行喷雾，效果较好，但需一定成本费用。

图 1-72　树冠喷水

7. 施肥

施肥可促进新植树木地下部根系和地上部枝叶的恢复生长，有计划地合理追施一些有机肥料，更是改良土壤结构、提高土壤有机质含量、增进土壤肥力的最有效措施。

树木移植初期，根系处于恢复生长阶段、吸肥能力低，宜采用根外追肥；也可采用叶面营养补给的方法，如喷施易吸收的有机液肥或尿素等速效无机肥，促进枝叶生长，有利光合作用进行。一般半个月左右一次，可用尿素、硫酸铵、磷酸二氢钾等速效性肥料配制成浓度为 0.5％～1％的肥液，选早晚或阴天进行叶面喷洒，遇降雨应重喷一次。

新植树的基肥补给，应在树体确定成活后进行，用量一次不可太多，以免烧伤新根，事与愿违。施用的有机肥料必须充分腐熟，并用水稀释后施用。

8. 除萌修剪

（1）护芽除萌　新植树木在恢复生长过程中，特别是在强修剪后，树体干、枝上会萌发出许多嫩幼新枝。树体地上部分的萌发，能促进根系的萌发。因此，对新植树、特别是对移植时进行过重度修剪的树体所萌发的芽要加以保护，让其抽枝发叶，待树体恢复生长后再行修剪整形。同时，在树体萌芽后，要特别加强喷水、遮荫、防病治虫等养护工作，保证嫩芽与嫩梢的正常生长。但多量的萌发枝不但消耗大量养分，而且会干扰树形；枝条密生，往往造成树冠郁闭、内部通风透光不良。为使树体生长健壮并符合景观设计要求，应随时疏除多余的萌蘖，着重培养骨干枝架。

（2）合理修剪　树木起挖、运输、栽植过程常会受到损伤，以致有部分枝芽不能正常萌发生长，对枯死部分也应及时剪除，以减少病虫滋生场所。树体在生长期形成的过密枝或徒长枝也应及时去除，以免竞争养分，影响树冠发育。合理修剪以使主侧枝分布均匀，骨架坚固，均衡树形，外形美观；合理修剪可改善树体通风透光条件，使树体生长健壮，减少病虫危害。

（3）伤口处理　养护管理中注意伤口保护，为避免伤口染病和腐烂，需用锋利的剪刃将伤口周围的皮层和木质部削平，再用1%～2%硫酸铜或40%的福美砷可湿性粉剂进行消毒，然后涂抹保护剂。

9. 松土除草

根部土壤经常保持疏松，有利于土壤空气流通，可促进树木根系的生长发育。树木栽植后成活期要注意松土，不可太深，以免伤及新根。

树盘附近的杂草，特别是蔓藤植物，严重影响树木生长，更要及时铲除。可结合松土进行除草，一般20～30天一次。除草深度以掌握在3～5cm为宜，可将除下的枯草覆盖在树干周围的土面上，以降低土壤辐射热，有较好的保墒作用。

10. 病虫害防治

在养护管理中应重视病虫害的防治，必须根据其发生发展规律和危害程度，及时、有效地进行防治，特别是对危害严重的单株，应高度重视，采取果断措施，避免蔓延。对于修剪下的病虫枝，应集中处理，避免再度污染。

11. 调整补缺

园林树木栽植后，因树木质量、栽植技术、养护措施及各种外界条件的影响，难免不会发生死树缺株的现象，对此应适时进行补植。补植的树木在规格和形态上应与已成活株相协调，以免干扰设计景观效果。对已经死亡的植株，应认真调查，如土壤质地、树木习性、种植深浅、地下水位高低、病虫为害、人为损伤等，分析原因，采取改进措施，再行补植。

12. 越冬防护

新植大树的枝梢、根系萌发迟，年生长周期短，养分积累少，组织发育不充实，易受低温危害，应做好防冻保温工作。首先，入秋后要控制氨肥、增施磷钾肥，并逐步撤除荫棚，延长光照时间，提高光照强度，以提高枝干的木质化程度，增强自身抗寒能力。第二，在入冬寒潮来临之前，做好树体保温工作，可采取覆土、裹干、设立风障等方法加以保护（见图1-73和图1-74）。

图1-73　设立风障

图1-74　树盘覆盖

第四节 大树移植

一、大树移植概述

大树移植是园林绿地养护过程中的一项基本作业，主要应用于对现有树木保护性的移植，对密度过高的绿地进行结构调整中发生的作业行为。新建绿地中进行的大树栽植则是在特定时间、特定地点，为满足特定要求所采用的种植方法。

大树移植可短期内体现绿地的景观效果，发挥绿地的生态效益，在飞速发展的城市绿化建设中应用越来越多。大树移植又分为对现有树木保护性的移植，对密度过高的绿地进行结构抽稀调整中发生的作业行为；其次是新建绿地中进行的大树栽植，是在特定时间、特定地点，为满足特定要求所采用的种植方法。

大树的界定，一般指树体胸径在15～20cm以上，或树高在4～6m以上，或树龄在20年左右的树木，在园林工程中均可称之为“大树”。1954年，北京展览馆因建设需要移植胸径20cm以上的元宝枫、白皮松、刺槐等成功。同年，上海也成功移植胸径20cm以上的雪松、油松、白皮松100余株，成活率几达100%。近年来，随着绿地建设水平和树木栽培技术的提高，大树移植的应用范围和成功率也有长足的进步。

（一）大树移植的意义

1. 绿地树木种植密度的调整需要

城市绿化建设中，为使绿地建设在较短的时间内达到设计的景观效果，一般来说初始种植的密度相对较大，一段时间后随着树体的增粗、长高，原有的空间不能满足树冠的继续发育，需要进行调整，这在对绿地进行改造时，尤为表现突出。调整力度的大小，主要取决于绿地建设时的种植设计、树种选用和配植的合理程度等。

2. 建设期间的原有树木保护

城市建设过程中，妨碍施工进行的树木，如果被全部伐除、毁灭，将是对生态资源的极大损害。特别是对那些有一定生长体量的大树，应作出保护性规划，尽可能保留；或采取大树移植的办法，妥善处置，使其得到再利用。

3. 城市景观建设需要

城市中心绿地广场、城市标志性景观绿地等，适当考虑大树移植以促进景观效果的早日形成，有重要的意义。大树移植的成本高，种植、养护的技术要求也高，对整个地区生态效益的提升却有限；更具危害性的是，目前我国的大树移植，多以牺牲局部地区、特别是经济不发达地区的生态环境为代价，故非特殊需要，不宜多用。提倡建设大苗苗圃，移植苗圃中的大树，满足城市绿化建设的需要。

（二）大树移植的特点

1. 移植成活困难

（1）树龄大、阶段发育程度深，细胞的再生能力下降，在移植过程中被损伤的根系恢复慢。

（2）树体在生长发育过程中，根系扩展范围不仅远超出树冠水平投影范围，而且扎入土层较深，挖掘后的树体可包含的吸收根较少，近干的粗大骨干根木栓化程度高，萌生新根能力差，移植后新根形成缓慢。

（3）大树形体高大，根系距树冠距离长，水分的输送有一定困难；而地上部的枝叶蒸腾面积大，移植后根系水分吸收与树冠水分消耗之间的平衡失调，如不能采取有效措施，极易造成树体失水枯亡。

（4）大树移植需带的土球重，土球在起挖、搬运、栽植过程中易造成破裂，这也是影响大树移植成活的重要因素。

2. 移栽周期长

为有效保证大树移植的成活率，一般要求在移植前的一段时间就作必要的移植处理，从断根缩坨到起苗、运输、栽植以及后期的养护管理，移栽周期少则几个月，多则几年。

3. 工程量大、费用高

树体规格大、移植的技术要求高，往往需要动用多种机械。另外，为了确保移植成活率，移植后必须采用一些特殊的养护管理技术与措施，因此在人力、物力、财力上都是巨大的耗费。

4. 绿化效果快速、显著

大树移植技术科学规划、合理运用，可在较短的时间内迅速显现绿化效果，较快发挥城市绿地的景观功能，在城市绿地建设中广泛应用。

（三）大树移植的原则

1. 树种选择原则

① 大树移植要根据当地的气候条件和土壤类型选择适宜的树种，使其在适宜的环境中发挥最大优势。

② 树种选择要多样化，形成丰富多彩的景观。

③ 要考虑树种移植成活的难易。不同树种间在移植成活难易上有明显的差异，最易成活者有杨树、柳树、梧桐、悬铃木、榆树、朴树、银杏、臭椿、楝树、槐树、木兰等，较易成活者有香樟、女贞、桂花、厚朴、厚皮香、广玉兰、七叶树、槭树、榉树等，较难成活者有马尾松、白皮松、雪松、圆柏、侧柏、龙柏、柏树、柳杉、榧树、楠木、山茶、青冈栎等，最难成活者有云杉、冷杉、金钱松、胡桃、桦木等。

④ 考虑树种的寿命。大树移植的成本较高，移植后希望能长时间保持大树的景观效果。如果树种寿命较短，移植后树体不久就进入“老龄化阶段”，观赏效果下降，移植时耗费的人力、物力、财力会得不偿失。而对寿命较长的树种，移植后可长时间发挥较好的绿化功能和艺术效果。

2. 树体规格选择原则

大树移植，并非树体规格越大越好、树体年龄越老越好。研究表明，如不采用特殊的管护措施，地面 30cm 处直径为 10cm 的树木，在移植后 5 年其根系能恢复到移植前的水平；而一株直径为 25cm 的树木，移植后需 15 年才能使根系恢复。同时，移植及养护的成本也随树体规格增大而迅速攀升。

壮年期的树木是移植最佳时期。此时移植过程中树体恢复生长需时间短，移植成活率高，易成景观。一般慢生树种应选 20～30 年生，速生树种应选 10～20 年生，中生树种应选 15 年生。一般乔木树种，以树高 4m 以上、胸径 15～25cm 的树木最为合适。

3. 就近选择原则

不同树种对生态因子的要求不一样，移植后的环境条件应尽量和树种的生物学特性及原生地的环境条件相符。因此，在进行大树移植时，以选择乡土树种为主、外来树种为辅，坚持就近选择为先的原则，尽量避免远距离调运大树，使其在适宜的生长环境中发挥最大优势。

4. 科学配置原则

大树移植要把大树配置在主要位置，配置在景观生态最需要的部位，能够产生巨大景观效果的地方，作为景观的重点、亮点。如在公园绿地、居住区绿地等处，大树适宜配置在入口、重要景点、醒目地带作为点景用树；或成为构筑疏林草地的主分；或作为休憩区的庭荫树配置。切忌在一块绿地中集中、过多地应用过大的树木栽植，园林绿地建设要乔、灌、花、草合理组合，模拟自然生态群落，增强绿地生态效应（见图 1-75）。

图 1-75　乔、灌、花、草组合

5. 严格控制原则

大树移植时，要对移植地点和移植方案进行严格的科学论证，移什么树、移植多少，必须精心规划设计。一般而言，大树的移植数量最好控制在绿地种植总量的 5%～10%。大树来源更需严格控制，必须以不破坏森林自然生态为前提，最好从苗圃中采购，或从近郊林地中抽稀调整。因城市建设而需搬迁的大树，应妥善安置，以作备用。

6. 科技领先原则

为有效利用大树资源，确保移植成功，应充分掌握树种的生物学特性和生态习性，根据不同树种和树体规格，制订相应的移植与养护方案，选择在当地有成熟移植技术和经验的树种，并充分应用现有的先进技术，降低树体水分蒸腾、促进根系萌生、恢复树冠生长，最大限度地提高移植成活率，尽快、尽好地发挥大树移植的生态和景观效果。

二、大树移植前的准备

大树移植前必须先做好规划，包括树种、规格、数量、造景要求、移植前处理，以及吊运使用机械、转移路线等。

（一）可移植大树的选择

主要调查树木的生物学及生态学特性，如树木的种类、树龄、树高、胸径、树干直径、冠幅、树形等以及树木的生长立地类型，进行调查、登记、分类、编号。同时对树木来源地、种植地的土壤、水热等环境因素进行相关了解，在调查的基础上慎重选择，确定是否适合进行移植。

1. 树相选择

树种不同，形态各异，因而它们在绿化上的用途也不同。如行道树，应选择干直、冠大、分支点高，有良好庇荫效果的树体；而庭院观赏树中的孤立树，就应讲究树姿造型。因此，应根据设计要求，选择合乎绿化需要的大树。如在森林内选择时，必须在疏密度不大的林分中选最近5～10年生长在阳光下的树木，过密林分中的树木受光较少，移植到城市绿地后不易成活，且树形不美观，景观效果不理想。此外，应选择树体生长正常、无严重病虫感染以及未受机械损伤的树木。

2. 立地选择

首先应考虑树木原生地的立地条件，并对大树周围的立地环境做详细考察，根据土壤质地、土层厚薄、可携带土球的大小，调运机械进出的通道，周边障碍物的有无等，作出详尽而合理可行的计划。移植地的地势应平坦或坡度不大，过陡的山坡，树木根系分布不正，不仅操作困难且易伤根，土球不易完整，因而应选择便于施工处的树木，最好能使起运机械直接开到树边。此外，还必须考虑栽植地点的立地状况和施工条件，以尽可能和树木原生地的立地环境条件相似，并便于施工养护。

3. 标记登记

选定的大树，用油漆在树干胸径处做出明显的标记，以利识别选定的单株和生长朝向；同时，要建立登记卡，记录树种、高度、干径、分枝点高度、树冠形状和主要观赏面，以便进行移植分类和确定工序。

（二）移植时间的选择

如果掘起的大树带有大而完整的土球，在移植过程中严格执行操作规程，移植后又精心养护，可在任何时期都可以进行大树移植。但在实际中，最佳移植时间的选择，不仅可以提高移植成活率，而且可以有效降低移植成本，方便日后的正常养护管理。

1. 春季移植

早春是大树移植的最佳时期，此期树液开始流动，枝叶开始萌芽生长，挖掘时损伤的根系容易愈合、再生。移植后，经过早春到晚秋的正常生长，树体移植时受伤的根冠以基本恢复，给树体安全越冬创造了有利条件。春季树体开始萌芽而枝叶尚未全部长成之前，树体蒸腾量较小、根系尚能够及时恢复水分代谢平衡，可获得较高的移植成活率。

2. 夏季移植

夏季，由于树体蒸腾量较大，一般来说不利于大树移植。在必要时，可采取加大土球、加强修剪、树体遮荫等减少枝叶蒸腾的移植措施，也能获得较好的效果，由于所需技术复杂、成本较高，故一般尽可能避免。但在北方的雨季和南方的梅雨期，由于连阴雨日较长，光照强度较弱，空气湿度较高，也为移植适期。

3. 秋冬移植

从树木开始落叶到气温不低于−15℃这一时期，树体虽处于休眠状态，但地下部分尚未完全停止生理活动，移植时被切断的根系能够愈合恢复，给来年春季萌芽生长创造良好的条件。但在严寒的北方，必须加强对移植大树的根际保护，才能达到预期目的。

大树移植的最佳适期，还因树种而异，故需区别对待，灵活掌握，分期分批有计划地进行。确定了移植计划以后，具体移植时，还要注意天气状况，避免在极端的天气情况下进行，最好选择阴而无雨或晴而无风的天气进行。欧洲国家提倡在夜间移植大树，可避免日间高温与强光照对树体蒸腾的影响。

(三) 大树移植前的技术处理

为提高大树移植的成活率，可在移植前采取适当的技术措施，以促进树木吸收根系的增生，同时也可为其后的移植施工提供方便。

1. 断根缩坨处理

断根缩坨处理，也叫回根、切根或盘根。在大树移植前的1～3年，分期切断树体的部分根系，以促进吸收须根的生长，缩小日后的根坨挖掘范围，使大树在移植时能形成大量可带走的吸收根。这是提高大树移植成活率的关键技术，特别适用于移植实生大树或具有较高观赏价值的珍稀名贵树木。

在移植前 1～3 年的春季或秋季，以树干为中心，以 3～4 倍胸径尺寸为半径画圆或成方形，在相对的东西两侧向外（见图 1-76）挖宽 30～40cm 宽的沟，深度视树种根系特点而定，一般为 60～80cm。挖掘时，如遇较粗的根，应用锋利的修枝剪或手锯切断，使之与沟的内壁齐平，如遇直径 5cm 以上的粗根，为防大树倒伏一般不切断，而于沟内壁处行环状剥皮（宽约 10cm），并在剥口涂抹 100mg/L 的萘乙酸（或吲哚丁酸），以促发新根。然后，填入混合肥料的泥土，夯实，定期浇水。

到翌年的春季或秋季，再挖掘南北两侧的沟段，仍照上述操作进行。正常情况下，经 2～3 年，环沟中长满须根后即可起挖移植（见图 1-77 和图 1-78）。

在气温较高的南方，有时为突击移植，在第一次断根数月后，即起挖移植。如广州等地，通常以距地面 20～40cm 处树干周长为

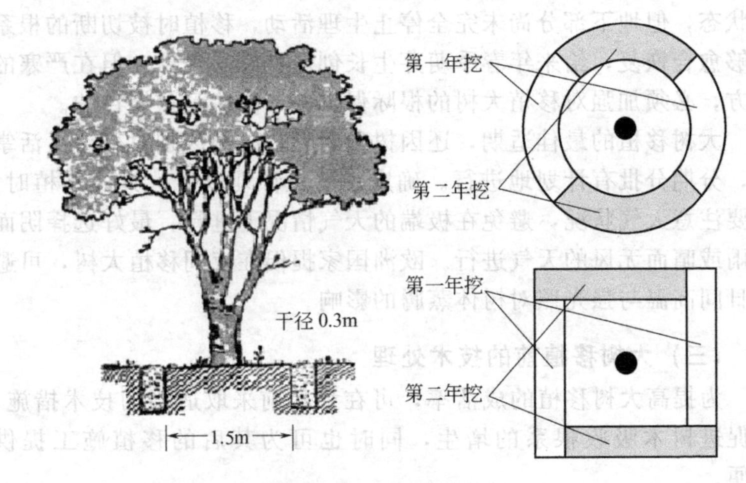

图 1-76　大树断根缩坨

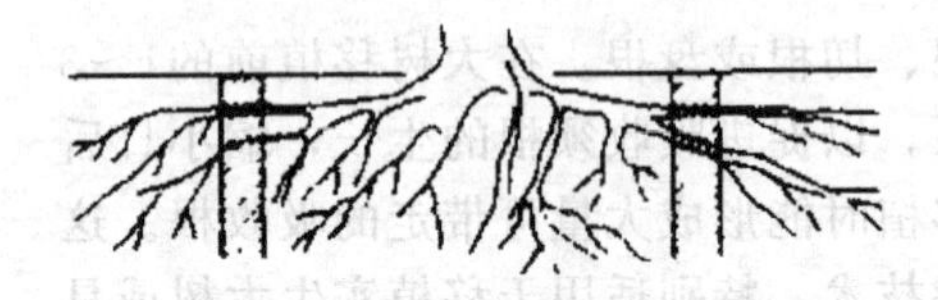

图 1-77　断根前，吸收根远离树干

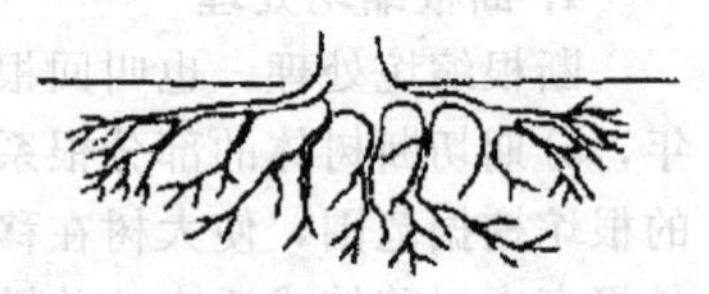

图 1-78　断根后，须根靠近树干

半径，挖环行沟，沟深 60～80cm，沟内填稻草、园土，填满后浇水，相应修剪树冠。但保留两段约占 1/4 的沟段不挖，以便能有足够的根系不受损伤，能够继续吸收养分、水分，供给树体正常生长。40～50 天后，新根长出，即可掘树移植。

2. 平衡修剪

大树移植时树木的根系的损伤严重，因此一般需对树冠进行修剪，减少枝叶蒸腾，以获得树体水分的平衡。修剪强度则根据树种的不同、栽植季节的变化、树体规格的大小、生长立地条件及移植后采取的养护措施与提供的技术保证来决定。修剪的基本原则，尽量保持树木的冠形、姿态。萌芽力强、树龄老、规格大、叶薄稠密的树体可强剪，萌芽力弱的常绿树宜轻剪，落叶树在萌芽前移植可尽量不剪。通常采用修剪 1/3 枝叶的强度，对在高温季节移植的落叶阔叶树木则修剪50%～70%的枝叶。目前国内大树移植主要采用的树冠修剪方式有以下3种。

① 全株式。原则上只将徒长枝、交叉枝、病虫枝、枯弱枝及过密枝剪除，尽量保持树木的原有树冠、树形（见图1-79），绿化的生态、景观效果好，为目前高水平绿地建设中常用，尤为适用于萌芽率弱的常绿树种，如雪松即为典型的代表树种。

图1-79　全株式移植

② 截枝式。只保留到树冠的一级分枝，将其上部截除（见图1-80），多用于生长速度和发枝力中等的树种，如广玉兰、香樟、银杏等。这种方式虽可提高移植成活率，但对树形破坏严重，应控制使用。

图1-80　截枝式移植

③ 截干式。将整个树冠截除，只保留一定高度的主干（见图1-81），多用于生长速率快、发枝力强的树种，如悬铃木、国槐、女贞等。虽然这是目前一些城市绿化中经常见到的方法，能有效提高移植成活率，但从理论上讲是极端错误的做法，会带来许多不良后果，正在被愈来愈多的园林工作者放弃使用。

图 1-81　截干式移植

3. 修剪操作规范

① 剪口要平整；

② 部位要合理；

③ 疏枝要正确不留残桩；

④ 先修去病虫枝、枯枝、控制徒长枝，伤口保护；

⑤ 大乔木先修剪后栽植，灌木、绿篱先栽植后修剪。

三、大树移植技术

（一）树体挖掘和包扎

1. 起挖前的准备

（1）在起挖前1～2天，根据土壤干湿情况，适当浇水，以防挖掘时土壤过干而导致土球松散。

（2）清理大树周围的环境，合理安排运输路线，准备好挖掘工具、包扎材料、吊装机械以及运输车辆等。

（3）起挖前可根据情况进行拉绳或吊缚（见图1-82），以保安全。适当修剪或拢冠（见图1-83），以缩小树冠伸展面积，便于挖掘和防止枝条折损。

图 1-82 拉绳

图 1-83 拢冠

2. 起挖和包装

(1) 带土球软材包装

① 挖土球。起挖前，要确定土球直径，对未经断根缩坨处理措施的大树，以胸径 7～8 倍为所带土球直径划圈，沿圈的外缘挖 60～80cm 宽的沟，沟深也即土球厚度，一般 60～80cm，约为土球直径的 2/3（见图 1-84）。实施过断根缩坨处理的大树，填埋沟内新根较多，尤以坨外为盛，起掘时应沿断根沟外侧再放宽 20～30cm。苗圃中的假植的大树，则按假植时所带土球大小来挖。

② 包扎。为减轻土球重量，应把表层土铲去，以见侧根细根为度。在大树基部捆扎 60～80cm 高草绳在草绳上钉护板（见图 1-85），以保护树干（也可不打钉护板）。

图 1-84 挖土球

图 1-85 钉护板

挖到要求的土球厚度时，用预先湿润过的草绳、蒲包片、麻袋片等软材包扎，具体包扎步骤参见第一章第二节。

(2) 带土球方箱包装　带土球方箱包装适于移植胸径20～30cm、土球直径超过1.4m的大树，而且土壤为沙壤土，为防止土球散坨，应采用木箱包装，主要适用于雪松、桧柏、白皮松、龙柏、云杉等常绿树，可确保安全吊运。

① 挖土块。以树干为中心，以树木胸径的7～10倍为标准划正方形，沿划线的外缘开沟，沟宽60～80cm，沟深与留土块高度相等，土块规格可达2.2m×2.2m×0.8m。修平的土块尺寸稍大于边板规格，以保证边板与土块紧密靠实。每一侧面都应修成上大下小的倒梯形，一般上下两端相差10～20cm（见图1-86）。

② 上壁板。用4块专制的壁板（倒梯形，上大下小）夹附土块四侧，四壁板下口对齐，上口沿比土块略低。两块壁板的端部不要顶上，以免影响收紧（见图1-87）。用钢丝绳或螺栓将箱板紧紧扣住土块，用紧绳器将壁板收紧。

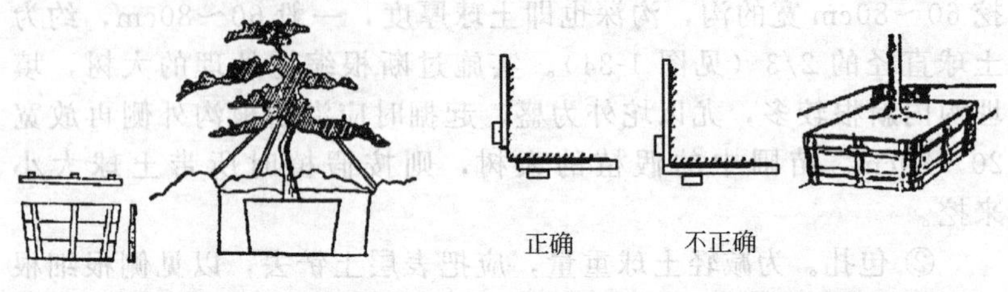

图1-86　箱板准备与挖土块　　图1-87　壁板与紧绳器的安装

③ 上底板。上好壁板后，将沟再挖深30～40cm，用木块将壁板与坑壁支牢（见图1-88），而后掏挖土块底部。达一定宽度，上一块底板，底板下两端支上木墩，土块两侧各上一块底板，四角支上木墩后，再向里掏挖，再上底板（见图1-89）。

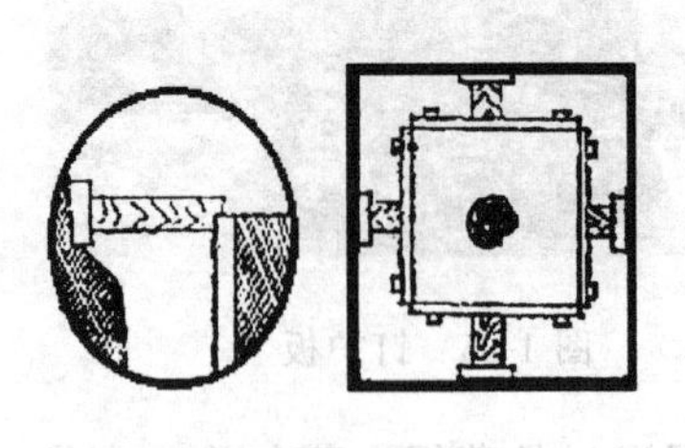

图1-88　壁板与坑壁支牢

图1-89　从两边掏底

④ 上盖板。在土块上面树干两侧钉平行或呈井字形板条（盖板），并捆扎牢固（图 1-90）。

图 1-90 上盖板

(3) 裸根软材包扎 此法适用于落叶乔木和萌芽力强的常绿树种，如悬铃木、柳树、银杏、女贞等；常常用于胸径小于 5cm 的落叶树种，在气候适宜、湿度较大，运输距离又短的情况下，大树也可采用。大树裸根移植，所带根系的挖掘直径范围一般是树木胸径的 8～12 倍，然后顺着根系将土挖散敲脱，注意保护好细根（见图 1-91）。然后在裸露的根系空隙里填入湿苔藓，再用湿草袋、蒲包等软材将根部包缚（见图 1-92 和图 1-93）。软材包扎法简便易行，运输和装卸也容易，但对树冠需采用强度修剪，一般仅选留 1～2级主枝缩剪。移植时期一定要选在枝条萌发前进行，并加强栽植后的养护管理，方可确保成活。有条件时，可使用生根粉或保水剂，以提高移植成活率。

图 1-91 裸根苗的根系

图 1-92　喷水

图 1-93　苫布盖苗

(二) 起吊

大树移植时，其土球的吊装、运输，应选择合适的设备和正确的方法以免损伤树皮和松散土球。

1. 吊干法

一般对直径 20cm 左右的大树用 10～15 吨的吊车。先在树干部位用草绳、麻片缠绕 1～2m 高度，绳或麻片外可再捆一圈木条，防止套脖绳时磨伤树皮。根据树木的根冠比例找起吊的着力点，一般 1～2 个着力点（见图 1-94 和图 1-95），用 10 号钢丝或其他材料捆扎树干，套好后慢慢起吊。

图 1-94　吊干法（一个着力点）

图 1-95　吊干法（两个着力点）

2. 吊球（木箱）法

吊绳应直接套住土球底部，亦可一端吊住树木茎干。准备 1 根大于土球周长4倍以上的粗麻绳（现多用阔幅尼龙带，对土球的勒伤较小），对折后交叉穿过土球底部，从土球底部上来交叉、拉紧，将两个绳头系在对折处，用吊车挂钩钩住拉紧的两股绳，起吊上车（见图1-96和图1-97）。

图1-96　土球软包装起吊

图1-97　方箱硬包装起吊

（三）装运

树木规格不同装车方法也不同，可以直立装车（见图1-98），也可斜放（见图1-99），大土球和方箱包装要完全放倒，在运输车厢底部装些土，将土球垫成倾斜状，将土球靠近车头厢板，树冠搁置在后车厢板上。后厢板可设立支架，架住树干，并用草包、麻袋

图 1-98　直立装车

图 1-99　倾斜装车

衬垫，防止磨伤树皮，再用粗麻绳将土球树干与车身牢牢捆住，防止土球摇晃（见图 1-100）。上车后最好不要将套在土球上的绳套解开，防止拆系绳套时损坏土球，也以便移植时再用。运输途中要有专人押运，运到现场立即御车，立即栽植。

树木移植机是用于树木带土球移植的机械，可以完成挖穴、起树、运输、栽植、浇水等全部（或部分）作业。在近距离大树移植时一般采用两台机械同时作业，一台带土球挖掘大树并搬运到移植地点，另一台挖坑并把挖起的土壤回填（见图 1-101）。虽投入较高，但移植成活率高、工作效率强，并可减轻工人劳动强度、提高

图 1-100 固定

图 1-101 树木移植机挖掘大树

作业安全性，是值得推广的发展方向。

（四）栽植

1. 挖穴

大树移植要掌握“随挖、随包、随运、随栽”的原则，移植前应根据设计要求定点、定树、定位。栽植大树的坑穴，应比土球直径大 40～50cm，比方箱尺寸大 50～60cm，比土球或方箱高度深 20～30cm，并更换适于树木根系生长的腐殖土或培养土。

2. 栽植方向

大树运到后应尽快栽植，大树卸装与吊树入坑方法同装车（见图 1-102 至图 1-104）。吊装入穴前调整穴深度，保证适宜的栽植深度。大树入穴时，应将树冠最丰满面朝向主观赏方向，并考虑树木在原生长地的朝向。定植吊树入坑时用人力控制树体的方向，尽量符合原来的方向，并保证栽植深度。

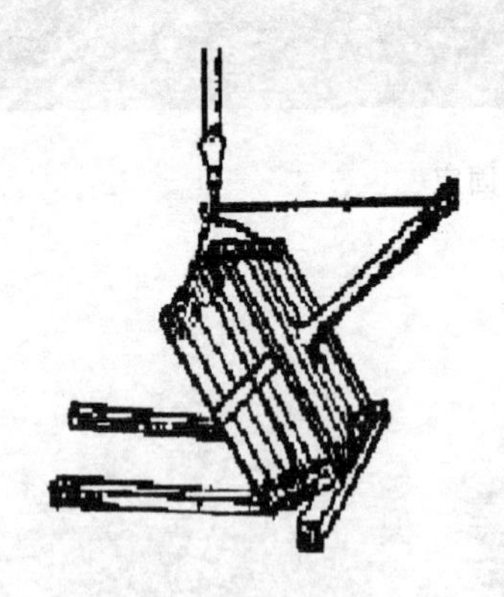

图 1-102　大树卸装

图 1-103　吊树入坑示意图

图 1-104　吊树入坑

3. 栽植深度

栽植深度直接影响成活，栽植穴的深度不是栽植深度，栽植深浅要考虑多种因素，一般栽植深度，以定植后树体根颈部略高于地表面为宜，一般苗木与原土痕平齐（见图 1-105），切忌因栽植太深而导致根颈部埋入土中，影响树体栽植成活和其后的正常生长发育。雪松、大叶榕、桂花、广玉兰等忌水湿树种，常行露球种植，露球高度约为土球竖径的1/4～1/3。然后围球堆土成丘状（见图1-106），根际土壤透气性好，有利于根系伤口的愈合和新根的萌发。栽植深度因考虑降雨量、土壤质地等环境条件，雨量越大，栽植越浅（见图1-107）。

图1-105 一般栽植深度

图1-106 露球种植

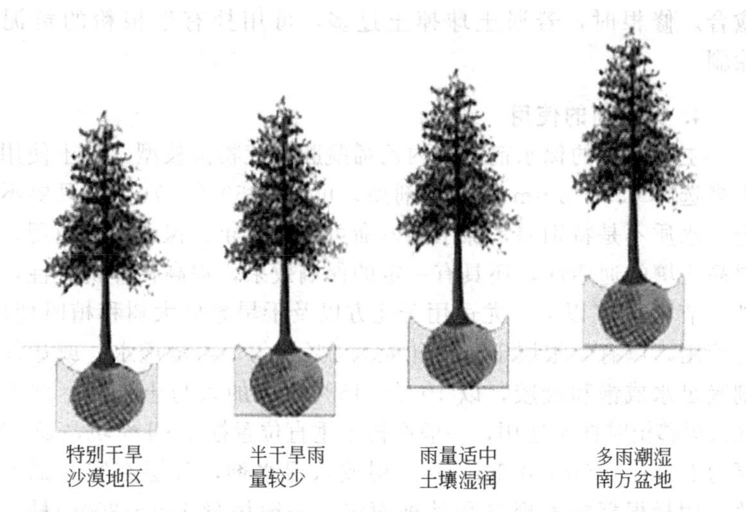

图1-107 不同降雨量与栽植深度

4. 拆包扎物、填土、围堰

树木栽植入穴后，拆除草绳、蒲包等包扎材料，填土时每填20～30cm即夯实一次，但应注意不得损伤土球。栽植完毕后，在树穴外缘筑一个高 30cm 的围堰，浇透定植水。

四、提高大树移植成活率的措施

1. 掌握科学的大树移植技术

选择合适的树木，科学的挖掘、包扎、装运，做到随挖、随包、随运、随栽，减少根系水分损失。

2. 保证所带土球有足够的吸收根

增大土球，移植前 1～2 年进行断根缩坨处理，增加所带土球吸收根量，可有效提高移植成活率。

3. ABT 生根粉的使用

采用软材包装移植大树时，可选用 ABT 生根粉处理树体根部，可有利于树木在移植和养护过程中损伤根系的快速恢复，促进树体的水分平衡，提高移植成活率达 90.8%以上。掘树时，对直径大于 3cm 的短根伤口喷涂 150mg/L ABT-1 生根粉，以促进伤口愈合。修根时，若遇土球掉土过多，可用拌有生根粉的黄泥浆涂刷。

4. 保水剂的使用

主要应用的保水剂为聚丙乙烯酰胺和淀粉接枝型，拌土使用的大多选择 0.5～3mm 粒径的剂型，可节水 50%～70%，只要不翻土，水质不是特别差，保水剂寿命可超过 4 年。保水剂的使用，除提高土壤的通透性，还具有一定的保墒效果，提高树体抗逆性，另外可节肥 30%以上，尤适用于北方以及干旱地区大树移植时使用。时使用，以有效根层干土中加入 0.1%拌匀，再浇透水；或让保水剂吸足水成饱和凝胶，以 10%～15%比例加入与土拌匀。北方地区大树移植时拌土使用，一般在树冠垂直位置挖 2～4 个坑，长：宽：高为 1.2m：0.5m：0.6m，分三层放入保水剂，分层夯实并铺上干草。用量根据树木规格和品种而定，一般用量 150～300g/株。为提高保水剂的吸水效果，在拌土前先让其吸足水分成饱和凝胶，一般 2.5 小时吸足（见图 1-108），均匀拌土后再拌肥使用；采用此法，只要有 300mm 的年降雨量，大树移植后可不必再浇水，并可以做到秋水来年春用。

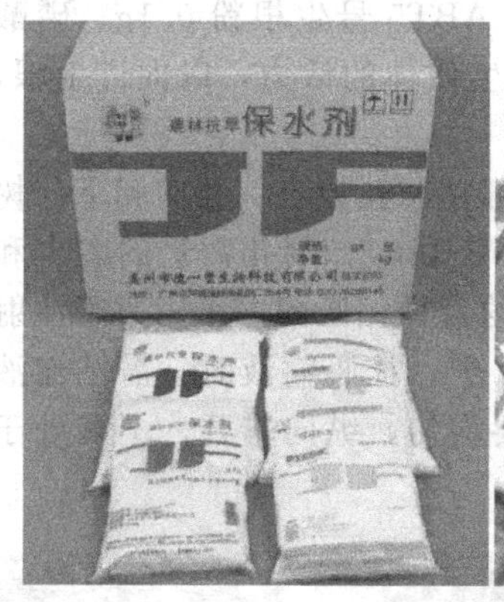

图 1-108 保水剂使用效果

5. 挂瓶输液技术

移植大树时尽管可带土球，但仍然会失去许多吸收根系，而留下的老根再生能力差，新根发生慢，吸收能力难以满足树体生长需要。截枝去叶虽可降低树体水分蒸腾，但当供应（吸收水分）小于消耗（蒸腾水分）时，仍会导致树体脱水死亡。为了维持大树移植后的水分平衡，通常采用外部补水（土壤浇水和树体喷水）的措施，但有时效果并不理想，灌溉方法不当时还易造成渍水烂根。采用向树体内输液给水的方法，即用特定的器械（见图 1-109）把水分直接输入树体木质部，可确保树体获得及时、必要的水分，从而有效提高大树移植的成活率。

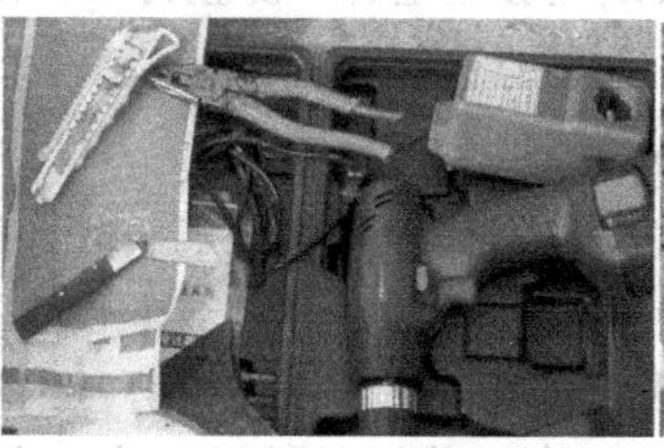

图 1-109 树体输液设备

（1）液体配制　输入的液体主要以水分为主，并可配入微量的植物生长激素和磷钾矿质元素。为了增强水的活性，可以使用磁化水或冷开水，同时每千克水中可溶入 ABT5 号生根粉 0.1g、磷酸二氢钾 0.5g。生根粉可以激发细胞原生质体的活力，以促进生根，磷钾元素能促进树体生活力的恢复。

（2）钻孔　用木工钻在树体的基部钻洞孔数个，孔向朝下与树干呈 30 度夹角，深至髓心为度（见图 1-110）。洞孔数量的多少和孔径的大小应和树体大小和输液插头的直径相匹配。采用树干注射器和喷雾器输液时，需钻输液孔 1～2 个；挂瓶输液时，需钻输液孔洞 2～4 个。输液洞孔的水平分布要均匀，纵向错开，不宜处于同一垂直线方向。

图 1-110　钻孔

（3）输液　将装好配液的贮液瓶钉挂在孔洞上方（见图 1-111），把棉芯线的两头分别伸入贮液瓶底和输液洞孔底（见图 1-112），外露棉芯线应套上塑管，防止污染，配液可通过棉芯线输入树体。

6. 插瓶输液技术

（1）作用特点　给树体输入生命平衡液，能及时提供芽生长的动力物质，促进大树快速发芽；补充芽生长的营养物质，促进芽健康生长，提高移栽大树成活率，恢复树势。本输液插瓶是根据人体输液原理而发明的可多次使用的输液插瓶，具有使用方便（可两用），节约水肥，利用率高等特点。

（2）用法用量

① 呈 45 度角钻孔，孔深 5～6cm，孔径 6～8mm（见图1-113）。

图 1-111　挂瓶

图 1-112　插入外套塑管的棉芯线

② 旋下其中一个瓶盖，刺破封口，换上插头，旋紧后将插头紧插在孔中，然后旋下另外一个瓶盖，刺破封口后旋上（调节松紧控制流速），一般情况下，胸径 8～10cm 插 1 瓶，胸径大于 10cm 以上的大树一般插 2～4 瓶（见图 1-114），尽量插在树干上部（插在主干和一级主枝分叉处下方，也可在每根一级主枝上插 1 瓶）。首次用完后的加液量一般根据树体需求和恢复情况决定。

树干输液时，其次数和时间应根据树体需水情况而定；挂瓶输液时，可根据需要增加贮液瓶内的配液。当树体抽梢后即可停止输液，并涂浆封死孔口。有冰冻的天气不宜输液，以免树体受冻害。

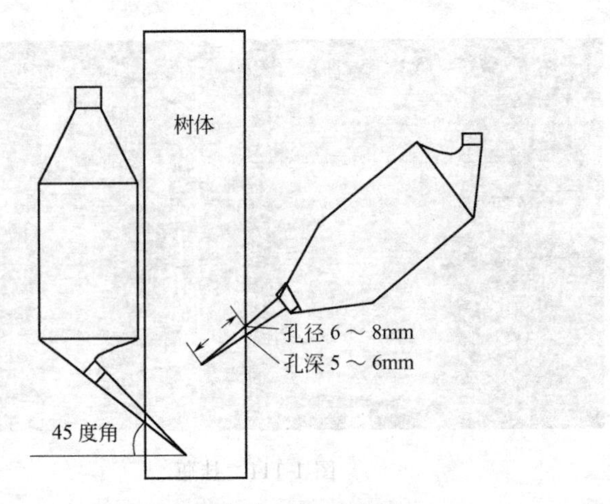

图 1-113　插瓶输液示意图

图 1-114　插瓶输液

7. 加强移植后的养护管理

大树栽植后应立即支撑固定、裹干、遮荫、树盘覆盖、树冠喷水等，是提高成活率必不可少的措施，具体养护管理内容和操作参见第一章第一节成活期养护管理。

五、土球破损、散球怎么办

① 对未散落的土球尽快重新包扎，重点要保住护心土（宿土）；

② 喷生根液和根福星等，促生根和消毒防腐；

③ 对土坑和栽植土进行消毒杀菌；

④ 适当增大修剪量，减少养分和水分蒸发，注意剪口涂保护剂；

⑤ 移植后吊袋输液，补充树体的生命物质激活大树发芽；

⑥ 尽可能不用破损散球的大树苗木。

六、大树降温微灌系统

（一）系统组成

大树降温系统通常由首部枢纽、输水管网和灌水器三部分组成。

1. 首部枢纽

有压洁净水源，在水源压力和水质符合要求的情况下，首部枢纽只需要一个主阀门即可，主阀门可采用球阀或闸阀。如果水源压力不能满足最远端灌水器的工作要求，则需要增加一台管道增压泵及相应的电气控制装置。在利用河塘、沟渠等作为水源时，必须在取水口建造拦污栅、沉淀池，在管道中安装过滤装置，进行洁净处理。首部枢纽应包含水泵及附属设备、电气控制装置、过滤装置、主阀门等。

2. 输水管网

从主阀门出水口到灌水器进水口，均为系统输水管网。根据功能特征和位置的不同，一般可分为主管、支管和毛管。

3. 灌水器

灌水器是大树降温系统的关键部分，可选用工作压力低、流量小、雾化指数适中的微喷头。主要有折射式和旋转式两种，微喷头的工作压力一般为0.15～0.30MPa，喷洒半径从1.5m到4.2m不等（见图1-115）。一般而言，一株8m高的广玉兰，采用2～3个微喷头即可满足工作要求。

（二）系统功效

大树降温系统利用微喷头，对移植的大树进行多次、少量的间歇微灌，不仅可以保证充分的水分供给，又不会造成地面径流导致

图 1-115　大树降温微灌系统

土壤板结，有利于维持根基土壤的水、肥、气结构。而且笼罩整株大树的水雾，在部分蒸发时可有效降低树木周围的温度，减小树冠水分蒸腾，最大限度地提高大树移植的成活率。相对于传统的供水方式，大树降温系统可以大量节省劳动力、降低劳动强度，而且省水 50%～80%。

第五节　园林树木的土、肥、水管理

一、园林树木的土壤管理

土壤的质量直接关系着园林树木的生长好坏；土壤管理结合园林工程的地形地貌改造，有利于增强园林景观的艺术效果，并能防止和减少水土流失与尘土飞扬的发生。园林树木土壤管理的任务就在于，通过多种综合措施来提高土壤肥力，改善土壤结构和理化性质，保证园林树木健康生长所需养分、水分、空气的不断有效供给。

（一）土壤物理改良

合理的土壤耕作可改善土壤的水分和通气条件，促进微生物的活动，加快土壤的熟化进程，使难溶性营养物质转化为可溶性养分，从而提高土壤肥力；也为根系提供更广的伸展空间，以保证树木随着年龄的增长对水、肥、气、热的不断需要。

1. 深翻熟化

深翻就是对园林树木根区范围内的土壤进行深度翻垦。深翻可改善土壤的理化性状，促进根系生长。深翻一般在秋季结合秋施基肥进行，有利于根系恢复，对树体损伤小。深翻深度以深于树木主要根系分布层为度，山地土层薄、土质较黏重或地下水位较低时，深翻深度宜深一些；平地沙质土壤，且土层深厚，深翻可适当浅些。

土壤深翻的效果能保持多年，一般情况下，黏土、涝洼地深翻后容易恢复紧实，因而保持年限较短，可每1～2年深翻耕一次；而地下水位低，排水良好，疏松透气的沙壤土，保持时间较长，则可每3～4年深翻耕一次。

园林树木土壤深翻方式主要有树盘深翻与行间深翻两种。树盘深翻是在树木树冠边缘，于地面的垂直投影线附近挖取环状深翻沟（见图1-116），有利于树木根系向外扩展，适用于园林草坪中的孤植树和株间距大的树木；行间深翻则是在两排树木的行中间，沿列方向挖取长条形深翻沟（见图1-117），达到了对两行树木同时深翻的目的，这种方式多适用于呈行列布置的树木，如风景林、防护林带、园林苗圃等。

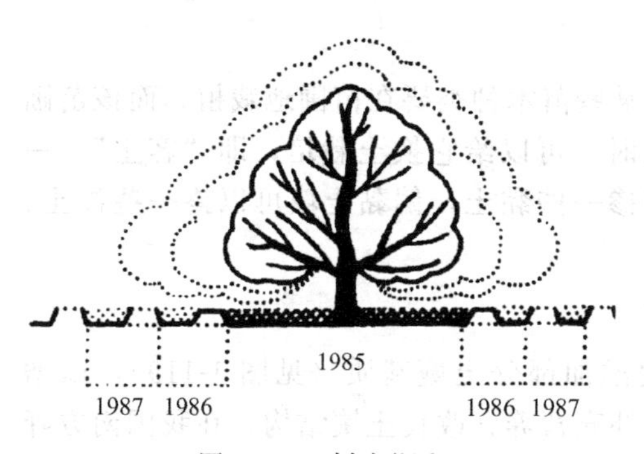

图1-116 树盘深翻

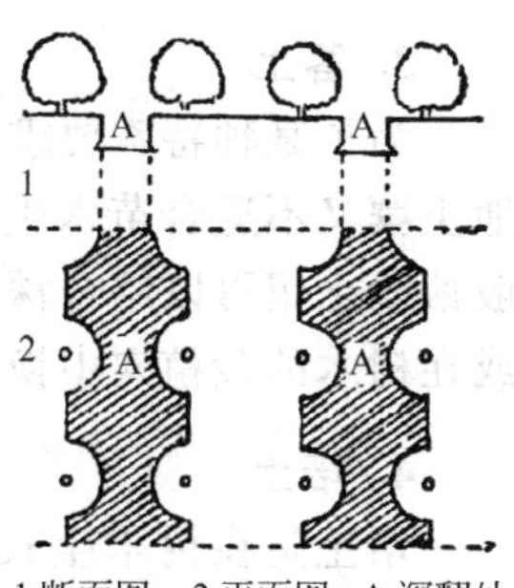

图1-117 行间深翻

各种深翻均应结合施肥和灌溉进行。深翻时，最好将上层肥沃土壤与腐熟有机肥拌和，填入深翻沟的底部，以改良根层附近的土壤结构，为根系生长创造有利条件，而将心土放在上面，促使心土迅速熟化。

2. 中耕通气

中耕可以减少土壤水分蒸发，防止土壤泛碱，改良土壤通气状况，促进土壤微生物活动，有利于难溶性养分的分解，提高土壤肥力。中耕深度一般大苗 6～10cm，小苗 2～3cm，过深易伤根，过浅起不到中耕的作用。中耕是一项经常性工作，中耕次数应根据当地的气候条件、树种特性以及杂草生长状况而定。土壤中耕大多在生长季节进行，如为消除杂草，在杂草出苗期和结实期中耕效果较好。一般每年土壤的中耕次数要达到 2～3 次，在土壤灌水之后，要及时中耕（见图 1-118）。

图 1-118　中耕除草

3. 客土

为了某种特殊要求，某些苗木种类要在苗圃地栽植，而该苗圃地土壤又不适合苗木生长时，可以给它换土栽培，即“客土”。一般偏沙土壤可以结合深翻掺一些黏土，偏黏土壤可以掺一些沙土，或在树木的栽植穴中换土。

4. 培土

培土是在树木生长地添加部分土壤基质（见图 1-119），以增加土层厚度，保护根系，补充营养，改良土壤结构。在我国南方降雨量大，强度高，土壤淋洗流失严重，土层变浅，树木的根系大量裸露，树木长势差，需要及时进行培土。北方寒冷地区一般在晚秋初冬进行，可起保温防冻、积雪保墒的作用。土质黏重的应培含沙质较多的肥土，沙质土壤可培塘泥、河泥等较黏重的土壤。一般培土厚度为 5～10cm，沙压黏或黏压沙时要薄一些。

图 1-119 培土

(二) 土壤化学改良

1. 施肥改良

有机肥又称完全肥料或迟效性肥料，多作基肥使用。生产上常用的有机肥有厩肥、堆肥、禽类粪、鱼肥、人粪尿、土杂肥、绿肥等，这些有机肥均需经过腐熟发酵才可使用。有机肥料不仅能供给植物所需的营养元素和某些生理活性物质，还能增加土壤的腐殖质；可增加土壤的孔隙度，改良黏土的结构，提高土壤保肥保水能力，缓冲土壤的酸碱度，从而改善土壤的水、肥、气、热状况。施肥改良常与土壤的深翻工作结合进行。

2. 土壤酸碱度调节

土壤的酸碱度与园林树木的生长发育密切相关，主要影响土壤养分物质的转化与有效性，以及土壤微生物的活动和土壤的理化性质。

绝大多数园林树木适宜中性至微酸性的土壤，我国南方城市的土壤 pH 偏低，北方偏高，所以，土壤酸碱度的调节是一项十分重要的土壤管理工作。

(1) 土壤酸化　对偏碱性的土壤进行必要处理，使之 pH 值降低，符合酸性园林树种生长需要，即土壤酸化。目前，土壤酸化主要通过施用释酸物质进行调节，如施用有机肥料、生理酸性肥料、硫黄等，通过这些物质在土壤中的转化，产生酸性物质，降低土壤的 pH。据试验，每亩施用 30kg 硫黄粉，可使土壤 pH 从 8.0 降到

6.5左右。硫黄粉的酸化效果较持久，但见效缓慢。对盆栽园林树木也可用1∶50的硫酸铝钾，或1∶180的硫酸亚铁水溶液浇灌植株来降低pH。

（2）土壤碱化　对偏酸的土壤进行必要处理，使之pH值提高，符合一些碱性树种生长需要，即土壤碱化。土壤碱化的常用方法是向土壤中施加石灰、草木灰等碱性物质，但以石灰应用较普遍。调节土壤酸度的石灰是农业上用的“农业石灰”（石灰石粉或碳酸钙粉），并非工业建筑用的烧石灰。石灰石粉越细越好，这样可增加土壤内的离子交换强度，以达到调节土壤pH的目的。生产上一般用300～450目的较适宜。

3. 土壤疏松剂改良

土壤疏松剂可大致分为有机、无机和高分子三种类型，它们的功能分别表现在，膨松土壤，提高置换容量，促进微生物活动；增多孔穴，协调保水与通气、透水性；使土壤粒子团粒化。国外广泛使用的聚丙烯酰胺，为人工合成的高分子化合物，使用时，先把干粉溶于80℃以上的热水，制成2%的母液，再稀释10倍浇灌至5cm深土层中，通过其离子键、氢键的吸引，使土壤连接形成团粒结构，从而优化土壤水、肥、气、热条件，其效果可达3年以上。

目前，我国大量使用的疏松剂以有机类型为主，如泥炭、锯末粉、谷糠、腐叶土、腐殖土、家畜厩肥等，这些材料来源广泛，价格便宜，效果较好，但在运用过程中要注意腐熟，并在土壤中混合均匀。

（三）土壤生物改良

1. 植物改良

植物改良主要指通过种植地被植物来达到改良土壤的目的。所谓地被植物是指那些低矮的（高度在50cm内），铺展能力强，能生长在城市园林绿地植物群落底层的一类植物。地被植物在园林绿地中的应用，一方面能改善土壤结构，降低蒸发，控制杂草丛生，减少水、土、肥流失与土温的日变幅等，有利于园林树木根系生长；另一方面，地面有地被植物覆盖，可避免地表裸露，防止尘土飞扬，丰富园林景观。因此，地被植物覆盖地面，是一项行之有效的生物改良土壤措施，效果显著。

地被植物要求适应性强，有一定的耐阴、耐践踏能力，根系有一定的固氮力，枯枝落叶易于腐熟分解，覆盖面大，繁殖容易，有一定的观赏价值。常见种类有地瓜藤、常春藤、地锦、络石、扶芳藤、三叶草、马蹄金、萱草、麦冬、沿阶草、玉簪、百合、鸢尾、酢浆草、二月兰、虞美人、羽扇豆、草木樨、香豌豆等，各地可根据实际情况灵活选用。

2. 动物改良

土壤中的蚯蚓，对土壤混合，团粒结构的形成及土壤通气状况的改善都有很大益处；土壤中有些微生物繁殖快，活动性强，能促进岩石风化和养分释放，加快动植物残体的分解，有助于营养物质转化，所以，利用有益动物种类也是改良土壤的好办法。

微生物肥料也称菌肥，又称微生物接种剂。它含有大量有益微生物，施入土壤后，或能固定空气中的氮素，或能活化土壤中的养分，改善植物的营养环境，或在微生物的生命活动过程中，产生活性物质，刺激植物生长的特定微生物制品。

二、园林树木的水分管理

水分管理是根据各类园林树木对水分要求，通过多种技术和手段，来满足其对水分的合理需求，保障水分的有效供给，达到园林树木健康生长的目的，同时节约水资源。

（一）园林树木需水特性

要制定合理的灌溉方案，合理安排灌溉工作，确保园林树木的健康生长，要求正确全面认识园林树木的需水特性。

1. 园林树木种类与需水特性

不同的园林树木种类、不同的品种需水情况不同。一般来说，生长速度快，生长期长，花、果、叶量大的种类需水量大，反之则小。通常乔木比灌木，常绿树种比落叶树种，阳性树种比荫性树种，浅根性树种比深根性树种，中生、湿生树种比旱生树种需要较多的水分。要注意需水量大的种类不一定需要土壤常湿，需水量小的也不一定要土壤常干，苗木的耐旱力与耐湿力并不完全是相反的。

2. 生长发育阶段与需水特性

在树木的一生中，种子萌发时必须吸收足够的水分，以便种皮膨胀软化，此时需水量大；幼苗时期，苗木的根系细弱，分布浅，抗旱力差，需水量小，但要经常保持湿润状态；以后随着植体增大，根系的发达，总需水量增加，对水分的适应能力也有所增强。在一年当中，生长季节的需水量要大于休眠期，秋冬季节大多数树木处于休眠状态，这时要少浇水或不浇水，以防止烂根；春季气温回升，随着树木开始生长，其需水量也逐渐变大。

3. 栽植年限与需水特性

栽植年限越短需水量越大，刚刚栽植的园林树木，受损根系还没有恢复吸收功能，短时间内根系必须借助灌水才能与土壤紧密接触，这时要经常多次灌水，才能保证成活。如果是常绿树种，还有必要对枝叶进行喷雾。树木定植经过一定年限后，进入正常生长阶段，地上部分与地下部分间建立起了新的平衡，需水的迫切性会逐渐下降，就不需经常灌水。

4. 立地条件与需水特性

生长在不同地区的园林树木，受当地的气候、地形、土壤等的影响，需水状况差别很大。气温高、光照强、空气干燥而且风大的地方，树木的蒸腾作用就强，其需水量就大，反之则小。土壤的质地、结构与灌水密切相关。如沙土，保水性较差，应“小水勤浇”，较黏重土壤保水力强，灌溉次数和灌水量均应适当减少。若种植地面经过了铺装，或对游人践踏严重，透气差的树木，还应给予经常性的地上喷雾，以补充土壤水分的不足。

5. 管理措施与需水特性

管理措施对园林树木的需水情况有较多影响。一般说来，经过了合理的深翻、中耕、客土，施用丰富有机肥料的土壤，其结构性能好，可以减少土壤水分的消耗，土壤水分的有效性高，能及时满足树木对水分的需求，因而灌水量较小。

6. 园林树木用途与需水特性

园林绿化的灌溉工作因受水源、灌溉设施、人力、财力等因素限制，常常难以对全部树木进行同等的灌溉，而要根据园林树木的用途来确定灌溉的重点。一般灌水的优先对象是观花灌木、珍贵树种、孤植树、古树名木等观赏价值高的树木以及新栽树木。

(二) 园林树木灌溉技术

1. 灌水时期

正确的灌水时期对灌溉效果以及水资源的合理利用都有很大影响。理论上讲，科学的灌水是适时灌溉，也就是说在树木最需要水的时候及时灌溉。根据园林生产管理实际，不妨将树木灌水时期分为以下两种类型：

(1) 干旱性灌溉　干旱性灌溉是指在发生土壤、大气严重干旱，土壤水分难以满足树木需要时进行的灌水。在我国，这种灌溉大多在久旱无雨，高温的夏季和早春等缺水时节，此时若不及时供水就有可能导致树木死亡。

根据土壤含水量和树木的萎蔫系数确定具体的灌水时间是较可靠的方法。一般认为，当土壤含水量为最大持水量的60%～80%时，土壤中的空气与水分状况，符合大多数树木生长需要，因此，当土壤含水量低于最大持水量的60%以下，就应根据具体情况，决定是否需要灌水。

所谓萎蔫系数就是因干旱而导致园林树木外观出现明显伤害症状时的树木体内含水量。萎蔫系数因树种和生长环境不同而异，一般可以通过栽培观察试验，很简单地测定各种树木的萎蔫系数，为确定灌水时间提供依据。要注意，不能等到树木已显露出缺水受害症状时才灌溉，而是要在树木从生理上受到缺水影响时就开始灌水。

(2) 管理性灌溉　管理性灌溉是根据园林树木生长发育需要，而在某个特殊时段进行的灌水。例如，在栽植树木时，要浇大量的定根水；在我国北方地区，树木休眠前要灌"冻水"；许多树木在生长期间，要浇花前水、花后水、花芽分化水等。管理性灌溉的时间主要根据树种自身的生长发育规律而定。

灌水的时期应根据树种、气候、土壤及季节等条件而定。具体灌溉时间则因季节而异，夏季灌溉应在清晨和傍晚，此时水温与地温接近，对根系生长影响小；冬季因早晨气温较低，灌溉宜在中午前后。

2. 灌水量

树种、品种、土质、气候、植株大小、生长发育时期等对灌水量都有影响。灌水需要一次灌透灌足，应渗透至土壤的80～100cm的深处，达到土壤最大持水量的60%～80%。

依据不同土壤的持水量、灌水前土壤湿度、土壤容重、要求土壤浸湿的深度，可确定灌水量，其计算公式为：

灌水量＝灌溉面积×土壤浸湿深度×土壤容重×
（田间持水量－灌溉前土壤湿度）

每次灌溉前需要测定灌溉前土壤湿度，而田间持水量、土壤容重、土壤浸湿深度等可数年测一次。用此公式计算出的灌水量后，还可根据树种、品种、生命周期、物候期以及气候、土壤等因素，进行调整，酌情增减，以符合实际需要。

3. 灌水方法

灌水的方法影响灌水效果，正确的灌水方法，有利水分在土壤中均匀分布，充分发挥水效，节约用水量，降低灌水成本，减少土壤冲刷，保持土壤的良好结构。

（1）漫灌　田间不修沟、畦，水流在地面以漫流方式进行的灌溉，粗放经营、浪费水、在干旱的情况下还容易引起次生盐碱化（见图1-120）。

（2）分区灌溉　把苗圃地中的树划分成许多长方形或正方形的小区进行灌溉。缺点是土壤表面易板结，破坏土壤结构，费劳力且妨碍机械化操作（见图1-121）。

（3）沟灌　一般应用于高床和高垄作业，水从沟内渗入床内或垄中。此法是我国地面灌溉中普遍应用的一种较好的灌水方法。优点是土壤浸润较均匀，水分蒸发量与流失量较小，防止土壤结构破坏，土壤通气良好（见图1-122）。

（4）树盘灌溉　灌溉时，以树干为圆心，在树冠边缘投影处，

图 1-120 漫灌

图 1-121 分区灌溉

图 1-122 沟灌

用土壤围成圆形树堰，灌水在树堰中缓慢渗入地下（见图 1-123）。有人工挑水浇灌与人工水管浇灌两种。灌溉后耙松表土，以减少水分蒸发。

图 1-123 树盘灌溉

（5）喷灌 喷灌是喷洒灌溉的简称。该法便于控制灌溉量，并能防止因灌水过多使土壤产生次生盐渍化，土壤不板结，并能防止水土流失，工作效率高，节省劳力，所以广泛用于园林苗圃、园林草坪、果园等的灌溉。但是喷灌需要的基本建设投资较高（见图1-124和图1-125），受风速限制较多，在3～4级以上的风力影响下，喷灌不均，因喷水量偏小，所需时间会很长。还有一种微喷，喷头在树下喷，对高大的树体土壤灌溉效果好。

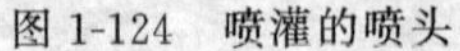
图1-124　喷灌的喷头

图1-125　喷灌管的地下布置

微灌又称雾滴喷灌（见图1-126）。它利用低压水泵和管道系统输水，在低压水的作用下，通过特别设计的微型雾化喷头，把水喷射到空中，并散成细小雾滴，洒在植物根部附近的土壤表面或土层中，简称为微喷。微喷既可增加土壤水分，又可提高空气湿度，起到调节小气候的作用。

在现有城市绿地中，不适宜大面积开挖纵横交错的支线管沟，而采用微喷带灌溉（见图1-127），在灌溉结束时微喷带可卷拢收起存放，由此可以解决不能开挖管沟又不影响景观效果的问题。

微喷与喷灌的区别：

① 微喷具有射程，但射程较近，一般在5m以内。而喷灌则射程较远，以全国PY系列摇臂式喷头为例，射程为9.5～68m。

② 微喷洒水的雾化程度高，也就是雾滴细小，因而对农作物的打击强度小，均匀度好，不会伤害幼苗。而喷灌由于水滴较大，易伤害幼嫩苗木。

③ 微喷所需工作压力低，一般在0.7～3kg/cm^{2}范围内可以运作良好。而喷灌的工作压力，一般在3kg/cm^{2}以上才有较显著

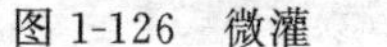

图 1-126 微灌

图 1-127 微喷带

效果。

④ 微喷省水，一般喷水量为 200～400 升/小时。而全国 PY 系列喷头的喷水量为 1.35～116.54m^3/小时。由此可见，微喷比喷灌更为省水节能。

⑤ 微喷头结构简单，造价低廉，安装方便，使用可靠。

汽车喷灌实际上是一座小型的移动式喷灌系统（见图 1-128），目前，它多由城市洒水车改建而成，在汽车上安装储水箱、水泵、水管及喷头组成一个完整的喷灌系统，灌溉的效果与常规喷灌相似。由于汽车喷灌具有移动灵活的优点，因而常用于城市街道行道树和绿篱的灌水。

图 1-128 汽车喷灌

（6）滴灌 滴灌是将灌水主管道埋在地下，水从管道上升到土壤表面，管上有滴孔，水缓慢滴入土壤中（见图 1-129 至图 1-131），水的利用率可达 95%。滴灌比喷灌节水效果好，因为灌溉时，水不在空中运动，不打湿叶面，水直接湿润需要灌溉的区域，故水量损耗少。其不足之处是滴头易结垢和堵塞，因此，应对

图 1-129　滴灌的滴头

图 1-130　滴灌管

图 1-131　滴灌

水源进行严格的过滤处理。滴灌可以结合施肥，提高肥效一倍以上，系统的主要组成部分包括水泵、化肥罐、过滤器、输水管、灌水管和滴水管等。

（7）渗灌　渗灌是一种地下灌水方式，其主要组成部分是地下管道系统。地下管道系统包括输水管道和渗水管道两大部分。输水管道两端分别与水源和渗水管道连接，将灌溉水输送至灌溉地的渗水管道，水通过渗水管道上的小孔渗入土壤中见（图 1-132 和图 1-133）。

渗灌优点：①灌水后土壤仍保持疏松状态，不破坏土壤结构，不产生土壤表面板结，为作物提供良好的土壤水分状况；②地表土壤湿度低，可减少地面蒸发；③管道埋入地下，可减少占地，便于交通和田间作业，可同时进行灌水和农事活动；④省水，灌水效率高；⑤能减少杂草生长和植物病虫害；⑥渗灌系统流量小，压力低，故可减小动力消耗，节约能源。

图 1-132 渗灌管布置

图 1-133 渗灌管

渗灌缺点：①投资高，施工复杂，且管理维修困难；一旦管道堵塞或破坏，难以检查和修理；②易产生深层渗漏，特别对透水性较强的轻质土壤，更容易产生渗漏损失。

一般树木渗灌管埋设深度是 20～60cm；埋设形式有两种，一种是开沟后将渗灌管埋入沟内，然后回填（见图 1-134)；另一种更适合多雨地区，在地表铺设渗灌管，然后堆田埂（见图 1-135)。

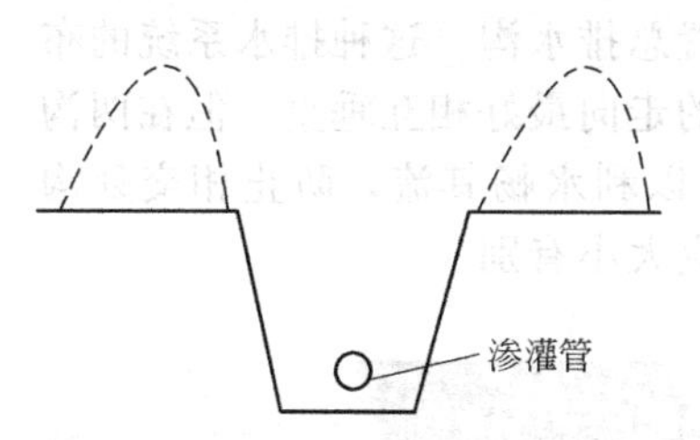

图 1-134 渗灌管沟内埋设

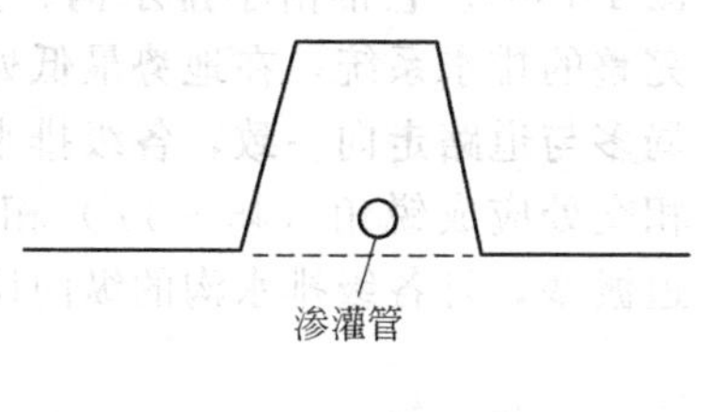

图 1-135 渗灌管地表埋设

（三）园林树木的排水

1. 排水的必要性

土壤中水分含量与空气含量互为消长。排水的作用是减少土壤中多余的水分，增加土壤中空气含量，促进土壤空气与大气的交流，提高土壤温度，激发好气性微生物活动，加快有机质的分解，改善树木营养状况，使土壤的理化性状全面改善。

2. 排水的条件

① 树木生长在低洼地，当降雨强度大时，汇集大量地表径流，且不能及时渗透，而形成季节性涝湿地。

② 土壤结构不良，渗水性差，特别是土壤下面有坚实的不透水层，阻止水分下渗，形成过高的假地下水位。

③ 园林绿地临近江河湖海，地下水位高或雨季易遭淹没，形成周期性的土壤过湿。

④ 平原与山地城市，在洪水季节有可能因排水不畅，形成大量积水。

⑤ 在一些盐碱地区，土壤下层含盐量高，不及时排水洗盐，盐分会随水的上升而到达表层，造成土壤次生盐渍化，对树木生长很不利。

3. 排水方法

园林绿地的排水是一项专业性基础工程，在园林规划及土建施工时就应统筹安排，建好畅通的排水系统。园林树木的排水通常有以下四种方法。

(1) 明沟排水　明沟排水是在地面上挖掘明沟，排除径流（见图 1-136）。它常由小排水沟、支排水沟以及主排水沟等组成一个完整的排水系统，在地势最低处设置总排水沟。这种排水系统的布局多与道路走向一致，各级排水沟的走向最好相互垂直，但在两沟相交处应成锐角（45～60°）相交，以利水畅其流，防止相交处沟道淤塞，且各级排水沟的纵向比降应大小有别。

图 1-136　明沟排水

图 1-137　暗沟排水

(2) 暗沟排水　暗沟排水是在地下埋设管道（见图 1-137），形成地下排水系统，将地下水降到要求的深度。暗沟排水系统与明沟排水系统基本相同，也有干管、支管和排水管之别。暗沟排水的管道多由塑料管、混凝土管或瓦管作成。建设时，各级管道需按水力学要求的指标组合施工，以确保水流畅通，防止淤塞。

(3) 滤水层排水　滤水层排水实际就是一种地下排水方法。它是在低洼积水地以及透水性极差的地方栽种树木，或对一些极不耐水湿的树种，在栽植树木前，就在树木生长的土壤下面填埋一定深度的煤渣、碎石等材料，形成滤水层（见图 1-138），并在周围设置排水孔，当遇有积水时，就能及时排除。这种排水方法只能小范围使用，起到局部排水的作用。

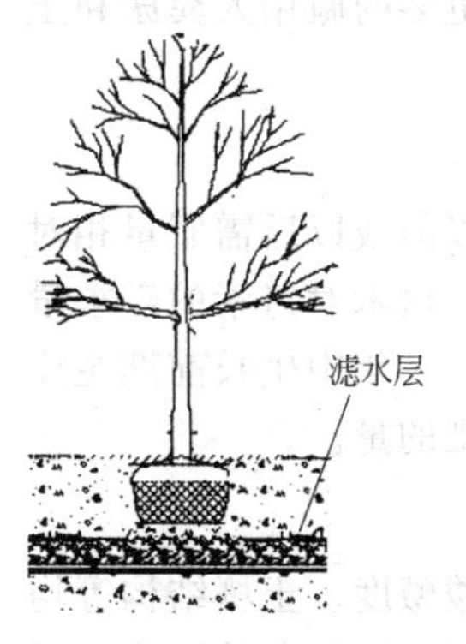

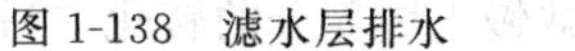
图 1-138　滤水层排水

图 1-139　地面排水

(4) 地面排水　这是目前使用较广泛、经济的一种排水方法。它是通过道路、广场等地面，汇聚雨水，然后集中到排水沟（见图 1-139），从而避免绿地树木遭受水淹。不过，地面排水方法需要设计者经过精心设计安排，才能达到预期效果。

三、园林树木的营养管理

园林树木生长过程中，需要多种营养元素，正确的施肥，才能确保园林树木健康生长，增强树木抗逆性，延缓树木衰老，花繁叶茂。

(一) 科学施肥的依据

1. 根据树木营养状况、种类、用途合理施肥

树体营养状况与施肥有直接关系，应当树体缺什么，就施什么，缺多少，就施多少。根据树体营养诊断（常用叶样分析）结果

进行施肥，能使树木的施肥达到合理化、指标化和规范化。

不同树种，需肥量不同。例如泡桐、杨树、香樟、桂花、月季、茶花等生长快、生长量大，就比柏树、马尾松、油松、小叶黄杨等生长慢、耐瘠树种需肥量要大。开花结果多的大树应较开花、结果少的小树需肥量大，树势衰弱的也应多施肥。

不同的树种施用的肥料种类也不同。酸性花木杜鹃花、山茶、栀子等，应施酸性肥料；观叶、观形树种需要较多的氮肥；观花、观果树种对磷、钾肥的需求量大；对行道树、庭荫树、绿篱树种施肥，应以饼肥、化肥为主；郊区绿化树种可更多的施用人粪尿和土杂肥。

2. 根据生长发育阶段合理施肥

树木生长旺盛期需肥量大；生长旺盛期以前或以后需肥量相对较小；在休眠期几乎不需肥。营养生长阶段，树木对氮素的需求量大；开花、结果阶段则以磷、钾为主，所以，一年中生长前期主要施氮肥，生长后期要控制氮肥量，增加磷钾肥的量。

3. 根据土壤条件合理施肥

土壤温度、土壤养分和水分含量、土壤酸碱度、土壤结构等均对树木的施肥有很大影响。低温，一方面减慢土壤养分的转化，另一方面削弱树木对养分的吸收功能。在各种元素中，磷是受低温抑制最大的一种元素。土壤水分含量和酸碱度就与肥效直接相关，土壤水分缺乏时，肥料浓度过高，树木不能吸收利用而遭毒害；积水或多雨时又容易使养分被淋洗流失，降低肥料利用率。土壤酸碱度直接影响营养元素的溶解，如铁、硼、锌、铜，在酸性条件下易溶解，有效性高，当土壤呈中性或碱性时，有效性降低。

4. 根据养分性质合理施肥

养分性质不同，影响施肥的时期、方法、施肥量。一些易流失挥发的速效性肥料，如碳酸氢铵、过磷酸钙等，宜在树木需肥期稍前施入，而有机肥，腐烂分解后才能被树木吸收利用，故应提前施入。氮肥在土壤中移动性强，即使浅施也能渗透到根系分布层内，供树木吸收利用，鳞、钾肥移动性差，故宜深施，尤其鳞肥需施在根系分布层内，才有利于根系吸收。

(二) 常用肥料种类和性质

1. 有机肥

园林树木常用的肥料很多，可分为有机肥料和无机肥料。有机肥料如堆肥、厩肥、绿肥、饼肥、腐殖质、人粪尿等，含有多种元素，又称为完全肥料，可以长期缓慢供给植物营养。

(1) 人粪尿　人粪尿含有各种植物营养元素、丰富的有机质和微生物，是重要的肥源之一，需腐熟以后使用，腐熟的时间大概在半个月。人粪尿养分全、肥效较快而持久、能够改良土壤和成本低等优点，可作追肥与基肥。牲畜粪尿同人粪尿相似，养分分解释放速度慢，需要经过长时间的腐熟之后才能使用。

(2) 饼肥、堆肥　它们含有丰富的植物营养元素，其中饼肥有机质含量可以达到87%，氮、磷、钾含量也相对很高。但是绝大部分不能被树木直接吸收利用，一定要经过微生物的分解后才能发挥作用。堆肥是农作物秸秆、落叶、草皮等材料混合堆积，经过一系列转化过程造成的有机肥料。使用堆肥作基肥，可以供给树木生长所需的各种养分，可增加土壤有机质、改良土壤。

(3) 泥炭、腐殖质　泥炭有机质含量在40%～70%，含氮量在1%～2.5%，氮、钾含量均不多，pH在6左右，并且含有一定量的铁元素。泥炭当中的养分绝大多数不能被直接利用，但泥炭本身具有很强的保水保肥能力，肥效差，需要与其他肥料混合施用。森林腐殖质是森林地表面的枯落物层，有分解的和未分解的枯枝落叶（pH同泥炭），也是酸性肥料。其中的养分不能被树木立即利用，通常用作堆肥的原材料，经过发酵腐熟后作为基肥，可以改良土壤的物理性质。

(4) 绿肥　绿肥是绿色植物的茎叶等沤制而成或直接将其翻入地下作为肥料。绿肥含营养元素全面，绿肥的种类很多，如苜蓿、大豆、蚕豆、紫穗槐、胡枝子等，它们的营养元素含量因植物种类而异。

2. 无机肥

由物理或化学工业方法制成，其养分形态为无机盐或化合物，又被称为化学肥料（化肥）、矿质肥料。

（1）氮肥　常见的有硫酸铵、氯化铵、碳酸氢铵、硝酸铵和尿素等。它们含氮量各异，都属于速效性肥料。一般都只用作追肥，在苗木生长季节进行根外施肥效果较好。

（2）磷肥　常见的有过磷酸钙、磷矿粉和钙镁磷肥，前者是速效肥料，后两者是缓效肥料，一般与基肥一起混合施用。

（3）钾肥　常见的有硫酸钾和氯化钾，都是生理酸性肥料，适用于碱性或中性土壤，作基肥、追肥均可，但以在春天结合整地作基肥效果最好。

（三）施肥时期

1. 基肥施肥时期

以有机肥为主，是较长时期供给树木多种养分的基础性肥料，如腐殖酸类肥料、堆肥、厩肥、圈肥、粪肥、鱼肥、骨粉及植物枯枝落叶等。基肥一般在树木生长期开始前施用，通常有栽植前、春季萌芽前和秋季施基肥。基肥以秋施为好，此时正值根系生长高峰，伤根容易愈合，切断一些小细根，起到根系修剪的作用，可促进发新根，有利于来年春季萌芽、开花和新梢早期生长。秋施基肥大多结合土壤深翻进行。

2. 追肥施肥时期

追肥又叫补肥。基肥肥效发挥平稳缓慢，当树木需肥急迫时就必须及时补充肥料，才能满足树木生长发育需要。追肥一般多为速效性无机肥，并根据园林树木一年中各物候期特点来施用。追肥次数和时期与气候、土质、树龄等有关。高温多雨地区或沙质土，肥料易流失，追肥宜少量多次；反之，追肥次数可适当减少。与基肥相比，追肥施用的次数较多，但一次性用肥量却较少，对于观花灌木、庭荫树、行道树以及重点观赏树种，每年可在生长期进行2～3次追肥，土壤追肥与根外追肥均可。

（四）施肥量

施肥量过多，树木不能吸收，既造成肥料的浪费，又可能使树木遭受肥害；施肥量不足，达不到施肥目的。施肥量受许多因素的影响，如树种习性、物候期、树体大小、树龄、土壤与气候条件、肥料的种类、施肥时间与方法、管理技术等，难以制定统一的施肥量标准。

施肥量指标有许多不同的观点，一些地方，以树木每厘米胸径0.5kg的标准作为计算施肥量依据，如胸径3cm左右的树木，可施入1.5kg有机肥。果树以产量为确定施肥量的依据，丰产园，每产1kg果施1～2kg有机肥。

一般化肥的施肥量较有机肥要低，而且要求更严格。化肥的土壤施用浓度一般不宜超过1%～3%，而在进行叶面施肥时，多为0.1%～0.3%，对一些微量元素，浓度应更低。

随着科学的发展，国内外已开始应用计算机技术、营养诊断技术等先进手段，在对肥料成分、土壤及植株营养状况等给以综合分析判断的基础上，进行数据处理，计算出最佳的施肥量，进行科学施肥。

（五）施肥方法

1. 土壤施肥

土壤施肥就是将肥料直接施入土壤中，通过树木根系吸收，它是园林树木主要的施肥方法。

土壤施肥必须根据根系分布特点，将肥料（有机肥）施在吸收根集中分布区附近，才能被根系吸收利用，充分发挥肥效，并引导根系向外扩展。理论上讲，在正常情况下，树木的多数根集中分布在地下40～80cm深范围内；根系的水平分布范围，多数与树木的冠幅大小相一致，即主要分布在树冠外围边缘，所以，应在树冠垂直投影边缘附近挖施肥沟或施肥坑。由于许多园林树木常常都经过了造型修剪，树冠冠幅大大缩小，这就给确定施肥范围带来困难。有人建议，在这种情况下，可以将离地面30cm高处的树干直径值扩大10倍，以此数据为半径，树干为圆心的圆周附近处即为施肥范围。

施肥深度和范围还与树种、树龄、土壤和肥料种类等有关。深根性树种、沙地、坡地、基肥以及移动性差的肥料等，施肥时，宜深不宜浅，相反，可适当浅施；随着树龄增加，施肥时要逐年加深，并扩大施肥范围，以满足树木根系不断扩大的需要。现将生产上常见的土壤施肥方法介绍如下。

（1）全面施肥　将肥料均匀地撒布于园林树木生长的地面，然后再翻入土中。这种施肥的优点是，方法简单，操作方便，肥效均匀，但因施入较浅，养分流失严重，用肥量大，并诱导根系上浮，降低根系抗性，此法若与其他方法交替使用，则可取长补短，发挥肥料的更大功效。

（2）沟状施肥　沟状施肥包括环状沟施、放射状沟施和条状沟施（见图 1-140 至图 1-142），其中以环状沟施较为普遍。环状沟施是在树冠外围稍远处挖环状沟施肥，一般施肥沟宽 30～40cm，深 30～60cm，它具有操作简便，用肥经济的优点，但易伤水平根，多适用于园林孤植树；放射状沟施较环状沟施伤根要少，但施肥部位也有一定局限性；条状沟施是在树木行间或株间开沟施肥，多适合苗圃里的树木或呈行列式布置的树木。

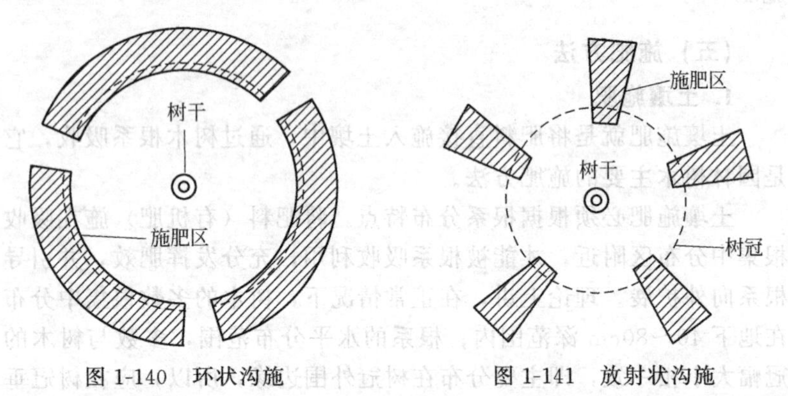

图 1-140　环状沟施　　图 1-141　放射状沟施

（3）穴状施肥　生产上常用环状穴施，即将沟状施肥中的施肥沟变为施肥穴或坑就成了穴状施肥。施肥时，施肥穴同样沿树冠在地面投影线附近分布，施肥穴可为 2～4 圈，呈同心圆环状，内外圈中的施肥穴应交错排列（见图 1-143），用挖穴机可提高功效（见图 1-144）。因此，该种方法伤根较少，而且肥效较均匀。目前，国外穴状施肥已实现了机械化操作，把配制好的肥料装入特制容器内，依靠空气压缩机，通过钢钻直接将肥料送入到土壤中，供树木根系吸收利用。这种方法快速省工，对地面破坏小，特别适合城市里铺装地面中树木的施肥。

（4）水肥一体化　水肥一体化就是通过灌溉系统来施肥。是借

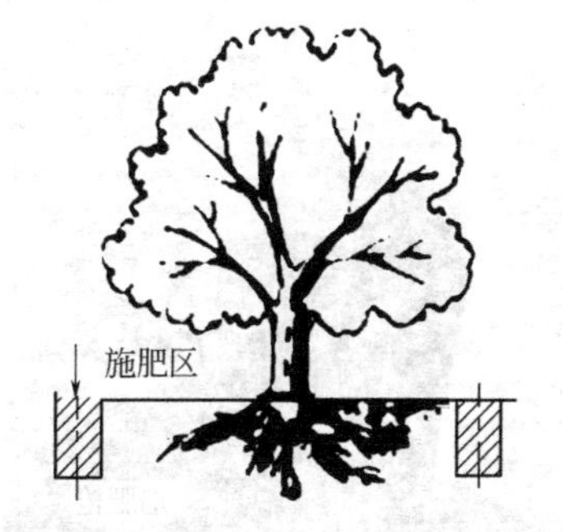

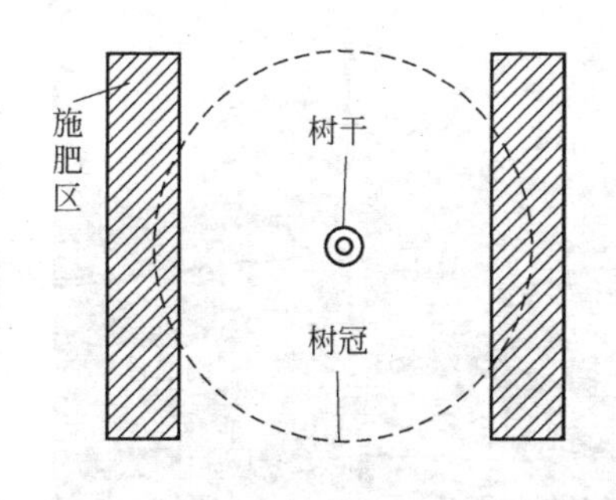

图 1-142　条状沟施

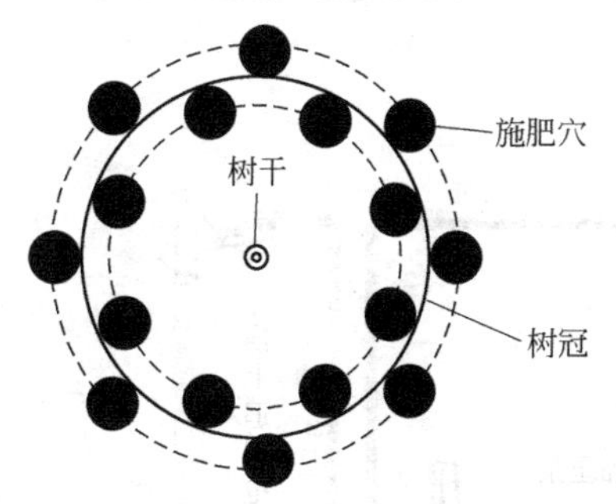

图 1-143　穴状施肥

图 1-144　穴状施肥挖穴机

助压力系统（或地形自然落差），将可溶性固体或液体肥料配兑成的肥液与灌溉水一起，通过可控管道系统供水、供肥。水肥相融后，通过管道均匀、定时、定量，按比例直接提供植物。包括淋施、浇施、喷施、管道施用等（见图 1-145）。生产上也有用打药设备改装的简易的水肥一体化设备（见图 1-146 和图 1-147），用追肥枪打孔施肥，每树打 4～14 孔，每亩追肥 1000kg，3 亩地半天施完。

优点：是肥效快，养分利用率提高，可以避免肥料的挥发损失，既节约肥料又有利于环境保护。

2. 根外施肥

（1）叶面施肥　叶面施肥实际上就是将配制好的一定浓度的肥料溶液，直接喷雾到树木的叶面上，再通过叶面气孔和角质层吸收

图 1-145 果园水肥一体化

图 1-146 追肥枪追肥（简易水肥一体化）

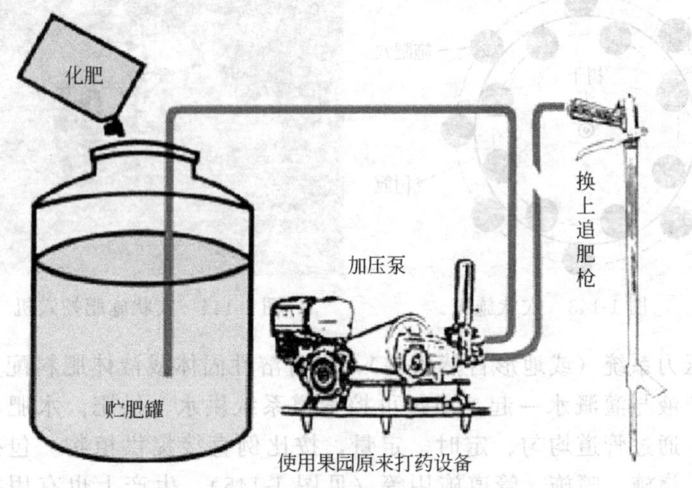

图 1-147 简易水肥一体化示意图

后，转移运输到树体各个器官。叶面施肥具有用肥量小，吸收见效快，避免营养元素在土壤中的化学或生物固定等优点，因此，在缺水季节或缺水地区以及不便土壤施肥的地方，均可采用叶面施肥，同时，该方法还特别适合于微量元素的施用以及对树体高大，根系吸收能力衰竭的古树、大树的施肥。

叶面施肥的效果与叶龄、叶面结构、肥料性质、气温、湿度、风速等密切相关。叶面施肥最适温度为 18～25℃，湿度大些效果好，因而夏季最好在上午 10 时以前和下午 4 时以后喷雾。喷施时注意对树叶正反两面进行喷雾。

叶面施肥多作追肥施用，生产上常与病虫害的防止结合进行，因而喷雾液的浓度至关重要。在没有足够把握的情况下，应宁淡勿浓。喷布前需作小型试验，确定不能引起药害，方可再大面积喷布。叶面喷肥浓度见表1-2。

表1-2 叶面喷肥浓度

肥料种类	喷施浓度/%	肥料种类	喷施浓度/%
尿素	0.3～0.5	柠檬酸铁	0.05～0.1
硫酸铵	0.3	硫酸亚铁	0.05～0.1
硝酸铵	0.3	硫酸锌	0.05～0.1
过磷酸钙	0.5～1.0	硫酸锰	0.05～0.1
草木灰	1.0～3.0	硫酸铜	0.01～0.02
硫酸钾	0.5	硫酸镁	0.05～0.1
磷酸二氢钾	0.2～0.3	硼酸、硼砂	0.05～0.1

(2) 枝干施肥　枝干施肥就是通过树木枝、茎的韧皮部来吸收肥料营养，它吸肥的机理和效果与叶面施肥基本相似。枝干施肥又大致有枝干涂抹和枝干输液两种方法，前者是先将树木枝干刻伤，然后在刻伤处加上固体药棉，例如，有人分用浓度1%的硫酸亚铁加尿素药棉涂抹栀子花枝干，在短期内就扭转了栀子花的缺绿症，

图1-148 枝干输液施肥

效果十分明显。后者是用专门的输液设备给枝干补充营养，枝干施肥主要可用于衰老古大树、珍稀树种、树桩盆景以及观花树木和大树移栽时的营养供给（见图 1-148）。

『经验推广』

施肥注意事项：

1. 有机肥料要充分发酵、腐熟，应施到根系集中分布区；
2. 土壤施肥后（尤其是追肥）必须及时适量灌水；
3. 叶面喷肥最好于傍晚喷施。

第二章

园林树木整形修剪基础

第一节　园林树木整形修剪的意义与原则

整形是指对树木施行一定的技术措施以培养出所需要的结构和形态的一种技术，修剪是指对树木的某些器官（茎、枝、芽、叶、花、果、根）进行部分疏删和剪截等的操作。整形是通过修剪技术来完成的，修剪又是在整形的基础上而实行的，整形与修剪是紧密相关、不可截然分开的完整栽培技术，是统一于栽培目的之下的有效管护措施。

一、园林树木整形修剪的意义

根据园林树木的生长与发育特征、生长环境和栽培目的的不同，对树木进行适当的整形修剪，具有调节植株的长势，防止徒长，延缓衰老，促进开花结果等作用。修剪时还要讲究树体造型，使叶、花、果所组成的树冠相映成趣，并与周围的环境配置的相得益彰，以创造协调美观的景致来满足人们观赏的需要。整形修剪的意义主要包括：①调控树体结构，增强景观效果，避免安全隐患；②调节生长与结实，衰老与更新的关系；③调节养分和水分的运转与分配；④改善通风透光，合理配备枝叶。

二、园林树木整形修剪的原则

（一）遵循树木生长发育习性

园林树木种类繁多，各树种间有着不同的生长发育习性，要求采用相应的整形修剪方式。首先应根据树木的分枝特性、萌芽力和成枝力、开花习性来进行。如桂花发枝力强，可整成圆球形或半球形树冠（见图 2-1）；对于国槐、悬铃木等大型乔木树种，则主要采用自然式树冠。对于蔷薇科李属的桃、梅、杏等喜光树种，常采用自然开心形（见图 2-2）。

图 2-1　桂花半球形

图 2-2　碧桃开心形

（二）根据树龄及生长发育时期

为使幼树尽快形成良好的树体结构，应对各级骨干枝适度短截，促进营养生长；为使幼年树提早开花，促进骨干枝以外的其他枝条形成花芽；对成年期树木整形修剪的目的在于调节生长与开花结果的矛盾，保持健壮完美的树形，稳定丰花硕果的状态，延缓衰老阶段的到来。衰老期树木以重短截为主，促更新，恢复长势。

（三）服从景观配置要求

不同的景观配置要求有对应的整形修剪方式。如悬铃木树，作行道树栽植一般修剪成杯状，作庭荫树用则采用自然式整形（见图 2-3 和图 2-4）。桧柏作孤植树配置应尽量保持自然树冠，作绿篱树栽植则一般进行强度修剪，形成规则式（见图 2-5 和图 2-6）。榆叶梅栽植在草坪上宜采用丛生式，配置在路边则宜采用有主干圆头形。

（四）考虑栽培地的生态环境条件

园林树木的生长发育不可避免地受生态环境的影响。在生长发育过程中，树木总是不断地协调自身各部分的生长平衡，以适

图 2-3　悬铃木行道树（杯形）

图 2-4　悬铃木庭荫树（自然形）

图 2-5　圆柏绿篱（圆球形）

图 2-6　圆柏孤植树（自然形）

应外部生态环境的变化。例如，孤植树生长空间较大，光照条件良好，因而树冠丰满、冠高比大；而密林中的树木因侧旁遮阴而发生自然整枝，树冠狭长、冠高比小（见图 2-7 和图 2-8）。因此，整形修剪时要充分考虑到树木的生长空间及光照条件，生长空间充裕时，可适当开张枝干角度，最大限度地扩大树冠；生长空间狭小，则适当控制树木体量，以防过分拥挤，有碍生长、观赏。对于生长在风力较大环境中的树木，除采用低干矮冠的整形方式外，还要适当疏剪枝条，使树体形成透风结构，增强其抗风能力。

同一树种配置区域的立地环境不同，也应采用各异的整形修剪方式。如在坡形绿地或草坪上种植榆叶梅时，可整为丛生式（见图2-9和图2-10）；在常绿树丛前面和园路两旁配置时，则以主干圆头形为好。桧柏在作草坪孤植树时整为自然式，而在路旁作绿篱时则整为规则式。

图2-7 广玉兰孤植

图2-8 广玉兰作行道树

图2-9 独干形（榆叶梅）

图2-10 丛状形（榆叶梅）

（五）因枝修剪，随树造型

对于树木整形修剪来说，有什么样式的树木，就应该整成相应样式的造型。对于不同的园林树木，不能用一种整形模式，对于不同类型或不同姿态的枝条更不能强求用一种方法进行修剪，应因树因枝而异。同一种树在相同环境条件下生长，生长发育也不同，因此，整形修剪要“有形不死、无形不乱，因地制宜，因树修剪，随枝作形，顺其自然，加以控制，便于管理”。

第二节　园林树木的枝芽特性

一、芽的种类

芽是枝条、叶或花的雏形。依照芽着生的位置、性质、构造和生理状态等标准，可把芽分为各种类型。

1. 按照芽的着生部位分类

（1）顶芽　着生在枝条或茎顶端的芽。

（2）侧芽　着生在叶腋的芽。

顶芽和侧芽在一定条件下，生长为枝条或花。一般而言，顶芽明显比侧芽健壮、饱满（见图 2-11）。

2. 按照芽的性质分类（见图 2-12）

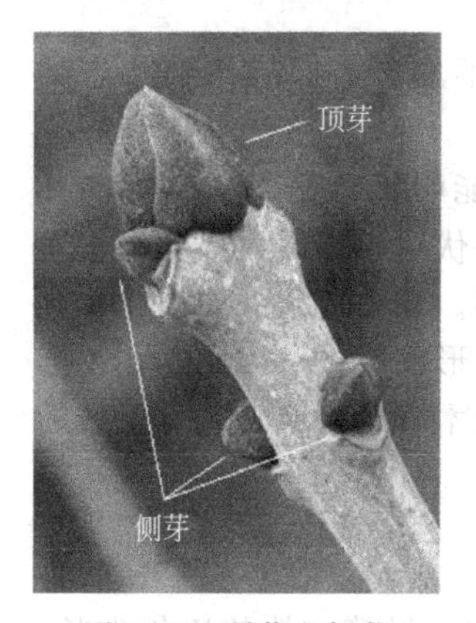

图 2-11　顶芽和侧芽

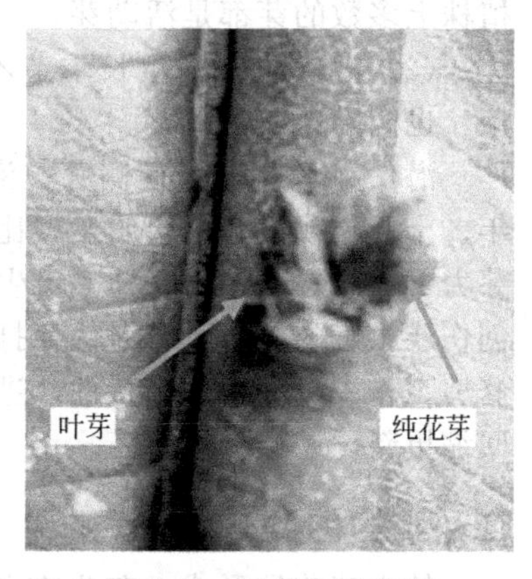

图 2-12　叶芽和纯花芽

（1）叶芽　萌发后只形成叶和枝条的芽。

（2）纯花芽　萌发后只形成花的芽。

（3）混合芽　萌发后既生枝叶而且又有花的芽。

（4）盲芽　春、秋两季之间顶芽暂时停止生长时所留下的痕迹。

外观上看，花芽明显比叶芽粗而圆，因此，叶芽与花芽或混合芽很容易区别（图 2-13）。

图 2-13　不同性质芽萌发后状态

3. 按照芽的萌发情况分类

（1）活动芽　在当年生长季节中可形成新枝、花或花序的芽。植株上多数的芽都是活动芽。

（2）潜伏芽　在生长季节不生长，不发展，保持休眠状态的芽，也叫隐芽或休眠芽。

潜伏芽基本上都是侧芽，潜伏芽可能明年会萌发，也可能几年、十几年或没有机会萌发，比如花桃潜伏芽一年后大部分失去发芽力，而悬铃木、梅、柿等可生存数十年。在一定条件如植物受到创伤或虫害的刺激下，潜伏芽打破休眠，形成新枝。因此，在整形修剪工作中可利用这个特性，进行园林树木衰老树或衰老骨干枝的回缩更新。

二、枝的种类

枝由芽萌发形成，着生有芽、叶、花、果等。枝的逐年生长、扩大构成了园林树木的基本骨架：主干、中央领导干（中心干）、主枝、侧枝等等（图 2-14）。一棵正常的园林树木，主要由根、枝干（蔓）、树叶三大部分组成，通常把根叫做“地下部分”，把枝干（蔓）、叶和花、果等叫做“地上部分”。人们观赏的主要部位就是地上部分。

（一）按照枝的年龄分类（图 2-15）

（1）新梢　由叶芽萌发长成的带叶枝条。

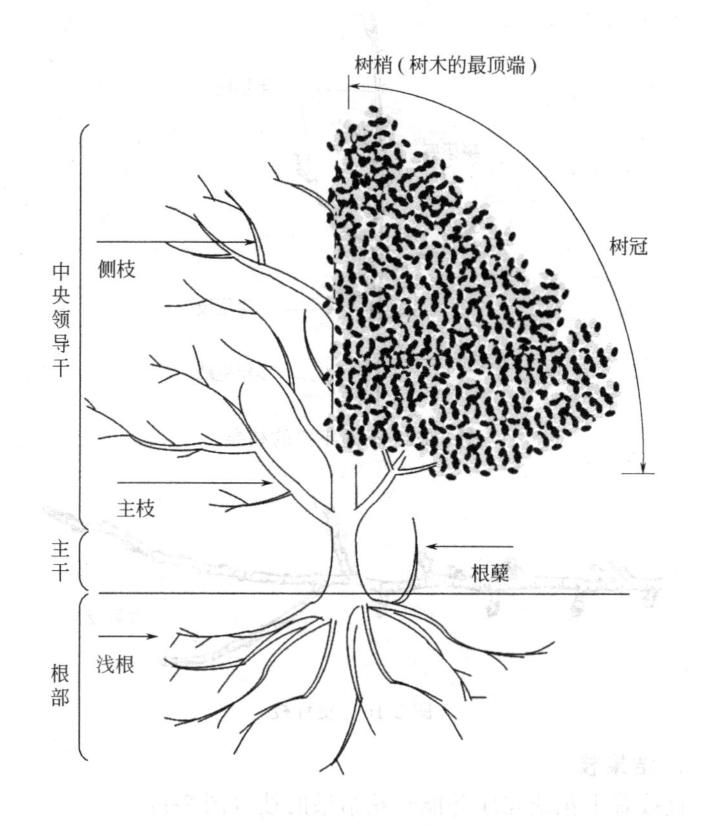

图 2-14　园林树木的组成结构图

(2) 一年生枝　新梢落叶后到第二年发芽前的枝条。

(3) 二年生枝　一年生枝落叶后到次年发芽前的枝条。

(4) 多年生枝　枝条年龄在二年生以上的枝为多年生枝。

(二) 按照枝的功能分类

1. 发育枝

1 年生枝条侧芽和顶芽都是叶芽的叫发育枝，也叫营养枝（图 2-16）。发育枝是培养骨干枝和各类枝组的基础。着生在先端的发育枝，可使各级枝继续延长生长，所以叫做延长枝；着生在中、下部的发育枝为侧生枝，可以培养成侧枝和各类枝组。

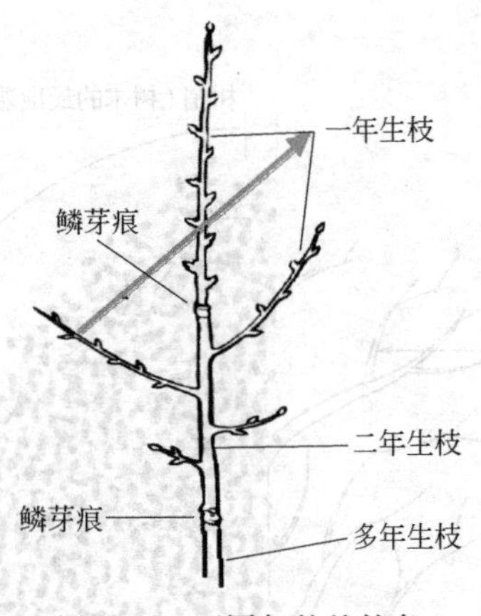

图 2-15 不同年龄的枝条

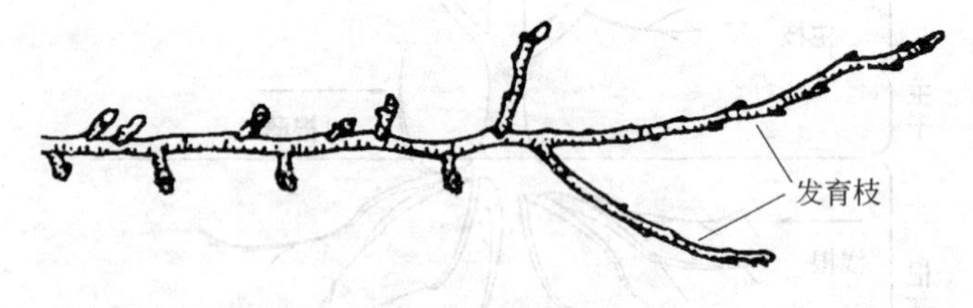

图 2-16 发育枝

2. 结果枝

直接着生花或花序并能开花结果的枝（图 2-17）。

图 2-17 结果枝

左图为苹果；右图为枣

3. 骨干枝

构成树体地上部分的基本骨架。骨干枝的多少、长短、着生状态，决定树冠的大小和形状。骨干枝又分为主干、中心干、主枝、侧枝。

（1）主干　园林树木近地面起到第一主枝以下的部分。

（2）中心干　第一主枝以上直立生长的部分。换句话说，就是主干以上到树顶之间的部分。也叫中央领导干。

（3）主枝　着生在主干上的比较粗壮的枝条，它构成了树形的骨架。主干上最靠近地面的为第一主枝，从下往上依次为第二、第三主枝。

（4）侧枝　着生在主枝上的主要分枝。最靠近主枝基部的为第一侧枝，依次而上为第二、第三侧枝。

4. 辅养枝

指在幼树整形期间，除骨干枝以外、所保留枝条的总称。主要作用是辅养树体，早期结果。

5. 无用枝

指树冠内对生长发育不利、想去掉的枝，主要包括病虫枝、交叉枝、重叠枝、徒长枝、内生枝、根蘖等。这些枝修剪时常常剪除，有时也通过修剪方法改造利用（见图 2-18）。

三、枝芽特性

1. 顶端优势

位于枝条顶端的芽或枝条，萌芽力和生长势最强，而向下依次减弱的现象称为顶端优势。顶芽和侧芽之间有着密切的关系，顶芽旺盛生长时，会抑制侧芽生长；如果由于某种原因顶芽停止生长，一些侧芽就会迅速生长（图 2-19）。枝条越直立，顶端优势表现越明显；水平或下垂的枝条，由于极性的变化顶端优势减弱。顶端优势强的园林树木长得高大，顶端优势弱的园林树木长得矮小，乔木顶端优势强，灌木顶端优势弱。

2. 芽的异质性

园林树木同一枝条不同部位着生的芽，由于形成和发育时内在和外界条件不同，使芽的质量也不相同，称为芽的异质性。一般在

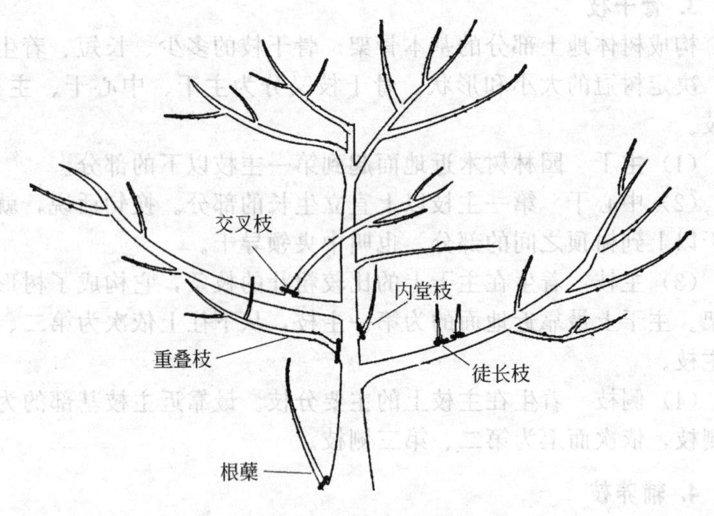

图 2-18　各种无用枝

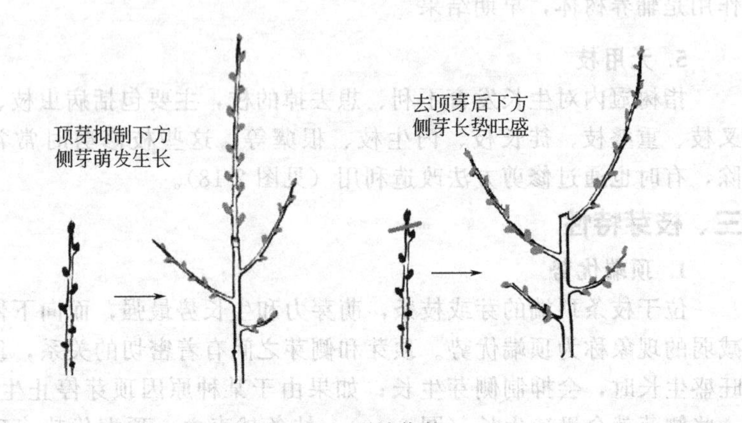

图 2-19　顶端优势

新梢下部和顶部的芽，由于条件差而相对瘦小，发枝较弱甚至不萌发，中部的芽健壮、饱满，发出的枝条粗壮、向上性强（图2-20）。芽的异质性和修剪有密切关系，为了扩大树冠或复壮枝组时，需要在枝条的饱满芽处短截，为了控制生长，促生短枝形成花芽，往往在弱芽处剪截。

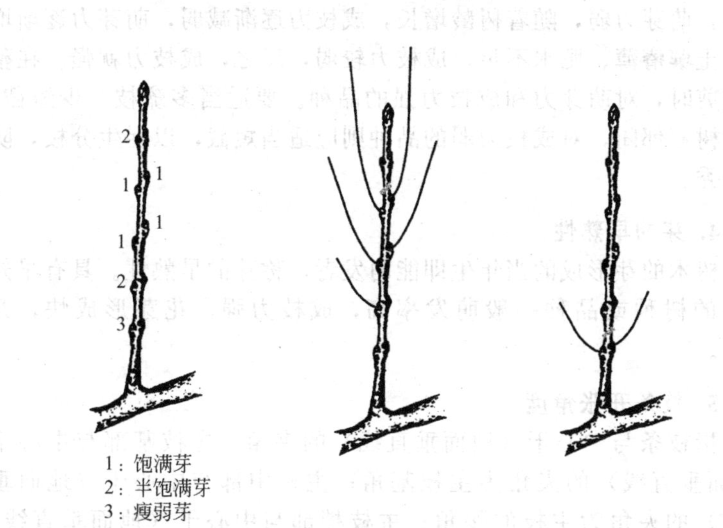

图 2-20 芽的异质性

3. 萌芽力和成枝力（见图 2-21）

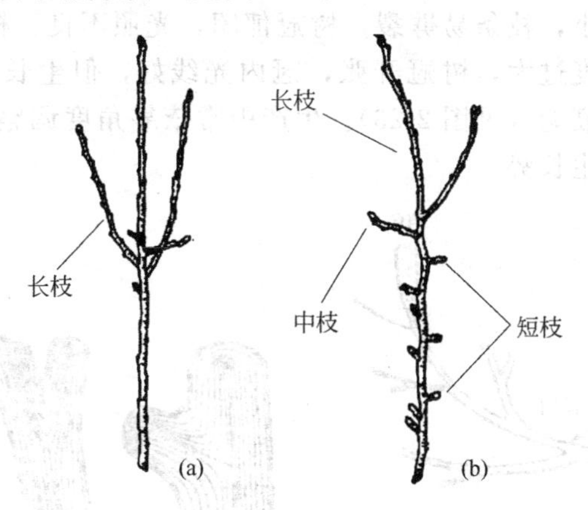

图 2-21 萌芽力和成枝力

(a) 萌芽力弱，成枝力弱；(b) 萌芽力强，成枝力弱

一年生枝条上芽的萌发能力，叫做萌芽力。短截一年生枝后，剪口下发出长枝的多少，叫做成枝力。萌芽力和成枝力因树种、品种不同而有差异，也和树龄、栽培条件的变化密切相关。幼树成枝

力强，萌芽力弱，随着树龄增长，成枝力逐渐减弱，萌芽力逐渐增强；土壤瘠薄、肥水不足，成枝力较弱，反之，成枝力就强。在整形修剪时，对萌芽力和成枝力强的品种。要适当多疏枝，少短截，防止树冠郁闭，对成枝力弱的品种则应适当短截，以促生分枝，防止光秃。

4. 芽的早熟性

树木的芽形成的当年生即能萌发者，称芽的早熟性。具有早熟性芽的树种或品种一般萌发率高，成枝力强，花芽形成快，开花早。

5. 枝条开张角度

指枝条与中心干（地面垂直线）的夹角。主枝基部与中心干（地面垂直线）的夹角为主枝基角；主枝中部与中心干（地面垂直线）的夹角为主枝的腰角；主枝梢部与中心干（地面垂直线）的夹角为主枝的梢角（见图 2-22）。腰角大于基角，基角大于梢角。

角度过小，枝条易劈裂，树冠郁闭，光照不良，树体长势强，成花难。角度过大，树冠开张，冠内光线好，但生长优势转为背上，先端易衰老（见图 2-23）。生产中常依靠角度调整，控制树冠大小，平衡生长势。

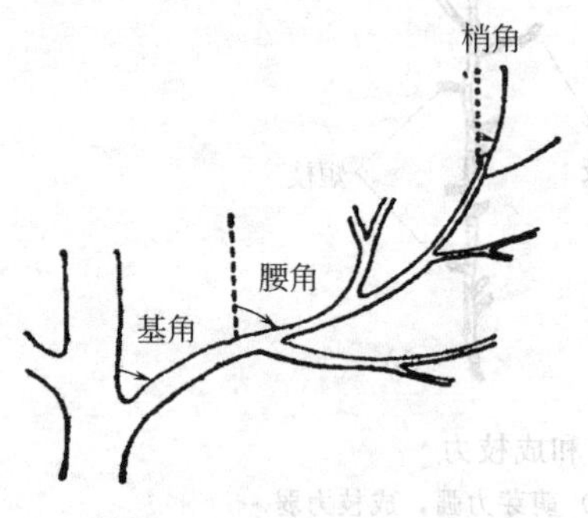

图 2-22　主枝开张角度

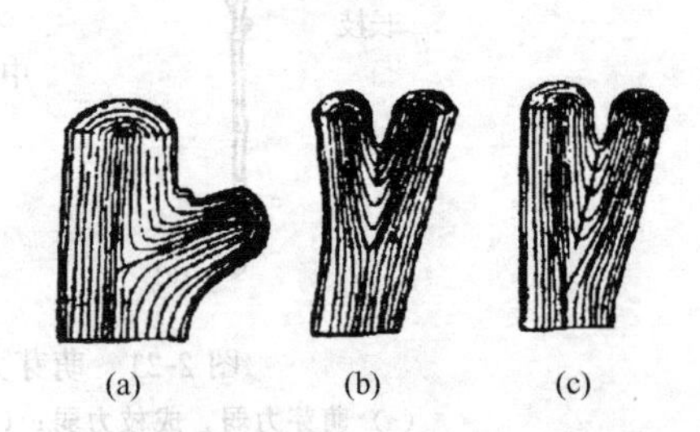

图 2-23　开张角度大小

(a) 角度开张，结合牢固，不易劈裂；
(b) 角度狭小，有部分夹皮层，容易劈裂；
(c) 角度过小，大部分夹皮层，极易劈裂

第三节 园林树木修剪的基本方法

一、修剪时期

园林树木的生长发育随着一年四季的变化而变化，根据整形要求进行修剪应该掌握正确的时间。从理论上讲一年四季均可进行；实际运用中，只要处理得当、掌握得法，都可以取得较为满意的结果。但正常养护管理中的整形修剪，主要分为两期集中进行。

（一）休眠期修剪（冬季修剪）

大多落叶树种的修剪，宜在树体落叶休眠到春季萌芽开始前进行，习称冬季修剪。此期内树木生理活动滞缓，枝叶营养大部回归主干、根部，修剪造成的营养损失最少，伤口不易感染，对树木生长影响较小。修剪的具体时间，要根据当地冬季的具体温度特点而定，如在冬季严寒的北方地区，修剪后伤口易受冻害，故以早春修剪为宜，一般在春季树液流动前约 2 个月的时间内进行；而一些需保护越冬的花灌木，应在秋季落叶后立即重剪，然后埋土或包裹树干防寒。

对于一些有伤流现象的树种（如葡萄），应在春季伤流开始前修剪。伤流是树木体内的养分与水分，流失过多会造成树势衰弱，甚至枝条枯死。有的树种伤流出现得很早，如核桃，在落叶后的 11 月中旬就开始发生，最佳修剪时期应在果实采收后至叶片变黄之前，且能对混合芽的分化有促进作用；但如为了栽植或更新复壮的需要，修剪也可在栽植前或早春进行。

（二）生长季修剪（夏季修剪）

生长季修剪可在春季萌芽后至秋季落叶后的整个生长季内进行，主要时期是夏季，常常称夏季修剪。此期修剪的主要目的是改善树冠的通风、透光性能，一般采用轻剪，以免因剪除枝叶量过大而对树体生长造成不良的影响。对于发枝力强的树种，应疏除冬剪截口附近的过量新梢，以免干扰树型；嫁接后的树木，应加强抹芽、除蘖等修剪措施，保护接穗的健壮生长。对于夏季开花的树种，应在花后及时修剪、避免养分消耗，并促来年开花；一年内多次抽梢开花的树木，如花后及时剪去花枝，可促使新梢的抽发，再现花期。观叶、赏形的树木，夏剪可随时去除扰乱树形的枝条；绿篱采用生长期修剪，可保持树型的整齐美观；

常绿树种的修剪，因冬季修剪伤口易受冻害而不易愈合，故宜在春季气温开始上升、枝叶开始萌发后进行。根据常绿树种在一年中的生长规律，可采取不同的修剪时间及强度。

二、修剪的基本方法

（一）冬季主要修剪方法

1. 短截（截）

把一年生或多年生枝条剪去一部分，刺激剪口下方的侧芽萌发，成枝成叶。这是园林树木修剪工作中最为常用的修剪措施。一般根据一年生枝条剪去部分多少，可将其分为轻截、中截、重截、极重截（见图 2-24）。

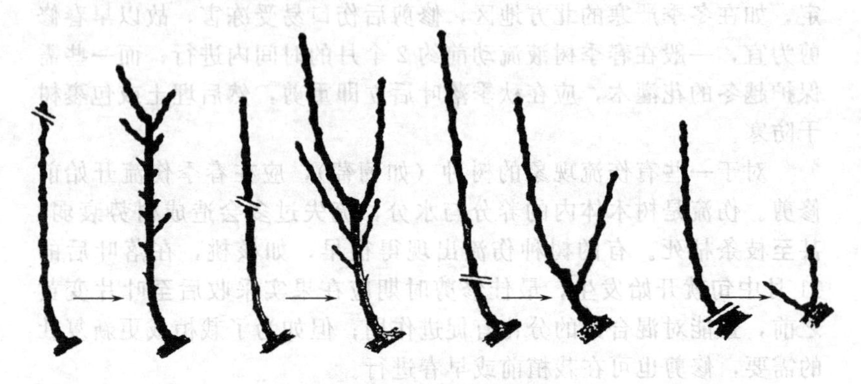

图 2-24　短截及其作用

(1) 轻截　一般是截去枝条长度的 1/5～1/4。截后易形成较多的中、短枝，单枝生长较弱，能缓和树势，利于花芽分化。

(2) 中截　截去枝条长度的 1/3～1/2。截后形成较多的中、长枝，成枝力高，生长势强，枝条加粗生长快，一般多用于各级骨干枝的延长枝或复壮枝。

(3) 重截　截去枝条长度的 2/3～3/4。剪后萌发的侧枝少，由于植物体的营养供应较为充足，枝条的长势较旺，易形成花芽。

(4) 极重截　在春梢基部仅保留1～2个不饱满的芽，其余剪去，此后萌发出1～2个弱枝，一般多用于处理竞争枝或降低枝位。

重短截的程度越大，对剪口芽的刺激越大，由其萌发出来的枝条也越壮。轻短截对剪口芽的刺激越小，由它萌发出来的枝条也就越弱。因此，对强枝要轻剪，对弱枝要重剪，调整一二年生枝条的生长势。

2. 回缩（缩剪）

即将多年生枝的一部分剪掉（图2-25）。修剪量大，刺激较重，有更新复壮作用，多用于枝组或骨干枝和枝组更新，控制树冠等（见图2-26和图2-27）。

图2-25　大树回缩更新复壮（箭头指回缩部位）

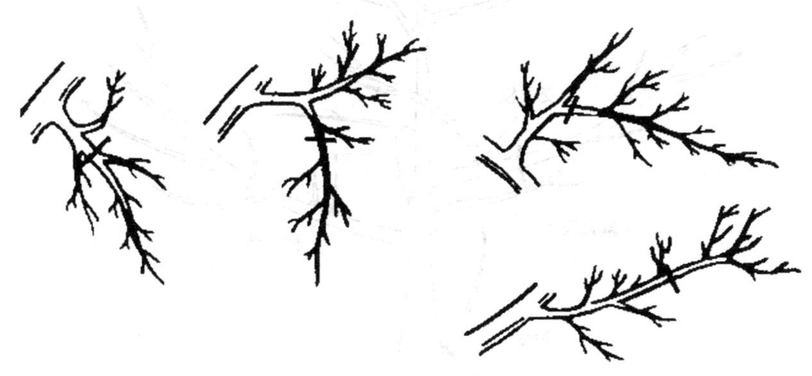

图2-26　枝组的缩剪

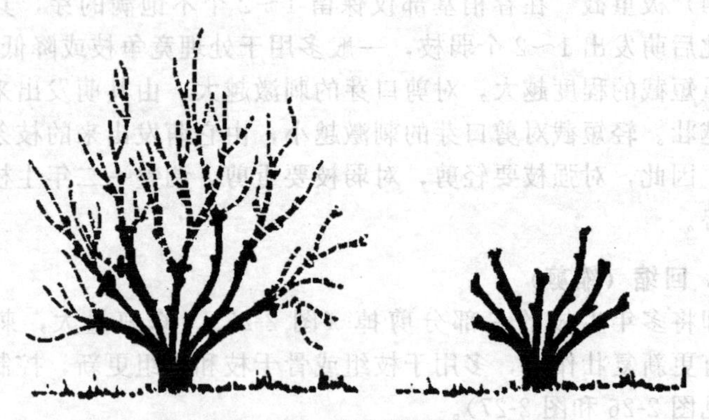

图 2-27 缩剪控制树冠

『经验推广』

大骨干枝上小枝越多，生长点越多，分泌的生长素越多，加粗越快。

短截有利于发枝，增加枝量，促进营养生长，扩大树冠。

回缩有利于衰老枝更新复壮，回缩修剪的位置必须找一个合适的分枝处。

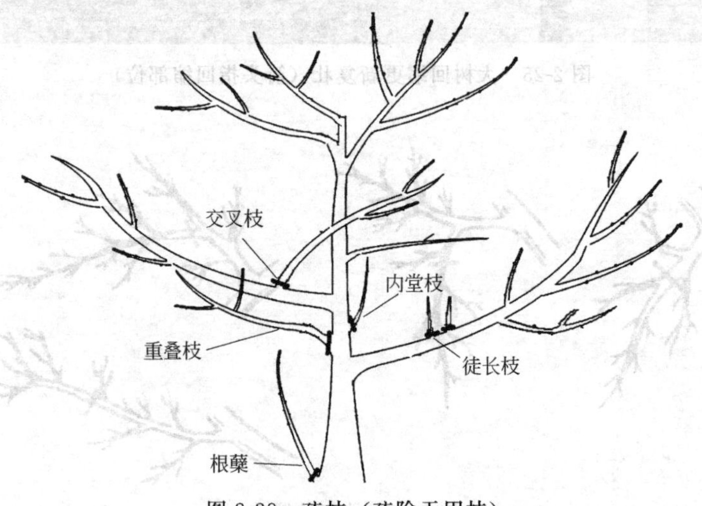

图 2-28 疏枝（疏除无用枝）

3. 疏枝（疏）

是将枝条从基部剪去，包括一年生和多年生枝。一般用于疏除树冠内的无用枝（见图 2-28）。疏除强枝、大枝和多年生枝，会削弱伤口以上枝条的生长势，增强伤口以下枝条的生长势。

4. 长放（放、缓放、甩放）

对枝条不做任何处理。长放是利用单枝生长势逐年减弱的特性，保留大量枝叶，避免修剪刺激而旺长，利于营养物质积累，形成花芽（见图 2-29）。

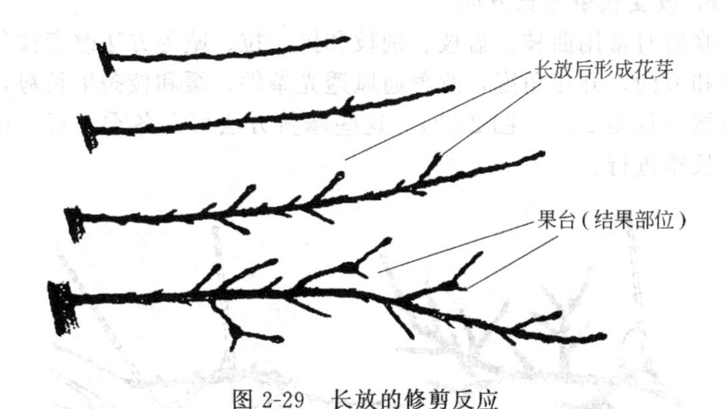

图 2-29　长放的修剪反应

『经验推广』

疏枝可使树冠枝条分布均匀，改善通风透光条件，有利于树冠内部枝条的生长发育及花芽的形成。注意一次不要疏除过多的大枝，必要时，可以分年疏除。

树冠内不修剪的一年生枝都属于长放，注意直立枝、徒长枝、竞争枝不长放。

5. 刻伤（刻芽、目伤）

萌芽前用刀在芽的上方或下方横切并深达木质部（见图2-30）。在芽的上方 0.5cm 下刀，可促进该芽的萌发和长势；在芽的下方 0.5cm 下刀，可抑制该芽的萌发和长势（见图 2-31）。

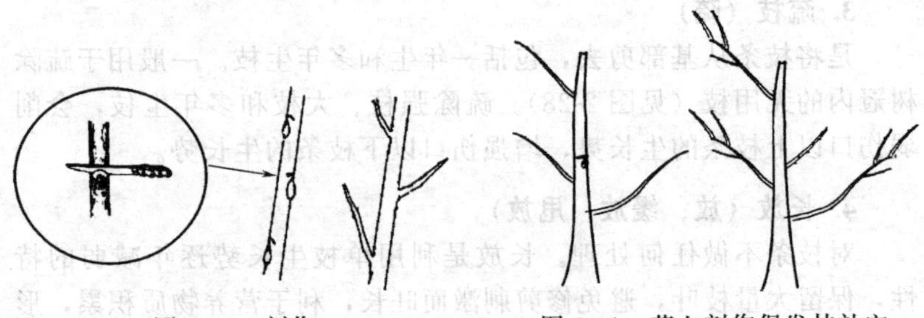

图 2-30　刻伤　　　　图 2-31　芽上刻伤促发枝补空

6. 改变枝条生长方向

修剪时常用曲枝、盘枝、别枝和撑、拉、坠等方法改变枝条的角度和方向，开张角度，改善通风透光条件，缓和枝条生长势，增加短枝（见图 2-32、图 2-33）。这些修剪方法可在冬季进行，也可在生长季进行。

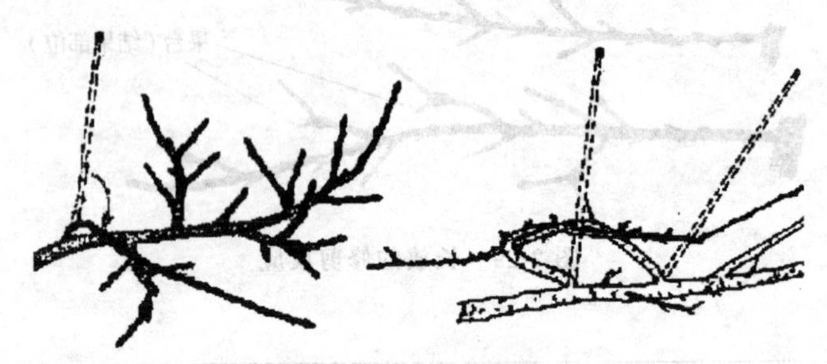

图 2-32　别枝和曲枝

（二）生长季修剪

1. 摘心、剪梢

摘除新梢顶端的生长点为摘心（见图 2-34），剪去新梢顶端20～30cm 为剪梢。摘心和剪梢可延缓、抑制新梢，抑制顶端优势，促进侧芽萌发生长（见图 2-35）。生长季节可多次进行。

2. 抹芽和疏梢

抹芽即新梢长到 5～10cm 时，把多余的新梢、隐芽萌发的新梢及过密过弱的新梢从基部掰掉。新梢长到 10cm 以上后去掉为疏

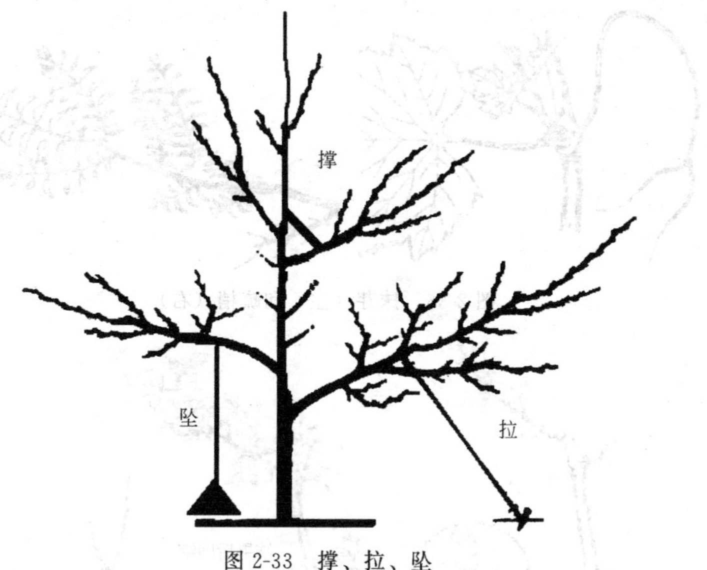

图 2-33　撑、拉、坠

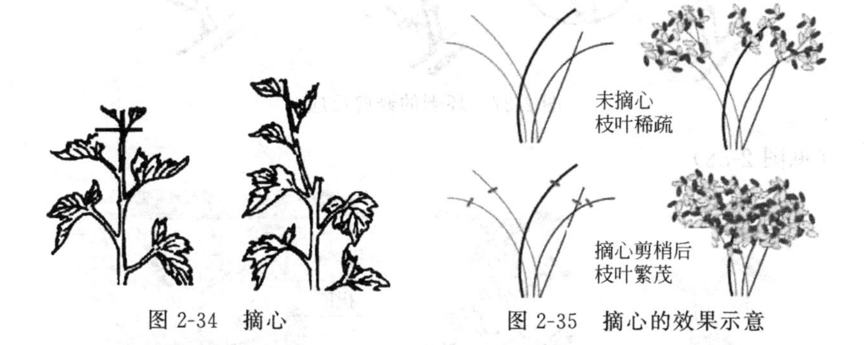

图 2-34　摘心

图 2-35　摘心的效果示意

梢（抹梢）。没有用的新梢越早去掉越好（见图 2-36）。

3. 环剥

环剥是将枝干的韧皮部剥去一环。环剥可促进剥口下发枝，抑制剥口上营养生长，促进剥口上成花，提高坐果率，延长观赏期。（见图 2-37）。

4. 扭梢、拿枝、转枝

扭梢：是将枝条扭转 180 度，使向上生长的枝条，转向下生长

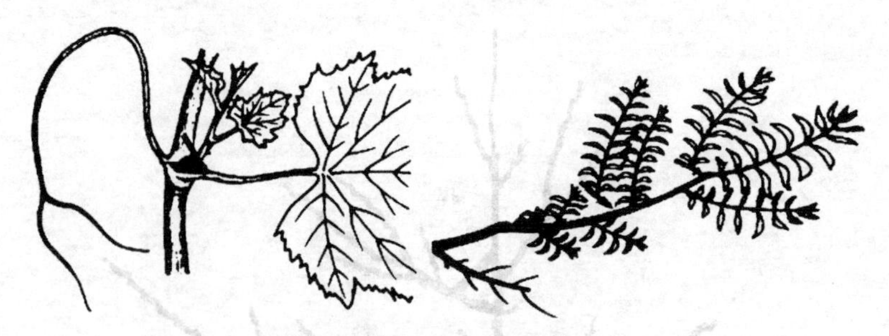

图 2-36　抹芽（左）和疏梢（右）

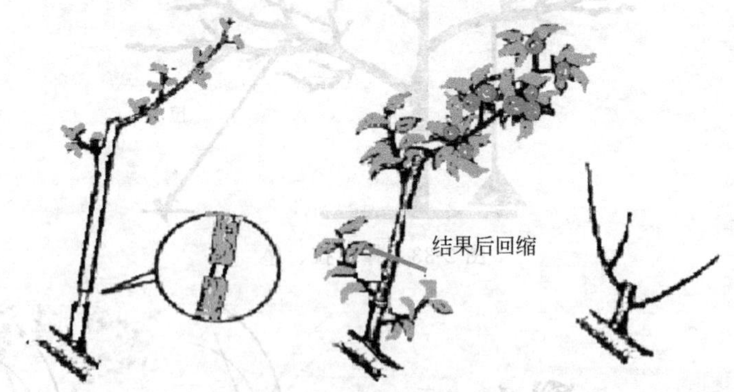

图 2-37　环剥的修剪反应

（见图 2-38）。

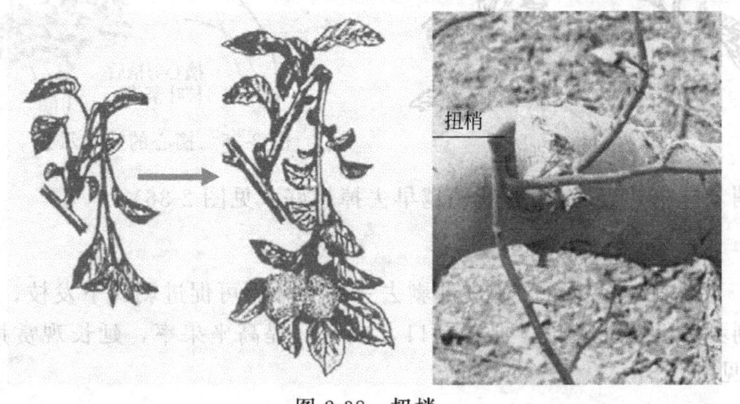

图 2-38　扭梢

拿枝：是在生长季枝条半木质化时，用手将直立生长的枝条改变成水平生长，操作时拇指在枝条上，其余4指在枝条下方，从枝条基本10cm处开始用力弯压1～2下，将枝条木质部损伤，用力时听见木质部响，但不折断，从枝条基部逐渐向上弯压，注意用力的轻重（见图2-39）。

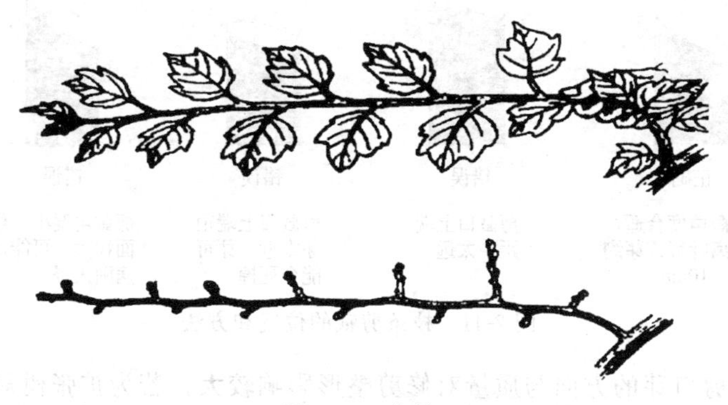

图2-39 拿枝

转枝：是用双手将半木质化的新梢拧转造伤（见图2-40）。

图2-40 转枝

扭梢、转枝和拿枝的作用都是将枝梢扭伤，阻碍养分的运输，缓和长势，促进中短枝的形成。

三、修剪的注意事项

（一）剪口和剪口芽

剪口指疏截修剪所造成的伤口。剪口一般在芽的上方或枝条基部。剪口芽是指距离剪口最近的芽。剪口略高于芽0.5cm，不可留桩或距芽体太近（图2-41）。剪口要平滑，与剪口芽成45°角的斜面，使剪口伤面小，有利愈合，且芽萌发后生长快。

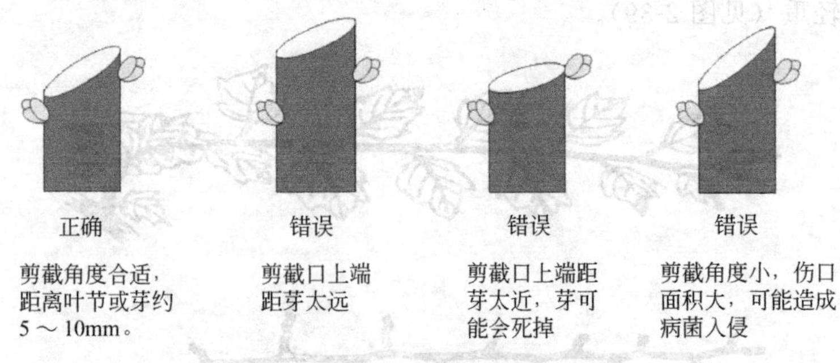

图2-41　枝条剪裁的位置和方法

剪口芽的方向与质量对修剪整形影响较大，若为扩张树冠，应留外芽；若为填补树冠内膛，应留内芽；若为改变枝条方向，剪口芽应朝所需发枝处；若为控制枝条生长，应留弱芽；反之，应留壮芽。

（二）大枝的疏除

用园艺锯在处理直径10cm以上、较为粗大的枝干时，如果不注意或不小心很容易撕裂树干，造成大的伤口，影响美观，应采取“三段式锯除法”。

采用“三段式锯除法”时，首先在要去除的枝干下方距主干约13cm处锯一切口，深度约为1/3；第二步，在枝干上方距第一个切口约8cm处下锯，直到枝干脱落；第三步，贴近主干约2cm处，锯除剩余部分（图2-42）。

锯除时应注意，因枝干比较沉重，如果对下方的其他枝条或人身及财物有危害，必须用绳索捆住枝干进行保护性作业；凡是枝剪和园艺锯造成伤口部位不平滑时，都要用刀削平，以减少病菌侵入的机会和促进伤口部位愈合（图2-43）。

（三）剪、锯口的保护

修剪时应注意尽量减小剪口创伤的面积，使创面保持平滑、干

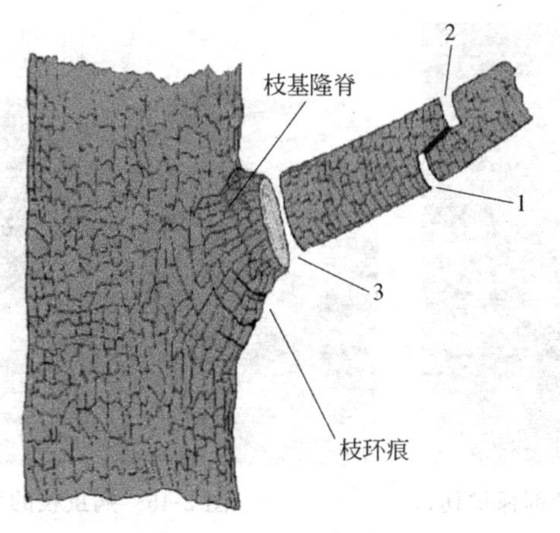

图 2-42 三段式锯除法

图 2-43 愈合良好的伤口

净。若创伤面积较大，可用利刀削平创面后，用 2% 的硫酸铜溶液消毒，再涂保护剂，可以防止伤口由于日晒雨淋、病菌入侵而腐烂(见图 2-44)。也可用新型伤口保护剂（如愈伤涂膜剂、愈伤膏等)，具有消毒和保护双重功能。

(四) 病虫枝的处理

修剪病枝后，修剪工具应用硫酸铜溶液浸泡消毒后再使用，防止交叉感染。修剪下来的病虫枝条应集中焚烧（图 2-45)，其他枝

图 2-44　涂保护剂保护伤口

图 2-45　病虫枝的处理

条清理运走。

四、修剪常用工具及使用要点

园林植物种类繁多，其培养目的和整形修剪方式也各有不同。为了达到良好的整形修剪效果和提高工作率，需要使用修剪工具。常用的工具主要有剪、锯、刀和梯子等。

(一) 修剪常用工具

1. 修枝剪

(1) 圆口弹簧修枝剪　适用于剪截植物直径在3～4cm以下的枝条，只要能够含入剪口内都能被剪断。使用时右手握剪，根据枝条粗细开合剪口大小，左手用力顺着圆形切刃方向推动枝条，协助完成修剪动作，不可左右扭动剪刀，否则影响正常使用（图2-46A）。

(2) 直口弹簧修枝剪　适用于夏季剪除顶芽、嫩梢等未木质化的小枝条或疏去幼龄花果（图 2-46B）。

(3) 大平剪　又称绿篱剪、长刃剪，适用于绿篱、球形树和造型树木的修剪，它的条形刀片很长，刀片很薄，易形成平整的修剪面，但是大平剪不适合剪粗壮枝，只适合剪小嫩芽（图 2-46C）。

(4) 长柄修枝剪　其剪刀呈月牙形，没有弹簧，手柄很长，适用于高灌木丛的修剪（图 2-46D）。

(5) 高枝剪　装有一根能够伸缩的铝合金长柄，使用时可根据修剪的高度要求来调整，用以剪截高处的细枝，避免高空作业（图 2-46E）。

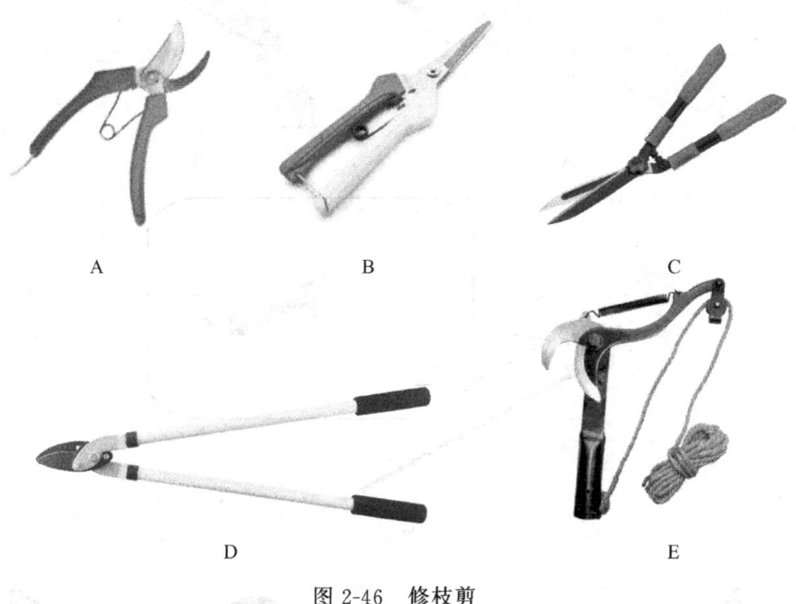

A B C D E

图 2-46 修枝剪

2. 修枝锯

当植物的枝干粗大时，一般的修枝剪不能将其截断，此时需要用手锯或电动锯等来完成。

（1）手锯　适用于 10cm 以下粗大枝条的剪截。锯条薄而硬，锯齿细而锐利（图 2-47A、B）。

（2）高枝锯　适用于修剪位置较高的粗壮大枝。高枝锯有手动的和电池或燃油动力的，前者较为安全，而后者虽省力但危险性较强（图 2-47C、D）。

（3）电动锯　适用于大枝的快速锯截，操作简单，减轻劳动强度（图 2-47E）。

3. 刀

在幼树整形时，为促使剪口下芽的萌发可用小刀在芽的位置上方进行刻伤；当锯口或伤口需要修整时，可用刀具将伤口削平滑以

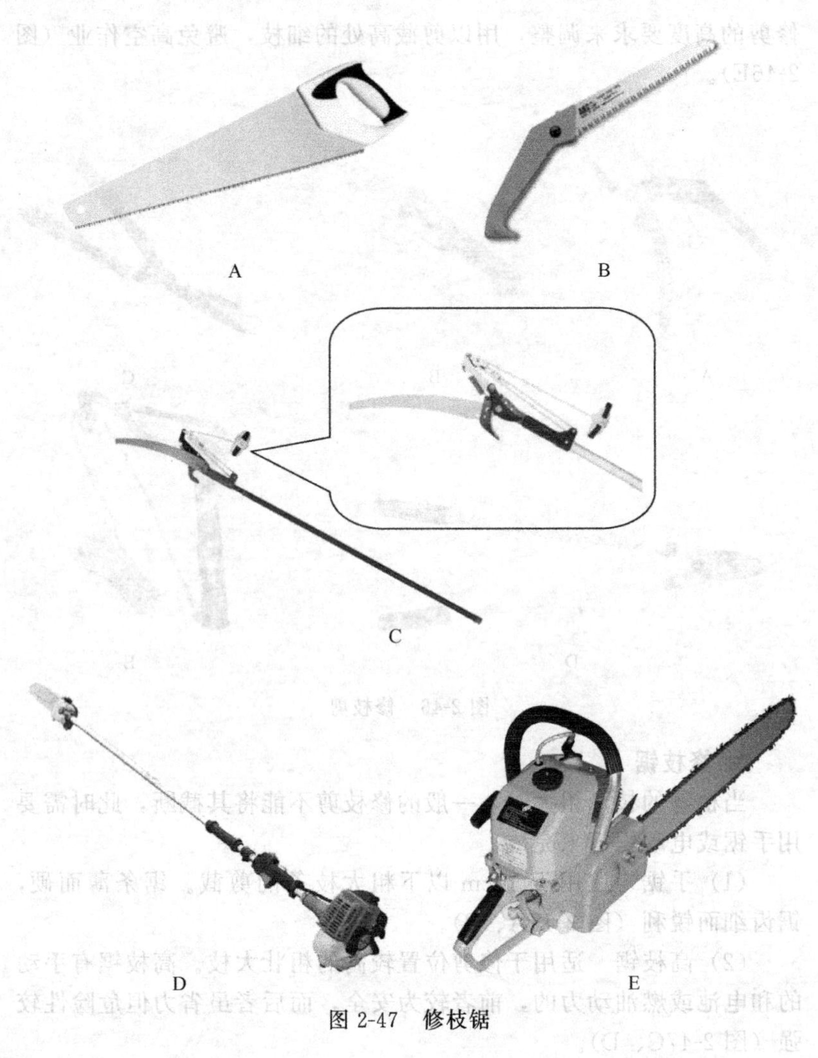

图 2-47　修枝锯

利于愈合；在树木造型时，可用芽接刀进行嫁接以促进其造成型等（图 2-48）。

4. 绿篱修剪机

一般以充电电池为电源。具有体积小、重量轻、移动方便、噪声小等优点，主要用于绿篱植物的修剪。常有旋刀式和往复式两种类型（图 2-49）。

5. **梯子或升降机**

当修剪比较高大树木的上部或顶端时，必须借助于梯子和升降机（图 2-50、图 2-51）。

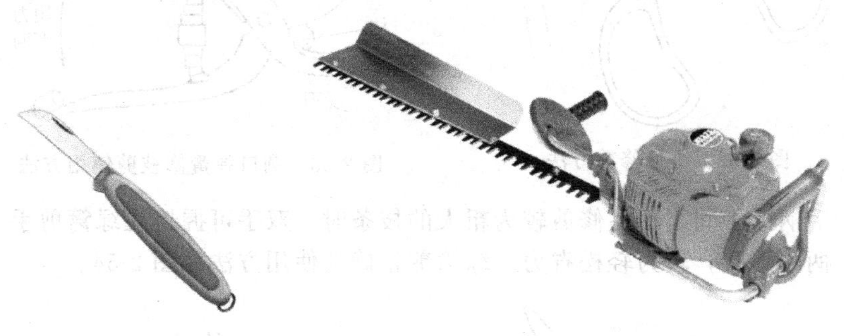

图 2-48 嫁接刀　　图 2-49 绿篱修剪机

图 2-50 梯子

图 2-51 升降机

（二）修剪工具的使用要点

1. 修枝剪

对于粗度小于 1cm 的细小枝条用刀刃的中间或前端进行修剪（见图 2-52），粗度大于 1cm 的枝条用圆口弹簧修枝剪的刀刃的后端剪下（见图 2-53）。

2. 绿篱剪

对于树冠部位或者是绿篱的上部叶片修剪时，双手握持绿篱剪

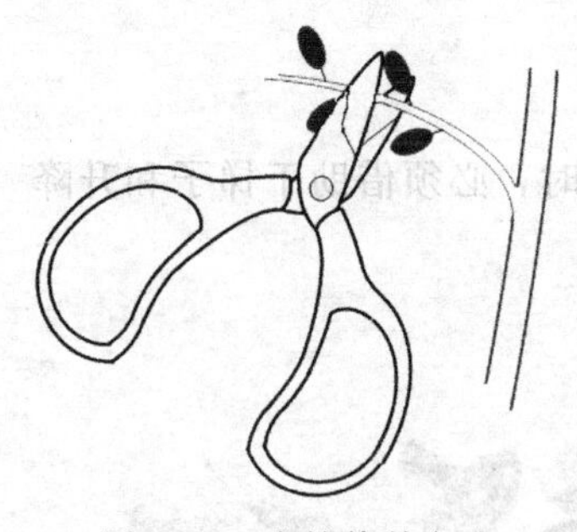

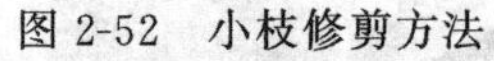
图 2-52　小枝修剪方法

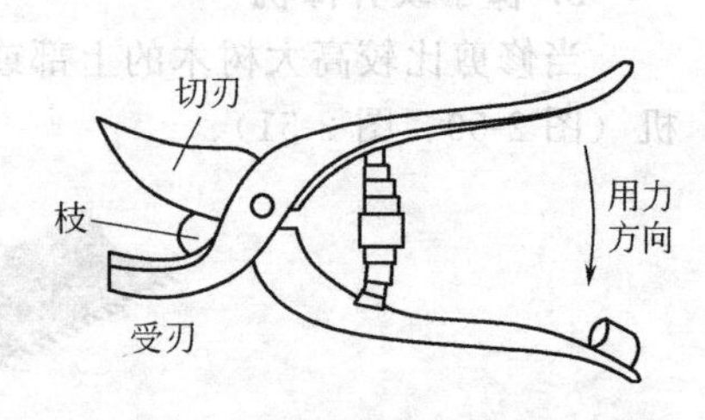

图 2-53　圆口弹簧修枝剪使用方法

手柄的中间，而在修剪较为粗大的枝条时，双手可握持在绿篱剪手柄的下端，较为轻松省力。绿篱剪正确的使用方法见图 2-54。

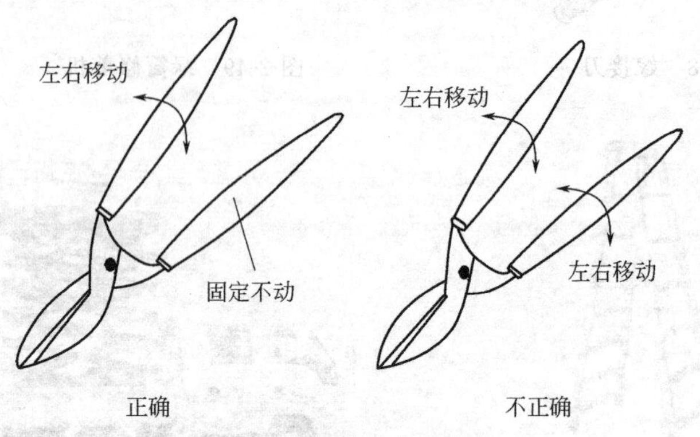

图 2-54　绿篱剪使用方法

使用绿篱剪时，根据修剪材料的高度以及造型要求，采取不同的修剪姿势，如图 2-55 所示，假如树体较为高大时，可踩在支撑物上，剪口与修剪面平形，手柄向下进行修剪；修剪较为低矮的绿篱时，剪口与修剪面平形，手柄向上进行修剪。注意修剪时，每次要少剪一些枝叶，防止甭刃。

3. 园艺锯

使用园艺锯时，向前推时，手不要用力；向后拉时，手向下均匀用力下拉（图 2-56），可顺利锯断枝条。使用园艺锯时，应一手握紧待修剪的枝条，另一只手握住园艺锯与枝条垂直下锯。

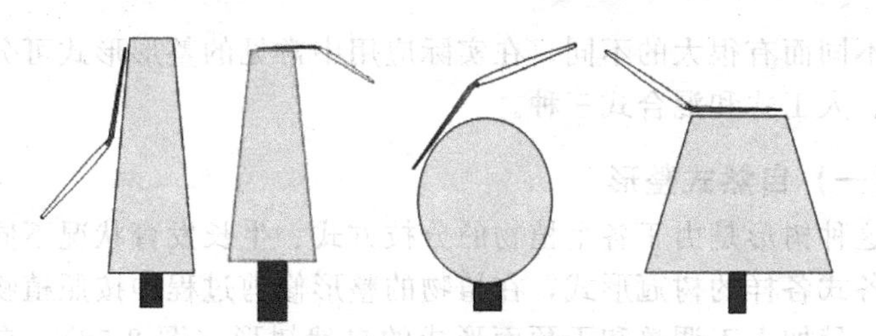

图 2-55　绿篱剪在树木造型时的使用方法

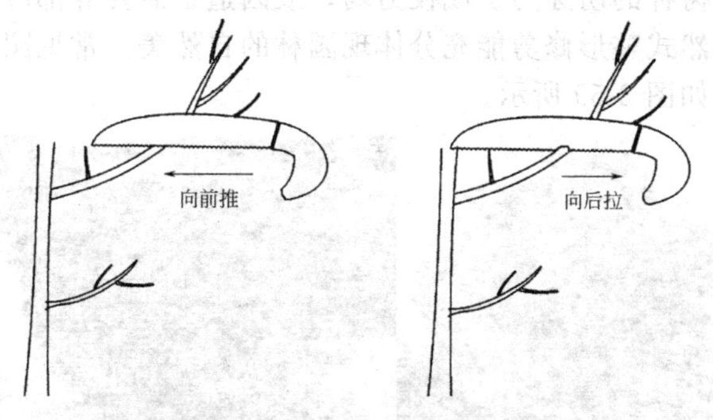

图 2-56　园艺锯的操作方法

在修剪一些质地比较坚硬的树种，比如竹子时，由于其纤维素含量高，园艺锯很费力气或很难锯断，此时要使用钢锯（图2-57），其锯齿比较细密，刃口好，有利于修剪工作做好。

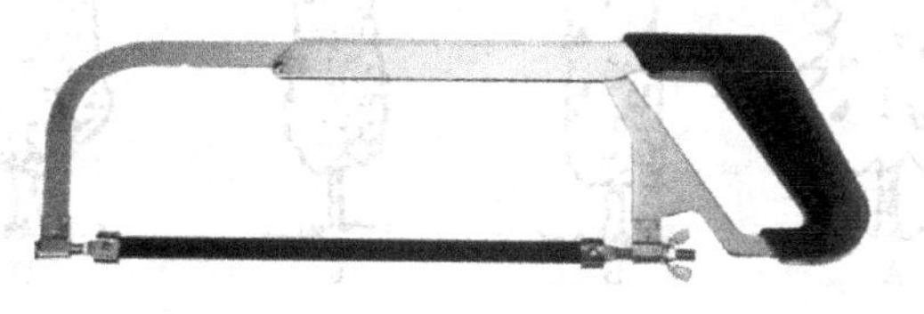

图 2-57　钢锯

第四节　不同类型园林树木的整形修剪方法

一、园林树木的整形方式

整形工作的原则就是保持平衡的树势和维持树冠上各级枝条之间的从属关系。园林植物的整形方法因栽培目的、配置方式和环境状况不同而有很大的不同，在实际应用中常见的整形形式可分为自然式、人工式和混合式三种。

（一）自然式整形

这种树形是由于各个植物的分枝方式、生长发育状况不同，形成了各式各样的树冠形式，在植物的整形修剪过程中按照植物自身特点，稍加人工调整和干预而形成的自然树形（图 2-58）。自然树形优美，树种的萌芽力、成枝力弱，或因造景需要等都应采取这种方式，自然式整形修剪能充分体现园林的自然美。常见园林植物自然式树形如图 2-59 所示。

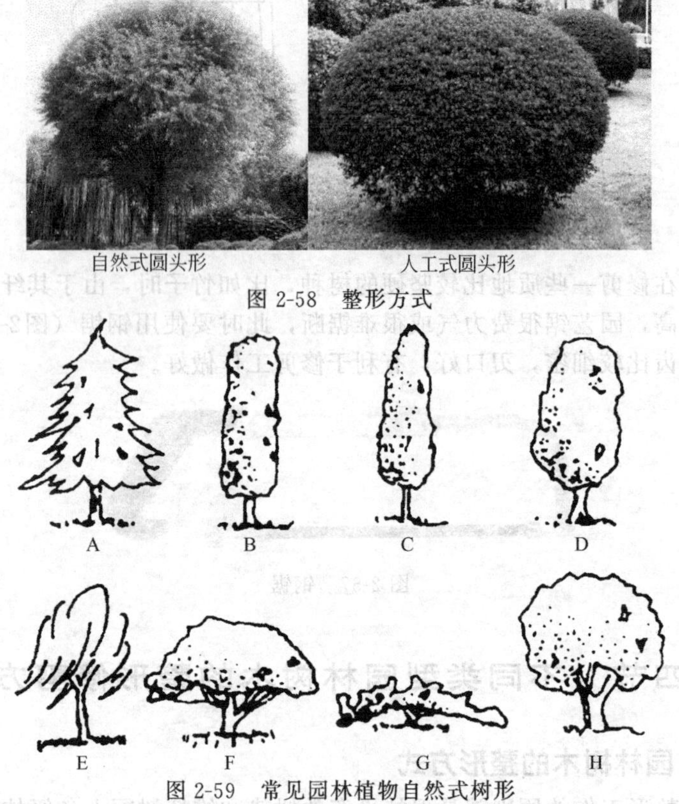

图 2-58　整形方式

图 2-59　常见园林植物自然式树形

A—尖塔形；B—圆柱形；C—圆锥形；D—椭圆形；
E—垂枝形；F—伞形；G—匍匐形；H—圆球形

1. 尖塔形

单轴分枝的植物形成的冠形之一，其顶端优势强，中心主干明显，如雪松、南洋杉、大叶竹柏和落羽杉等（图 2-60）。

雪松　　南洋杉　　落羽杉

图 2-60　尖塔形

2. 圆锥形

是介于尖塔形和圆柱形之间的树形，为单轴分枝形成的一种冠形，如桧柏、银桦、美洲白蜡等（图 2-61）。

桧柏　　蜀桧

图 2-61　圆锥形

3. 圆柱形和椭圆形

主干明显，主枝长度上下相差较小，从而形成上下几乎同粗的圆柱形或下部稍小的椭圆形树冠（图 2-62）。

七叶树　　龙柏　　杨树

图 2-62　圆柱形和椭圆形

4. 垂枝形

有一段明显的主干，但所有的枝条却似长丝垂悬，如垂柳、垂枝榆、龙爪槐、垂枝桃等（图 2-63）。

垂柳　　垂枝桃

图 2-63　垂枝形

5. 伞形

一般也是合轴分枝形成的冠形，如合欢、鸡爪槭。只有主干、没有分枝的大王椰子、国王椰、假槟榔、棕榈等也属于此树形(图 2-64)。

合欢　　棕榈

图 2-64　伞形

6. 匍匐形

枝条匐地生长，如偃松、偃柏等（图 2-65）。

偃柏

偃松

图 2-65　匍匐形

7. 圆球形

合轴分枝形成的冠形，如樱花、馒头柳、元宝枫、蝴蝶果等（图 2-66）。

8. 丛生形

主干不明显，多个主枝从基部萌蘖而成（图 2-67）。

（二）人工式整形

根据园林树木观赏的需要，将植物树冠强制修剪成各种特定的几何或非几何形式，称为人工式整形（或规则式修剪整形）。这种

馒头柳　　元宝枫

图 2-66　圆球形

连翘　　丁香　　榆叶梅

图 2-67　丛生形

整形方式完全忽视树木的个性，经过一定时期自然生长后会破坏造型，需要经常不断地整形修剪。适合人工式整形的园林树木一般都是耐修剪、萌芽力和成枝力都很强的种类。这种方式曾在西方形态栽培中盛行一时，目前人们向往自然、回归自然，已较少采用。但在一些公园、广场，作为一种吸引人的植物艺术造型方式，这种方式仍然被采用。

1. 几何形体的整形方式

按照几何形体的构成标准进行整形修剪，例如球形、半球形、圆锥形、圆柱形、正方体、长方体等（见图 2-68）。

图 2-68 几何形体的整形方式

2. 非几何形体的整形方式

（1）附壁式 在庭院及建筑物附近为达到垂直绿化墙壁的目的而进行的整形（见图 2-69）。在欧洲的古典式庭院中常可见到此种形式。

图 2-69 附壁式整形方式

（2）雕塑式 根据设计师的意图，创造出各种各样的形体，但应注意植物的形体要与四周景物协调，线条简单，轮廓鲜明简练为宜。修建时应事先做好轮廓样式，借助于棕绳、铁丝等，如龙、马、凤、狮、鹤、鹿、鸡等（见图 2-70）。

（3）建筑物形式 如亭、楼、台等（见图 2-71）。

（4）盆景式造型树 树桩盆景根据所用数目的种类和特性，以及设计制作的特点而分为直干式、卧干式、斜干式、曲干式、悬崖

图 2-70 雕塑式整形方式

图 2-71 建筑物形式

式、附石式、垂枝式等形式。

直干式：主干直立或基本直立，这类树干让其长到一定高度进行摘心，达到层次分明，疏密有致的效果，通常有单干、双干、三干和多干之分（见图 2-72）。

卧干式和斜干式：主干横卧或倾斜，树冠偏于一侧，全株呈平睡之态，姿态独特，具有古朴优雅的风度（见图 2-73 和图 2-74）。

曲干式：主干屈曲，树形富于变化，常见的取“三曲式”，形如“之”字（见图 2-75）。

悬崖式：主干倾于盆外，树冠下垂如悬状，其中根据主干倒悬的程度，又有大悬崖、小悬崖、半悬崖之分（见图 2-76）。

附石式：树木种在石头上，使其扎与石缝中，以摹仿的岩生植物（见图 2-77）。

垂枝式：适用与纸条多二长的树种，如迎春、垂柳、垂枝桃等，利用其自然下垂的枝条适当进行加工（见图 2-78）。

女贞　　罗汉松

图 2-72　直干式整形方式

罗汉松

图 2-73　卧干式整形方式

黑松

图 2-74　斜干式整形方式

（三）混合式整形修剪

1. 中央领导干形

有一强大的中央领导干，上面配列稀疏的主枝，主枝可分层，也可不分层，分层的树形也叫疏散分层形。此树形，中央领导枝的生长优势较强，能向外扩大树冠，主枝分布均匀，通风透光好，适用于干性较强的树种，能形成高大的树冠，最适合作行道树和为庭荫树。如银杏、白玉兰、香樟、苹果等乔木（见图 2-79）。

红花檵木

图 2-75　曲干式整形方式

黑松

图 2-76　悬崖式整形方式

三角枫

图 2-77　附石式整形方式

紫藤

图 2-78　垂枝式整形方式

2. 杯状形

没有中心干，在主干一定高度留三主枝，在各主枝上又留两个一级侧枝，在各一级侧枝上又再保留二个二级侧枝，以此类推，即形成“三股、六叉、十二枝”（见图 2-80）。这种整形方法，多用于干性较弱的树种。如桃树、杏树、悬铃木等。

3. 自然开心形

它是由杯状形改进而来，没有中心主干，分枝较低，三个主枝错落分布，每主枝上有 2～3 个侧枝（见图 2-81）。这种树形的开花结果面积较大，生长枝结构稳固，树冠内通风透光条件好，有利于

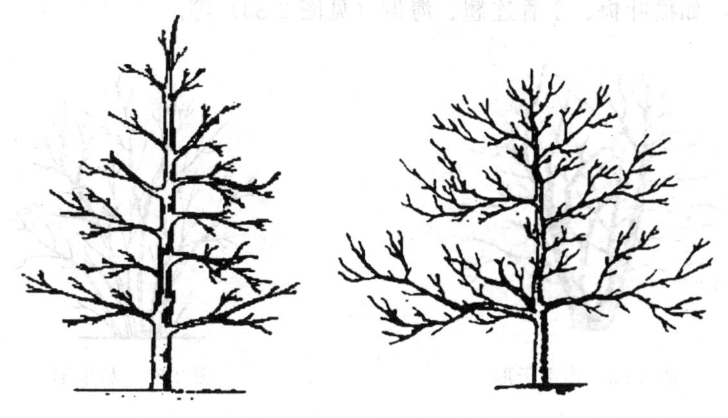

图 2-79 中央领导干形（右也叫疏散分层形）

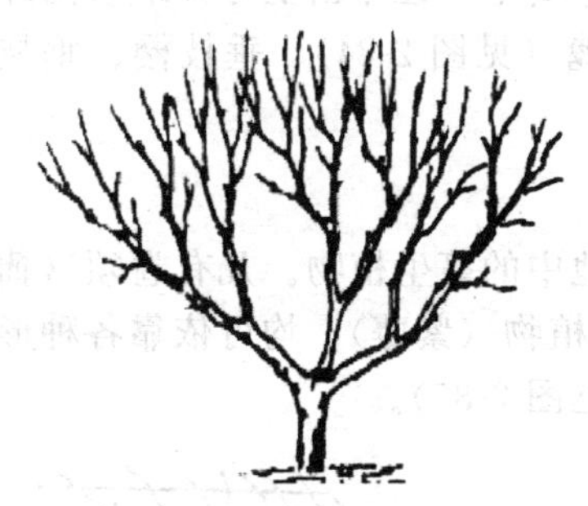

图 2-80 杯状形

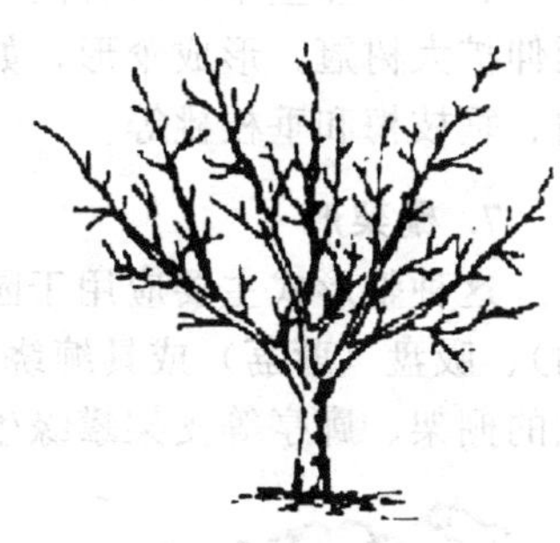

图 2-81 自然开心形

开花结果，常为园林中的桃、梅、石榴等观花树木整形修剪时常用。

4. 多主干形

留 2～4 个主干，其上分布主枝，形成规则优美的树冠。此树形适用于生长旺盛的树种，最适合观花乔木、庭荫树的整形。其树冠优美，并可增加花量，延长小枝条寿命，如紫薇、桂花、腊梅等(见图 2-82)。

5. 丛生形

此种整形只是主干较短，从地面附近分生多个枝错落排列呈丛状，叶层厚，绿化美化效果较好。本形多用于小乔木及灌木的整形，如榆叶梅、丁香连翘、海桐（见图 2-83）等。

图 2-82　多主干形

图 2-83　丛生形

6. 垂枝形

有一明显主干，所有侧枝均下弯倒垂，逐年由上方芽继续向外延伸扩大树冠，形成伞形，如龙爪槐（见图 2-84）、垂枝樱、垂枝榆、垂枝梅和垂枝桃等。

7. 棚架形

这种整形式主要应用于园林绿地中的蔓生植物。凡有卷须（葡萄）、吸盘（薜荔）或具缠绕习性的植物（紫藤），均可依靠各种形式的棚架、廊亭等支架攀缘生长（见图 2-85）。

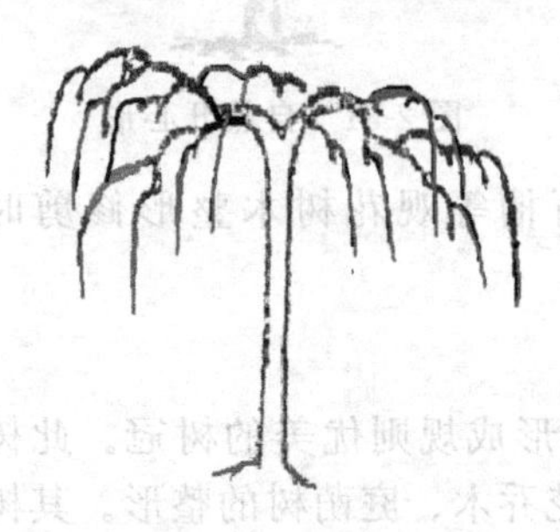

图 2-84　垂枝形

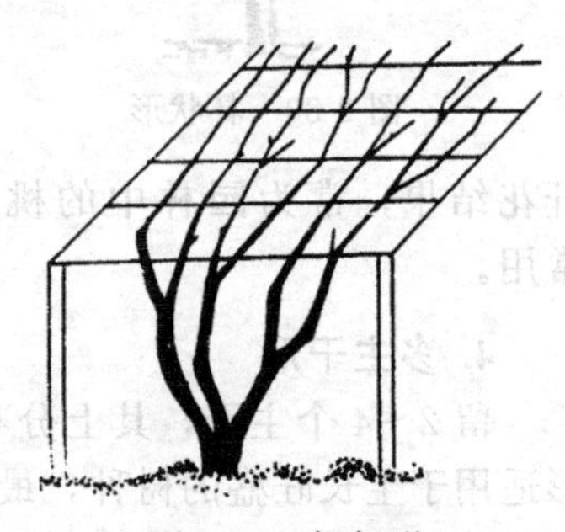

图 2-85　棚架形

在园林绿地中以自然式应用最多，既省人力、物力又易成功。其次为自然与人工混合式整形，这是使花朵硕大、繁密或果多肥美等目的而进行的整形方式，它比较费工，亦需适当配合其他栽培技术措施。人工式整形很费工，需有较熟练技术水平的人员，只在特殊美化时应用。

二、不同类型树木的整形修剪

（一）常绿针叶树种整形修剪

如雪松、圆柏、南洋杉等树体自然形状观赏效果好，整形修剪要保持顶枝直立生长的优势，同时对枯枝、病弱枝及少量扰乱树形的枝条作疏剪处理即可（见图 2-86）。当针叶树顶芽受伤而缺失顶枝时，可以利用侧枝扶正后代替顶枝（见图 2-87）。

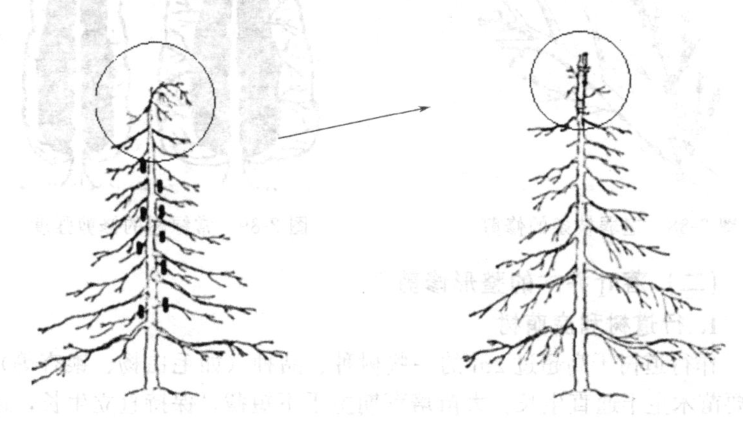

图 2-86　雪松整形修剪

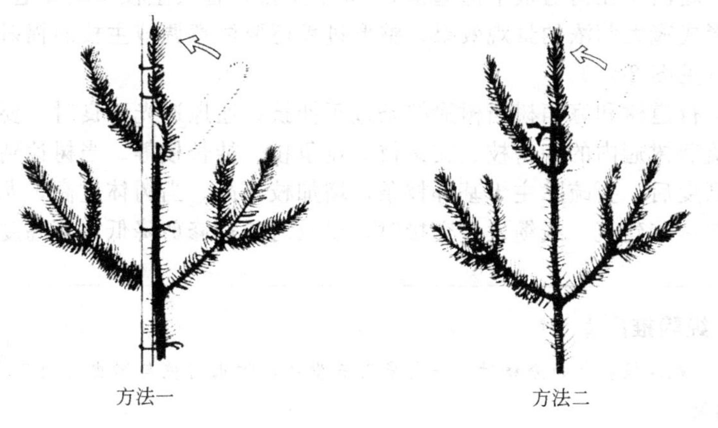

图 2-87　侧枝代替顶枝固定方法

常绿树生长季要及时剪除老弱枝，促使新梢生长（见图2-88）。尖塔形常绿树修剪时要注意修剪强度，如圆柏属，可修剪去除树冠外围20%的枝条，但不可剪至致死区（见图2-89中黑色区）。

图2-88　老弱枝条的修剪

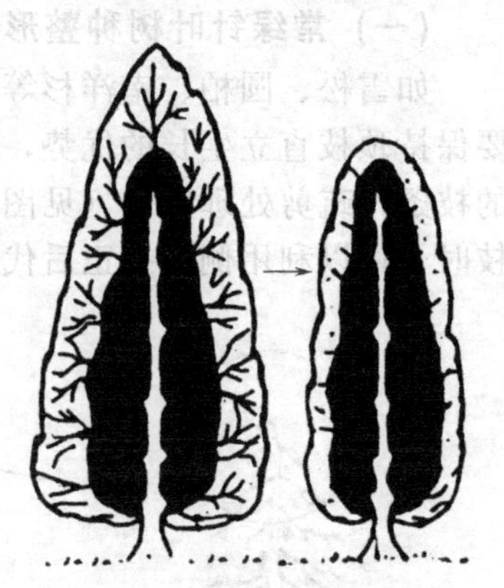

图2-89　常绿树的修剪强度

（二）落叶乔木的整形修剪

1. 行道树和庭荫树

作行道树干高超过2m的一些树种、品种（如毛白杨、银杏等），需要苗木主干通直生长。大苗培育期主干不短截，保持直立生长，逐年去除主干基部的分枝，保持顶芽的优势即可（见图2-90）。

庭荫树在树冠最下部选留5～6个主枝，各层主枝间距要适当，以形成冠大荫浓的景观效果。整形过程还要注意调节主枝的辐射角度（见图2-91）。

行道树和庭荫树当树冠枝条过于拥挤，通风透光不良时，要及时疏剪树冠内的拥挤枝、交叉枝、竞争枝、徒长枝等。当树达到一定高度后，要疏除主干基部枝条，增加枝下高。当树体过高，尤其是与一些建筑、线缆发生交接时，要及时通过修剪降低树冠高度。

『经验推广』

疏除较粗大的分枝时，一定采用三步法，防止树枝与树皮之间产生撕裂。

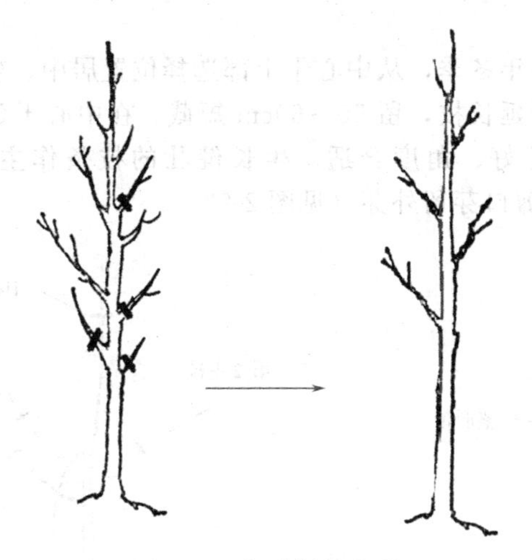

图 2-90　行道树的整形

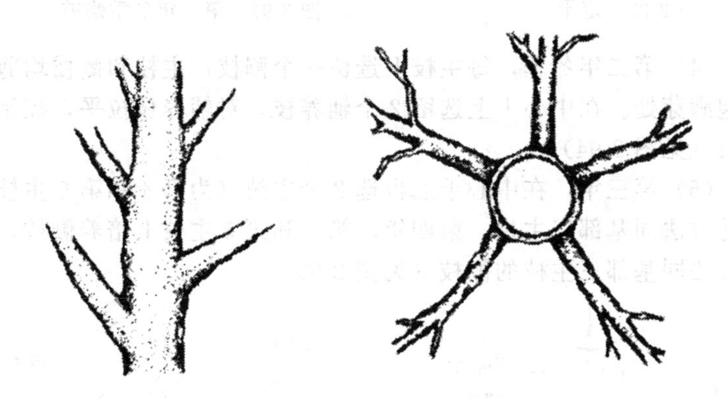

图 2-91　庭荫树的主枝枝距和辐射角度（右为顶视图）

2. 疏散分层形整形

（1）定干，即在树形规定的干高上加 20cm 处短截主干，要求剪口下 20cm 有多个饱满芽。疏散分层形定干高度为 70～80cm（见图 2-92）。

（2）控制竞争枝，处于主干或主枝的延长枝（剪口下第一芽枝）下、长势与延长枝相当的枝条称竞争枝。它分枝角度小、干扰骨干枝的延伸方向，一般可以疏除，也可在生长季扭梢控制其生长

(见图 2-93)。

(3) 第一年冬季，从中心干上部选择位置居中、生长旺盛的枝条作为中心干延长枝，留 50～60cm 短截。在中心干延长枝的下部选择三个方位好、角度合适、生长健壮的枝条作主枝，留 40～50cm 短截，剪口芽留外芽（见图 2-93)。

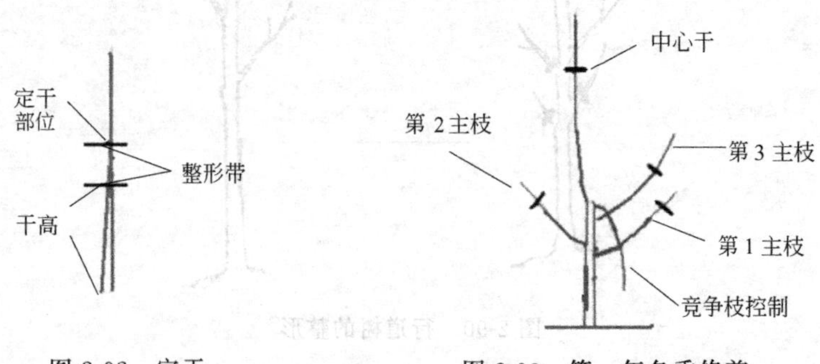

图 2-92 定干

图 2-93 第一年冬季修剪

(4) 第二年冬季，每主枝上选留一个侧枝，主枝和侧枝均剪截在饱满芽处。在中心干上选留 2 个辅养枝，对辅养枝拉平，控制其生长（见图 2-94)。

(5) 第三年，在中心干上再选 2 个主枝（为第 4 和第 5 主枝)，修剪方法同基部三主枝。第四年，第 4 和第 5 主枝上培养侧枝，修剪方法同基部三主枝的侧枝（见图 2-95)。

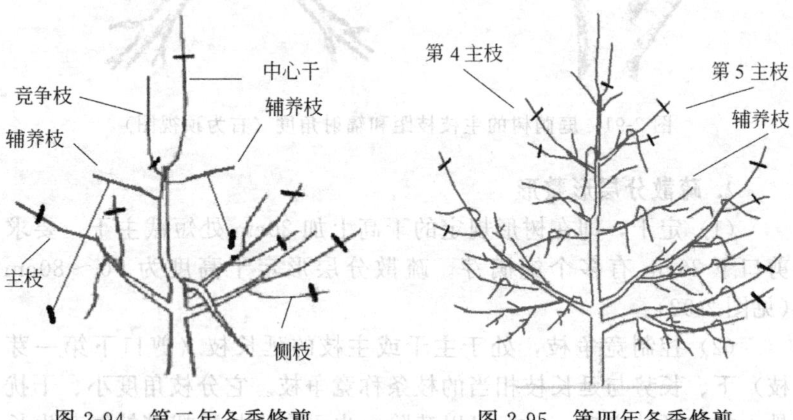

图 2-94 第二年冬季修剪

图 2-95 第四年冬季修剪

3. 开心形整形（见图 2-96）

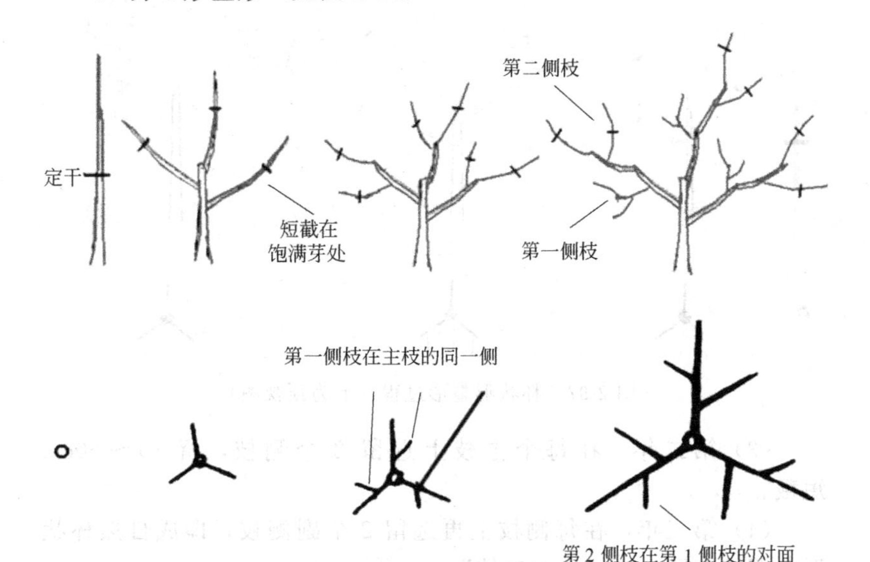

图 2-96 开心形整形过程（下为顶视图）

（1）定干，开心形定干高度一般为 70～80cm。

（2）第一年冬季，选留 3 个合适的枝条作主枝，主枝短截在饱满芽处，剪口下留外芽，剪留长度根据长势一般在 50～60cm，主枝开张角度 45 度左右。角度不合适时用撑、拉、坠等方法调整。

（3）第二年冬季，每主枝上选留 1 个侧枝，这个侧枝都在主枝的同一侧。侧枝短截在饱满芽处，剪留长度为 40～50cm，开张角度大于 45 度。一般侧枝剪留比主枝短，开张角度比主枝大。

（4）第三年每个主枝上选留第二侧枝，第二侧枝在第一侧枝对面，剪截方法同第一侧枝。

不同树形干高不同，骨干枝的数量、排列方式、开张角度不同，整形过程中根据树形要求选留、剪截主枝和侧枝即可。

4. 杯状形整形（见图 2-97）

（1）定干，杯状形一般定干高度 60～80cm。

（2）第一年，选粗壮、开张角度和方向合适的 3 个主枝，并留 30～50cm 短截。

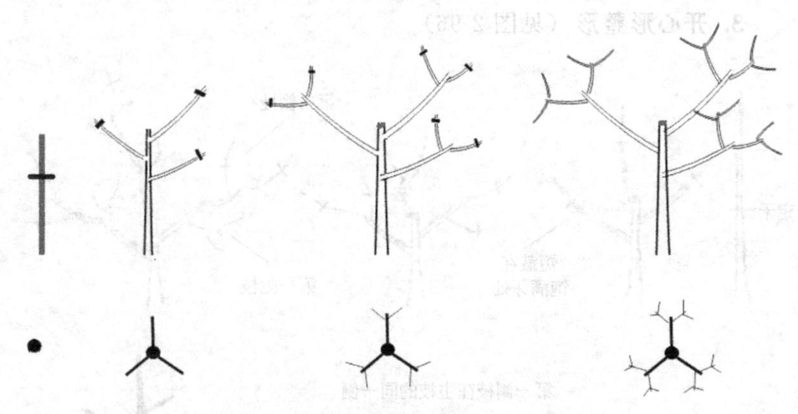

图 2-97　杯状形整形过程（下为顶视图）

(3) 第二年，在每个主枝上选留 2 个侧枝，留 30～50cm 短截。

(4) 第三年，在每侧枝上再选留 2 个副侧枝，即成自然杯状形，即“三股、六叉、十二枝”。

(三) 灌木的整形修剪

灌木树形常用高灌丛形、独干形、宽灌丛状形等。

1. 高灌丛形整形

每丛留主枝 3～5 个，不可太多，多余的丛生枝从基部疏除，留下的主枝在饱满芽处短截，促进分枝（见图 2-98 和图 2-99）。

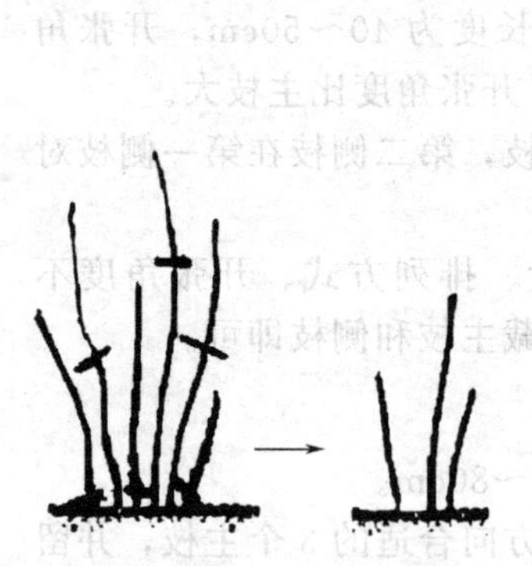

图 2-98　高灌丛形整形过程 1

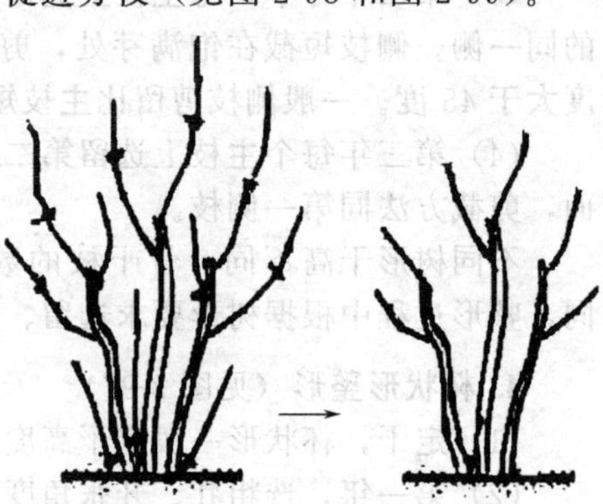

图 2-99　高灌丛形整形过程 2

2. 宽灌丛形整形

这两种树形地面分枝多，整形任务是根据树种生长特点，调整树形，疏除过弱、过密枝、徒长的，改善透光性；短截留下的主枝，使其错落有致，提高观赏效果即可（见图 2-100）。

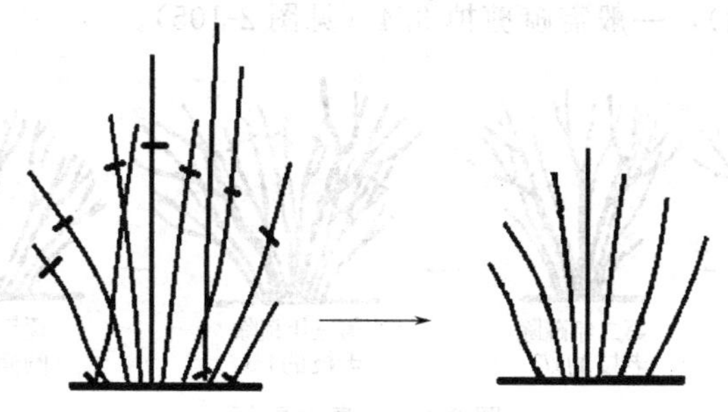

图 2-100　宽灌丛形整形过程

3. 独干形

整形过程见图 2-101、图 2-102。

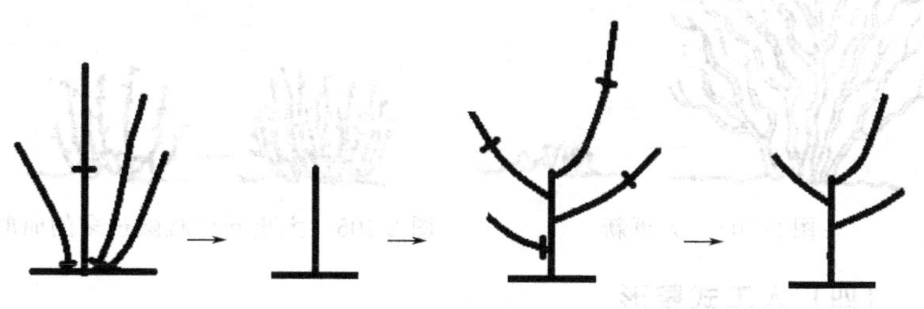

图 2-101　独干形整形过程 1

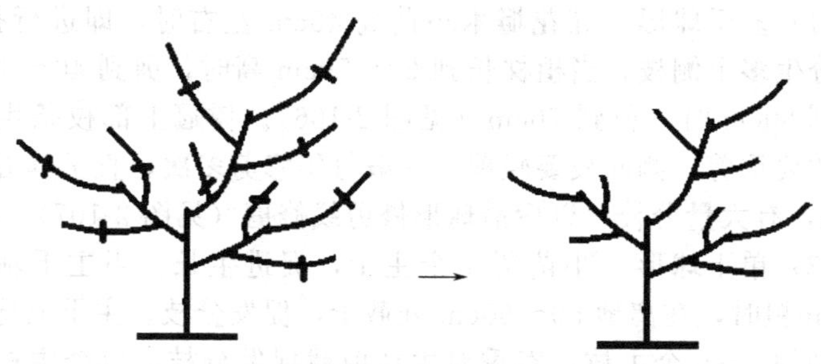

图 2-102　独干形整形过程 2

4. 灌木的更新

对于老年灌木应逐年疏除老枝，促进萌发新梢，更新的苗木，使旺盛生长（见图 2-103）。灌木衰老严重时需要大更新，可以疏除所有老枝（见图 2-104），然后对从基部长出新枝适当疏剪（春季尽早疏除），一般需疏剪掉 3/4（见图 2-105）。

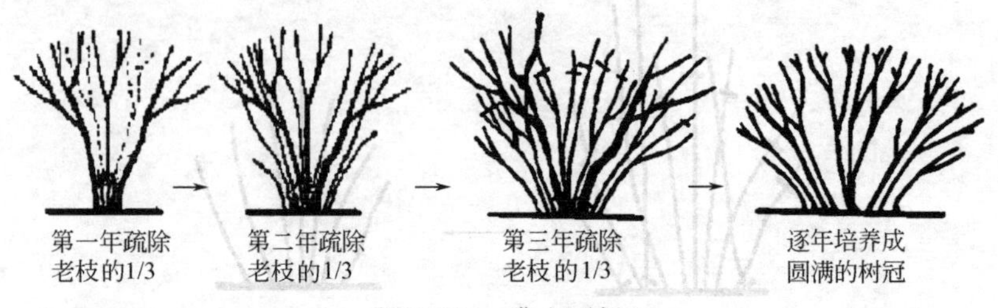

图 2-103　灌木更新

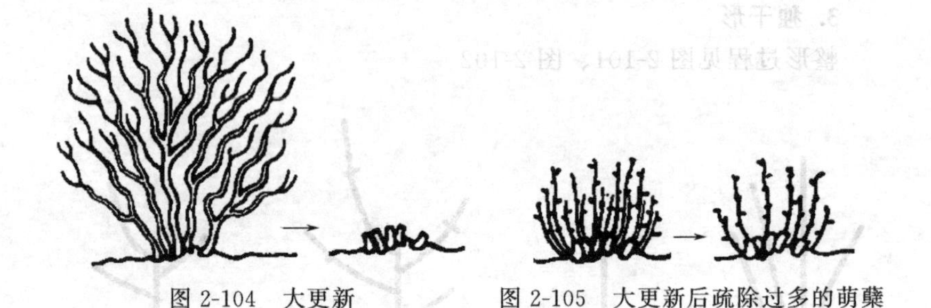

图 2-104　大更新　　图 2-105　大更新后疏除过多的萌蘖

（四）人工式整形

1. 球形（红花檵木为例）

（1）多干球形　红花檵木小苗高 40cm 左右时，即进行打顶，促进分生多个侧枝，当植株长到 60～70cm 高时，剪到 40～50cm；再长到 80cm 时，剪到 70cm（见图 2-106）。树冠上部枝条生长旺盛，故要重剪，侧面枝要轻剪，一般每年修剪多次，直至其冠径达到 1m，有大量分枝，以后沿球形修剪线修剪（见图 2-107）。

（2）单干球形　小苗留 1 个主干，促进生长，当主干基径达 1～2cm粗时，在离地 50～60cm 处截干，促发分枝。主干上选择分布合理的 3～5 个主枝，春季对主枝剪截促发分枝，每个主枝保留 3～4 个分枝，形成基本骨架。生长期当分枝达 20～30cm 时，剪截

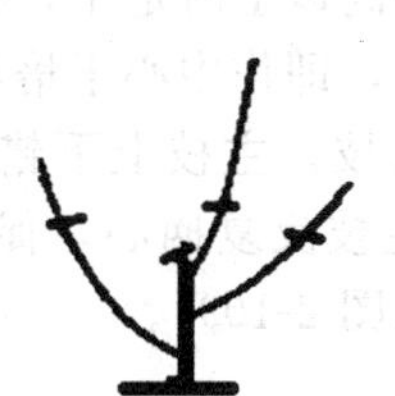
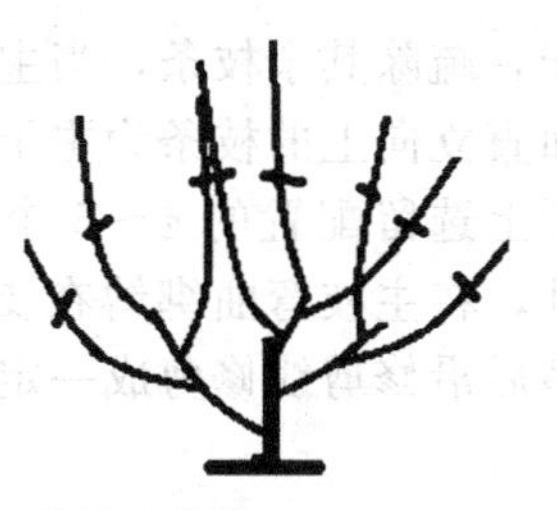

图 2-106 反复短截促生分枝

图 2-107 冠幅 1m 后沿修剪线修剪

枝梢，促发大量分枝，形成次级侧枝，使球体增大（见图 2-108），剪除畸形枝、徒长枝、病虫枝。一般每年可进行多次修剪，尽快增加冠幅。形成球形后，以后沿球形修剪线修剪。

图 2-108 单干球形整形

2. 造型树的整形

（1）盆景式造型树整形（红花檵木为例） 选一粗壮的枝条培

养成主干，疏除其余枝条，当主干高达干高以上时定干，在其上选一健壮而直立向上的枝条为主干的延长枝，即作中心干培养；以后在中心干上选留配置的4～5个强健的主枝，主枝上下错落分布；设立支柱，将主枝弯曲绑缚在支柱上；主枝反复摘心，促生分枝；分枝增多后沿修剪线修剪成一定造型（见图2-109）。

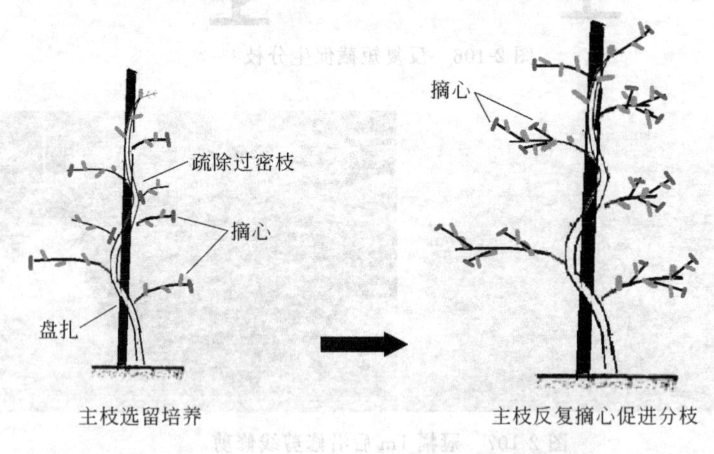

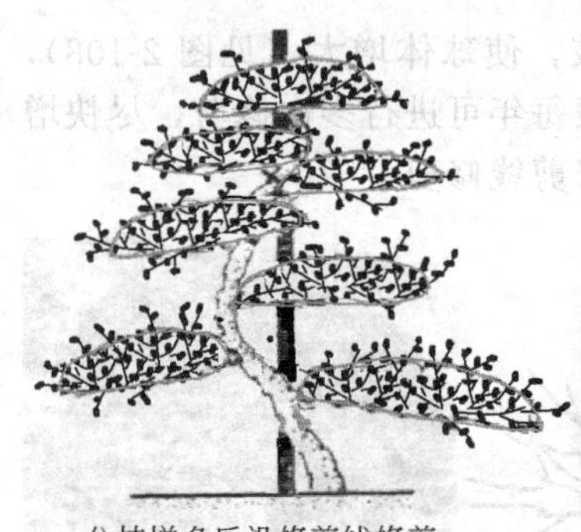

图2-109　造型树整形过程

（2）多层造型树整形（金叶榆为例）　多层造型要求主干高2m以上，分别在地面处或1m处、2m处进行嫁接，或培养多个高低不等的主干进行嫁接。嫁接成活后对枝条摘心，冬季短截促生分枝；第二年生长季再摘心，冬季短截增加分枝，分枝增多后可修剪成方形、球形、三角形等多种造型（见图 2-110）。

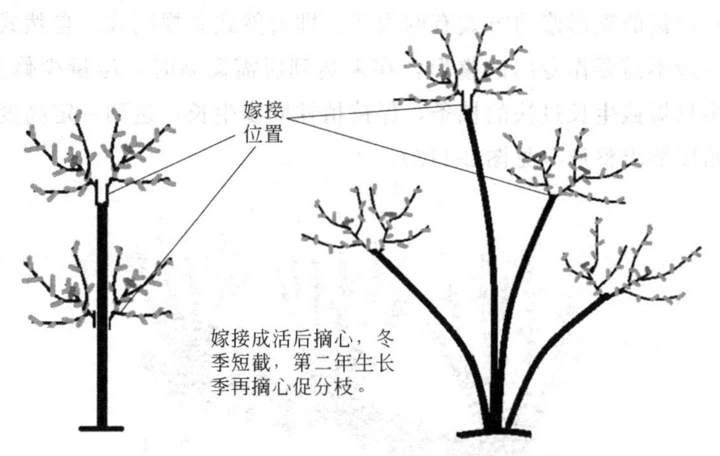
嫁接
位置
嫁接成活后摘心，冬
季短截，第二年生长
季再摘心促分枝。

图 2-110　多层造型树整形

（五）绿篱整形修剪

绿篱由萌枝力强、耐修剪的树种呈密集带状栽植，起界限、分隔和观赏的作用，其修剪时期和方式，因树种特性和绿篱功用而异。

1. 苗期整形修剪

绿篱灌木可从基部大量分枝，形成灌丛，以便定植后进行多种形式整形修剪，因此，苗期至少重剪两次，增加苗木分枝（见图 2-111 和图 2-112）。

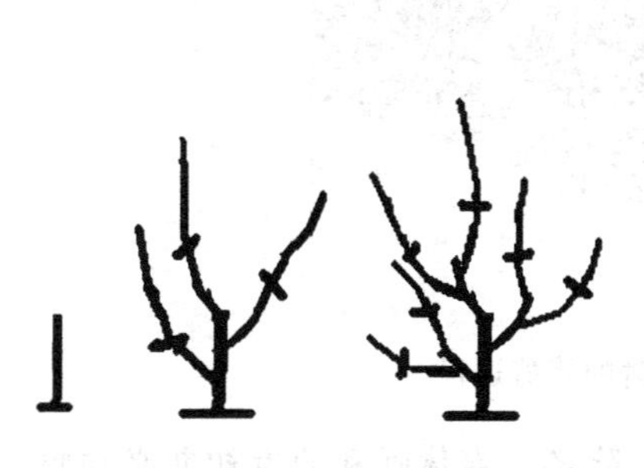

图 2-111　绿篱苗木重短截促分枝

图 2-112　苗木重剪后分枝状态

2. 定植后整形

绿篱的整形修剪方式有两大类，即自然式和规则式。自然式绿篱一般不需要作专门的整形，在未达到所需篱高时，尽量少修剪，最多只短截生长过快的枝条，保持植株同步生长；达到一定高度后开始按要求整形（见图 2-113）。

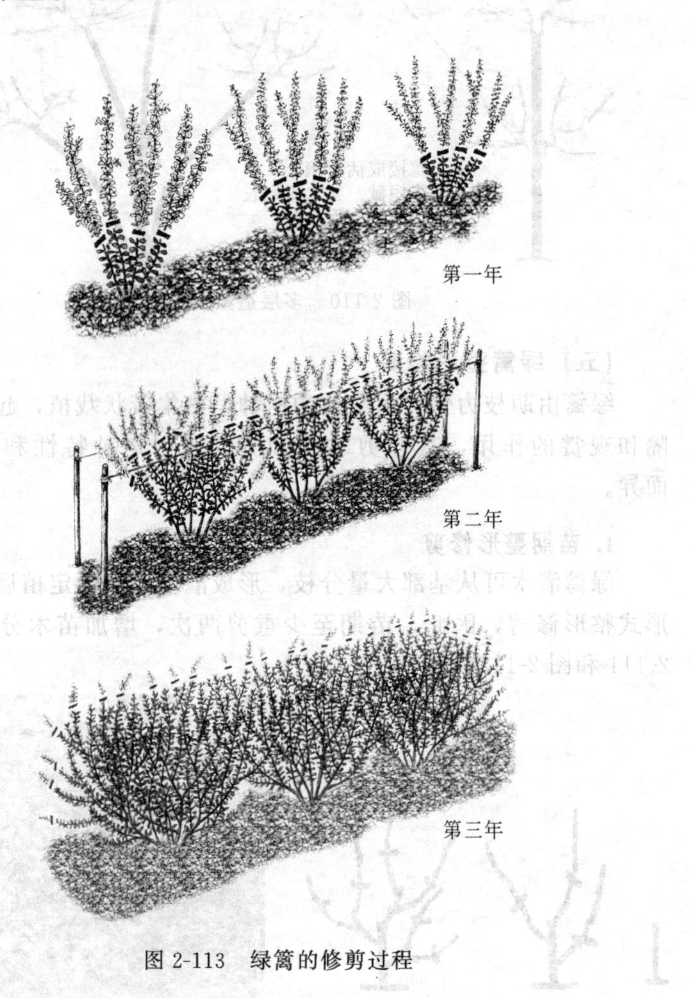

图 2-113　绿篱的修剪过程

规则式绿篱则需要经常修剪，除冬、春休眠和萌发初期必须整形外，其他季节也都应按模型要求修剪，每季各剪1～2次。秋后如温度适宜，绿篱生长较快时，还可再剪1次，以轻剪为宜，控制绿篱的生长量（见图2-114）。

图2-114 规则式绿篱修剪

（六）树墙整形

树墙种植在庭院及建筑物附近，起垂直绿化墙壁的作用。树墙的整形包括规则式和不规则式，有多种方法（见图2-115），主要是使主干低矮，在干上向左右两侧呈对称或放射状配置主枝，并使之保持一定的方向生长。树墙的修剪应轻重结合，予以调整，常用机械修剪（见图2-116）。

『经验推广』

整形是通过各种修剪方法来完成的，整形的过程是各种修剪方法的综合应用。

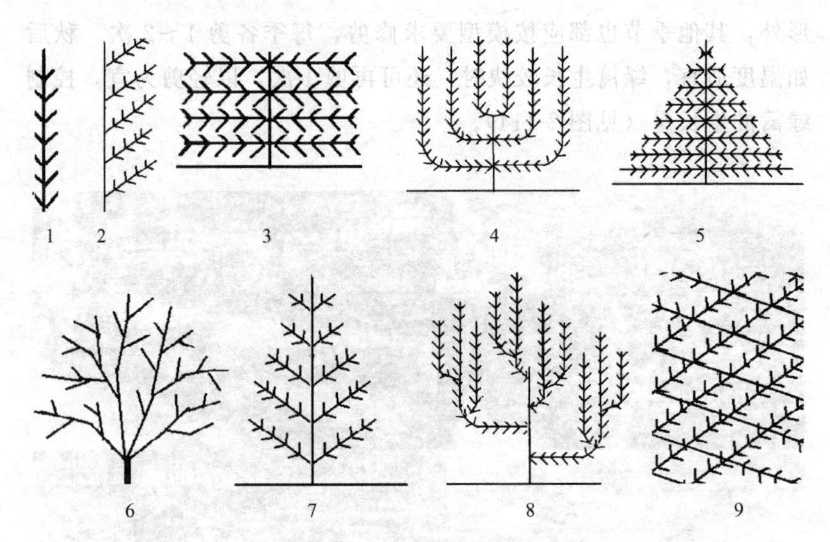

图 2-115　树墙整形类型

1—单干型；2—倾斜型；3—多层型；4—U 形；5—三角形；
6—不规则扇形型；7—棕叶型；8—现代规则型；9—比利时式

图 2-116　树墙修剪

第三章

行道树和庭荫树的栽培与修剪

一、垂柳

【学名】 *Salix babylonica*

【科属】 杨柳科、柳属

【产地分布】

产长江流域与黄河流域，其他各地均栽培，在亚洲、欧洲、美洲各国均有引种。

【形态特征】

落叶乔木，高达 12～18m，树冠开展而疏散。树皮灰黑色，不规则开裂；枝细，下垂。叶狭披针形或线状披针形（见图 3-1），先端长渐尖，基部楔形两面无毛或微有毛，上面绿色，下面色较淡，叶缘有细锯齿。花序先叶开放，或与叶同时开放；雌雄异株，雄花柔荑花序。花期 3～4 月，果期 4～5 月。

图 3-1　垂柳形态特征

【生长习性】

喜光，喜温暖湿润气候及潮湿深厚之酸性及中性土壤。较耐寒，特耐水湿，但亦能生于土层深厚之高燥地区。萌芽力强，根系发达，生长迅速。对有毒气体有一定的抗性，并能吸收二氧化硫。

【园林应用前景】

最宜配植在水边，如桥头、池畔、河流，湖泊等水系沿岸处(见图 3-2)。也可作庭荫树、行道树、公路树。亦适用于工厂绿化，还是固堤护岸的重要树种。

图 3-2　垂柳园林应用

【栽培管理】

垂柳因柳絮繁多，城市行道树应选择雄株为好，多用雄株的健壮枝条扦插繁殖。移植应在落叶后至早春萌芽前进行，栽植后立即浇水并立支柱固定。垂柳生长迅速，需大量的水分、肥料，所以应勤施肥，多浇水，一般一年可长至 2m 左右。

【整形修剪】

垂柳苗一般较高大，在定植前将 1 年生顶端短截，剪口留壮芽，短截强度掌握“壮则从轻，弱则宜重”即可。如果剪口附近有小枝，则应疏除 3～4 个。主干高度 1/3 以下的枝条全部剪掉。其上部枝条可选择 2～3 个健壮、错落分布的作为主枝，其余枝条健壮的要疏除，细弱的缓放。

第二年冬剪，中心主枝剪法如上年。在新梢中选择与第一层主枝错落分布的2～3个作为第二层主枝，并且短截先端。对上年选留的主枝短截，控制其直径不可超过主干直径的1/3，剪口留上芽。

以后几年修剪同上年。主枝维持在5个左右，干高达到一定高度时即可停止修剪（图3-3）。

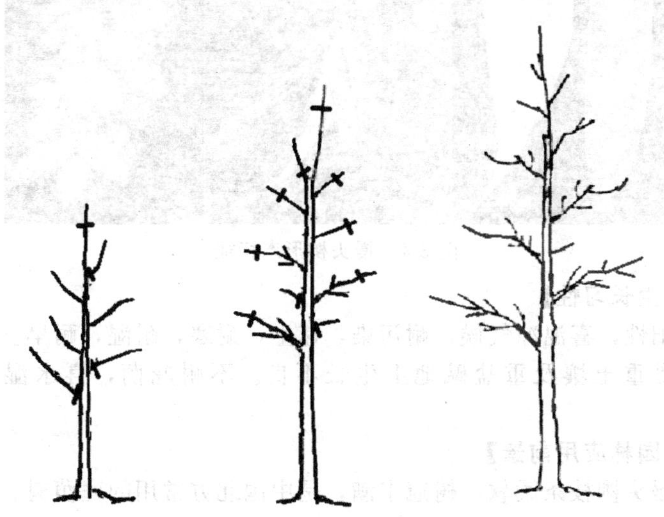

图3-3 垂柳的骨干枝的培养

二、馒头柳

【学名】 *Salix matsudana var. matsudana f. umbraculifera Rehd*

【科属】 杨柳科、柳属

【产地分布】

东北，华北，西北，华东。北京园林中常见栽植。

【形态特征】

落叶乔木，高达18m，胸径达80cm。大枝斜上，树冠广圆形；枝细长，直立或斜展。芽微有短柔毛。叶披针形，先端长渐尖，基部窄圆形或楔形，上面绿色，有光泽，下面苍白色或带白色，有细腺锯齿缘。花序与叶同时开放；雄花序圆柱形，花药卵形，黄色；苞片卵形，黄绿色；雌花序较雄花序短，有3～5小叶生于短花序梗上（见图 3-4）。花期 4 月，果期 4～5 月。

图 3-4　馒头柳形态特征

【生长习性】

阳性，喜温凉气候，耐污染，速生，耐寒，耐湿，耐旱。在固结、黏重土壤及重盐碱地上生长不良。不耐庇荫，喜水湿又耐干旱。

【园林应用前景】

馒头柳枝条柔软，树冠丰满，是中国北方常用的庭荫树、行道树。也可孤植、丛植及列植。常栽培在河湖岸边或孤植于草坪，对植于建筑两旁。亦用作公路树、防护林及沙荒造林，农村“四旁”绿化等。是早春密源树种（见图 3-5）。

图 3-5　馒头柳的园林应用

【栽培管理】

主要用扦插繁殖。移栽宜在冬季落叶后至春季萌芽前进行，裸根栽植。移栽后浇透水，设立支架固定。日常管理中注意干旱季节及时浇水。

【整形修剪】

馒头柳以多主枝开心形为基本树形。在主干上保留4～6个主枝，每主枝上留2～3个侧枝，冬季修剪时注意调整主枝长势，以形成主枝明显，侧枝层次清楚的圆形树冠（见图3-6）。基本骨架培养好后，修剪以平衡圆满树冠为主，任其自然生长（见图3-7）。

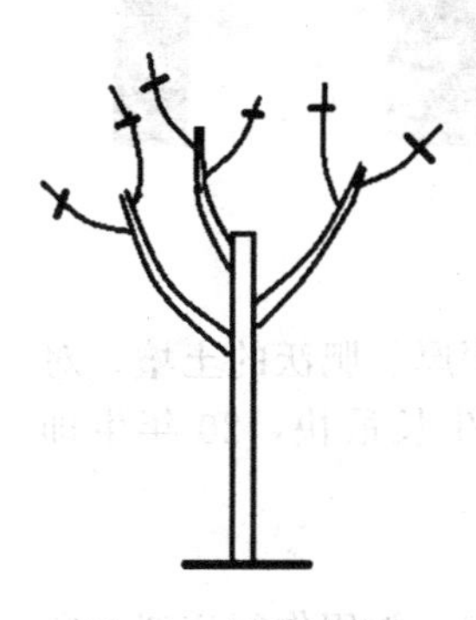

图3-6 馒头柳主、侧枝培养

图3-7 馒头柳基本骨架

三、毛白杨

【学名】 *Populus tomentosa*

【科属】 杨柳科，杨属

【产地分布】

分布广泛，在辽宁（南部）、河北、山东、山西、陕西、甘肃、河南、安徽、江苏、浙江等省均有分布，以黄河流域中、下游为中心分布区。

【形态特征】

落叶大乔木，高达30～40m，树冠卵圆锥形。树皮幼时青白色，渐变为暗灰色；皮孔菱形。叶阔卵形或三角状卵形，边缘有波状缺刻或锯齿，上面暗绿色，光滑，下面密生毡毛（见图3-8）。

雄花柔荑花序，长 10～14cm，雌株大枝较为平展，花芽小而稀疏；雄株大枝多斜生，花芽多而密集。花期 3 月，叶前开放；蒴果小，4 月成熟。

图 3-8 毛白杨形态特征

【生长习性】

抗寒性较强，喜光，不耐阴，喜湿润、深厚、肥沃的土壤，对土壤的适应性较强。在水肥条件充足的地方生长最快，20 年生即可成材。是中国速生树种之一。

【园林应用前景】

毛白杨生长快，树干通直挺拔，枝叶茂密，常用作行道树、园路树、庭荫树或营造防本造防护林；可孤植、丛植、群植于建筑周围、草坪、广场、水滨（见图 3-9）。

【栽培管理】

毛白杨可用播种、扦插、埋条、留根、嫁接等繁殖方法育苗。移栽宜在早春或晚秋进行，适当深栽；大苗移植侧枝要剪留 30～50cm，并用草绳裹干。3 年生以上毛白杨生长快，喜大肥大水，应加强肥水管理。

因毛白杨喜大肥大水，还容易发生病虫害，因此要加强水肥管理和病虫害防治。

【整形修剪】

幼林在郁闭前，林内光照条件尚好，则少修枝或不修枝，尽量保留大树冠，以增加光合面积，但必须疏除竞争枝。

郁闭后，树干粗度 8～10cm，除去树冠下部垂死的枝条，上部

图 3-9 毛白杨园林应用

枝条只修去特粗的枝条及卡脖枝。如果需要疏除的分枝粗度与主干相近，先短截，控制生长，待第二年冬剪时疏除，以免伤口过大。同时要对密集枝（主干上分枝相距不超过 25cm）、竞争枝（主干枝的双头枝或并生枝）及时进行处理，真正做到“轻修枝、留大冠、去竞争、保主干”（见图 3-10）。

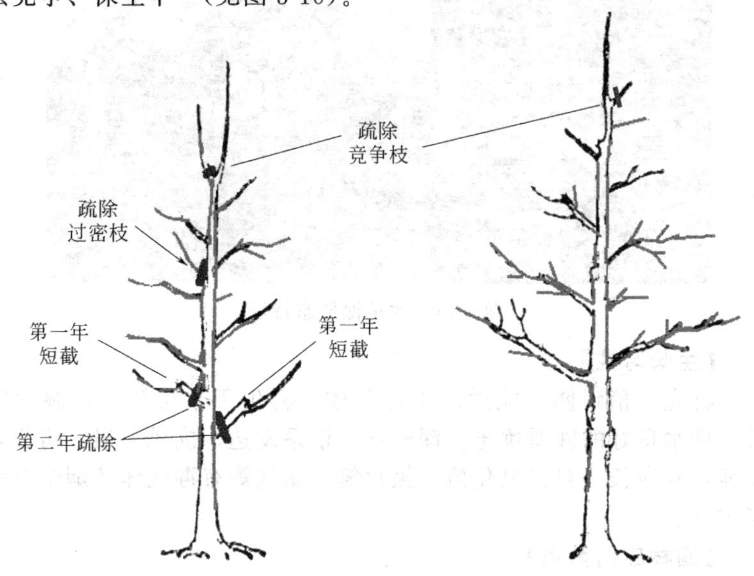

图 3-10 杨树的整形修剪

四、龙爪槐

【学名】*Sophora japonica*

【科属】豆科、槐属

【产区分布】

原产中国，现南北各省区广泛栽培，华北和黄土高原地区尤为多见。

【形态特征】

龙爪槐是国槐的芽变品种，落叶乔木，高达25m，小枝柔软下垂，树冠常成伞状。羽状复叶，小叶4～7对，对生或近互生，纸质，卵状披针形或卵状长圆形，先端渐尖，基部宽楔形或近圆形。圆锥花序顶生，常呈金字塔形；花冠白色或淡黄色（见图3-11）。荚果串珠状，具肉质果皮，成熟后不开裂。花期7～8月，果期8～10月。

图3-11　龙爪槐形态特征

【生长习性】

喜光，稍耐阴。能适应干冷气候。喜生于土层深厚，湿润肥沃、排水良好的沙质壤土。深根性，根系发达，抗风力强，萌芽力亦强，寿命长。对二氧化硫、氟化氢、氯气等有毒气体及烟尘有一定抗性。

【园林应用前景】

龙爪槐姿态优美，是优良的园林树种。宜孤植、对植、列植。

观赏价值高，故园林绿化应用较多，常植于门庭、道旁、草坪中；或作庭荫树观赏（见图 3-12）。

图 3-12 龙爪槐园林应用

【栽培管理】

龙爪槐常用胸径 5～10cm 的国槐作砧木高接繁殖。栽培以湿润的壤土或沙质壤土为佳，排水需良好，生长盛期每 1～2 月施肥 1 次，冬季落叶后整形修剪。

【整形修剪】

1. 整形

高接是高大的砧木进行嫁接，一般嫁接部位在 1.5～2.0m，高接可以达到特殊的、理想的效果。园林树种中的许多垂枝形种类，如龙爪槐、垂枝榆、垂枝梅等常采用此法。

嫁接成活后，接穗开始生长，但各接穗生长势会有所差别，需要通过修剪进行调整，同时疏除砧木上萌发的所有枝条。之后逐年调整各枝条的生长势，直至树冠圆整平衡（见图 3-13）。也可用绳子或铅丝改变枝条的生长方向，将临近的密枝拉到缺枝处固定住，使整个树冠枝条分布均匀。

2. 修剪

龙爪槐的伞状造型若想达到理想的形状和大小，修剪至关重要，其中包括夏剪和冬剪。夏剪在生长旺盛期间进行，要将当年生的下垂枝条短截 2/3 或 3/4，促使剪口发出更多的枝条，扩大树冠。短截的剪口留芽必须注意留上芽（或侧芽），因为上芽萌发出

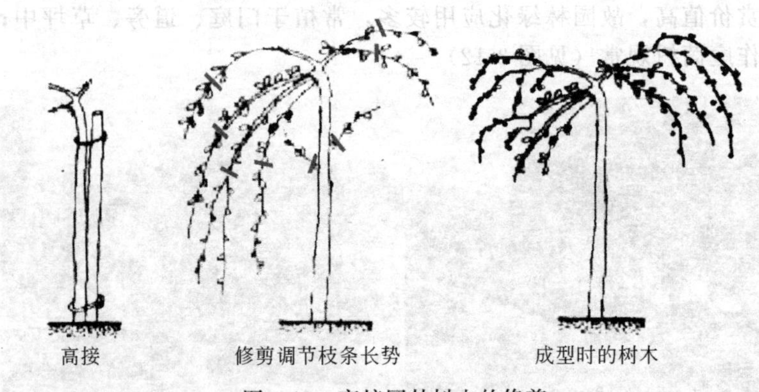

图 3-13　高接园林树木的修剪

的枝条，可呈抛物线形向外扩展生长（见图 3-14）。

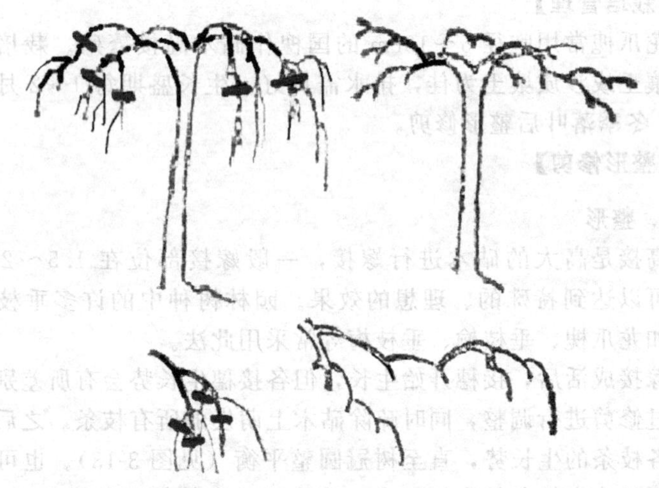

图 3-14　龙爪槐的整形修剪

冬剪要剪除病死枝以及内膛细弱枝、过密枝，再根据枝条的强弱将留下的枝条在弯曲最高点处留上芽短截。一般是粗壮枝留长些，细弱枝留短些。

五、榆树

【学名】*Ulmus pumila L*

【科属】榆科、榆属

【产区分布】

生于海拔1000～2500m以下之山坡、山谷、川地、丘陵及沙岗等处。长江下游各省有栽培。也为华北及淮北平原农村的习见树木。

【形态特征】

落叶乔木，高达25m，胸径1m，在干瘠之地长成灌木状；幼树树皮平滑，灰褐色或浅灰色，大树之皮暗灰色，不规则深纵裂，粗糙。单叶互生，卵状椭圆形至椭圆状披针形。花两性，早春先叶开花或花叶同放，紫褐色，聚伞花序簇生。翅果近圆形（见图3-15）。花期3～4月；果期4～5月。

图3-15 榆树形态特征

【生长习性】

阳性树种，喜光，耐旱，耐寒，耐瘠薄，不择土壤，适应性很强。根系发达，抗风力、保土力强。萌芽力强，耐修剪。生长快，寿命长。不耐水湿。具抗污染性，叶面滞尘能力强。

【园林应用前景】

榆树是良好的行道树、庭荫树、工厂绿化、营造防护林和四旁绿化树种（见图3-16），唯病虫害较多，也是抗有毒气体（二氧化碳及氯气）较强的树种。

【栽培管理】

榆树主要采用播种繁殖，也可用分蘖、扦插法繁殖。移植一般

图 3-16　榆树园林应用

在秋季落叶后至春季萌芽前进行，裸根移植，要尽量多带根，大苗要剪去部分枝。

【整形修剪】

在树体结构形态基本符合要求的基础上，运用短截、疏枝等技术，使树木的整形更加完善。冬春季在榆树发芽前短截主干，约占株高的1/4～1/3，短截主干上超过主干直径1/2的分枝，疏除主干上过密枝。生长季选择健壮直立枝作主干的延长枝，其余枝条摘心，保持主干优势。如此反复修剪4～5年，即可达到成材高度，可停止修剪（见图3-17）。

六、梧桐

【学名】 *Firmiana platanifolia*（*L. f.*）*Marsili*

【科属】 梧桐科、梧桐属

【产地分布】

原产地中国，华北至华南、西南广泛枝培，尤以长江流域为多。

【形态特征】

落叶乔木，树高达15～20m，胸径50cm；树干挺直，光洁，分枝高；树皮绿色或灰绿色，平滑，常不裂。小枝粗壮，绿色，老枝光滑，红褐色。叶大，阔卵形，3～5裂至中部，裂片宽三角形，边缘有数个粗大锯齿。圆锥花序，花单性，无花瓣。蓇葖果，种子

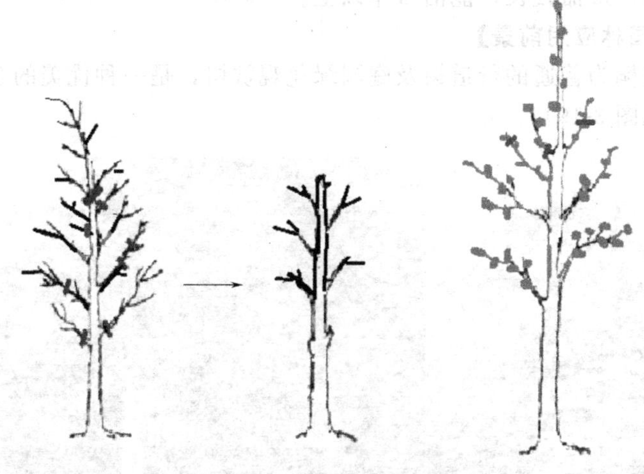

图 3-17 榆树的整形修剪

球形，分为 5 个分果，分果成熟前裂开呈小艇状，种子生在边缘，种子在未成熟期时成球成青色，成熟后橙红色（见图 3-18）。花期 5 月，果期 9～10 月。

图 3-18 梧桐形态特征

【生长习性】

梧桐树喜光，喜温暖湿润气候，耐寒性不强；喜肥沃、湿润、深厚而排水良好的土壤，在酸性、中性及钙质土上均能生长，但不宜在积水洼地或盐碱地栽种，又不耐草荒。积水易烂根，受涝五天即可致死。对多种有毒气体都有较强抗性。怕病毒病，怕大袋蛾，怕强风。寿命较长，能活百年以上。

【园林应用前景】

梧桐为普通的行道树及庭园绿化观赏树，是一种优美的观赏植物（见图 3-19）。

图 3-19　梧桐园林应用

【栽培管理】

常用播种繁殖，扦插，分根也可。栽植容易，管理简单，每年入冬前和早春各施肥一次，灌水根据天气情况而定。

【整形修剪】

1. 主枝培养

大苗定植前，视苗高确定留技层数，通常 2～3 层为宜。这样，不仅外观美，而且光合作用积累的养分多，有利于树体营养生长及根系发育。

第一层主枝生长时间长，通常依该轮枝条先端分枝数量来确定每轮留枝数，原则是第一层主枝分枝多，占有空间大时，一般留两个主枝即可；第一层主技分枝少，占有空间还小，可以留三个主枝。注意各主枝互相错开，不重叠即可。

在整形过程中，要注意主干顶端一层轮生枝的修剪，要确保中心干顶端延长枝的绝对优势，削弱并疏除与其同时生出的一轮分枝。如果枝势过旺而与主干形成竞争状态时，必须及时进行夏剪控制，不能放任不剪，以免造成分叉树形（见图 3-20）。

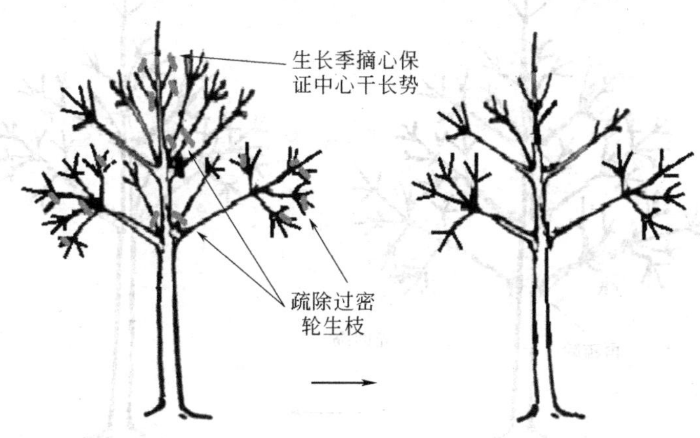

图 3-20 梧桐整形

2. 增加枝下高

随着树体的逐年增高，留枝层数也相应增多，每年可以相应地将最下一层主枝剪除。为了不造成主干上的伤口太大，一定要坚持先回缩，后分期分批疏除，以促进剪口上部主干的旺盛生长，同时也可以逐年增加枝下高度（见图 3-21）。

各层主枝的长度，一定要注意做到自下而上逐个缩短，既自然又美观。待主干长到一定高度时，顶端优势渐弱，过渡到以横向生长为主的阶段，可任其自然分枝。

七、二球悬铃木

【学名】 *Platanus Linn*

【科属】 悬铃木科、悬铃木属

【产地分布】

原产欧洲，印度、小亚细亚亦有分布，现广植于世界各地，中国也广泛栽培。中国东北、华中及华南均有引种。

【形态特征】

别名英国梧桐、槭叶悬铃木，落叶大乔木，高 30 余米，树皮薄片状不规则剥落，皮内淡绿白色，平滑；嫩枝叶密，被褐黄色星状毛。叶大如掌，3～5 裂，中裂片长宽近相等，叶缘有不规则大

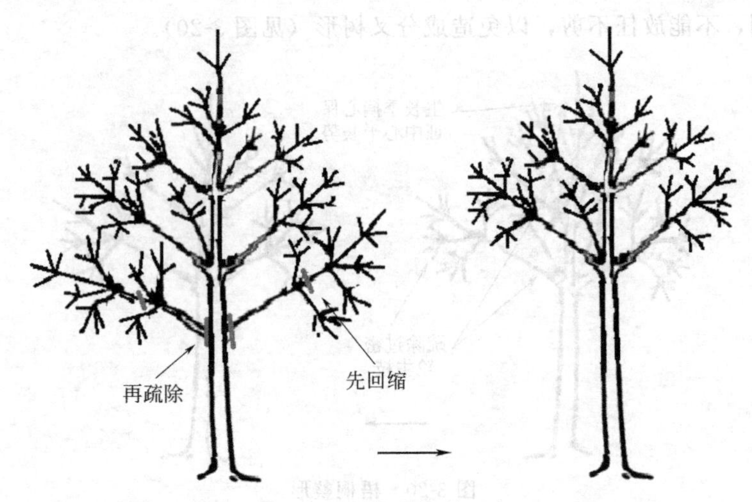

图 3-21　梧桐增加枝下高

尖齿。雌雄同株，头状花序，果球形，常 2 个生于 1 个果柄上（见图 3-22）。花期4～5 月；果熟 9～10 月。

图 3-22　二球悬铃木形态特征

【生长习性】

喜光，喜湿润温暖气候，较耐寒，不耐阴。适生于微酸性或中性、排水良好的土壤，微碱性土壤虽能生长，但易发生黄化。抗空气污染能力较强，叶片具吸收有毒气体和滞积灰尘的作用。

【园林应用前景】

二球悬铃木是世界著名的城市绿化树种、优良庭荫树和行道树，有“行道树之王”之称，以其生长迅速、株型美观、适应性较强等特点广泛分布于全球的各个城市（见图 3-23）。

图 3-23　二球悬铃木园林应用

【栽培管理】

悬铃木常用扦插和播种两种形式育苗。栽植时选择微酸性或中性、排水良好的土壤，微碱性土壤虽能生长，但易发生黄化。悬铃木栽植成活率高，移植宜在秋季落叶后至春季萌芽前进行，可裸根移植。根系浅，不耐积水，注意栽植地的地下水位高低。

【整形修剪】

为缩短整形过程，一般在苗圃中就开始整形工作。对于扦插繁殖成活后生长期注意抹芽处理，选留 1 个健壮的芽生长；在定干前苗木连续几年要控制侧枝生长，防止主干分叉，保证主干通直。

悬铃木作行道树时常用杯状树形，整形修剪过程参见第二章第四节。悬铃木作庭荫树常用自然形，整形修剪过程见图 3-24，当苗木达一定高度后定干，在主干上选 3～4 个主枝，注意控制枝下高，主枝短截在饱满芽处，剪口下留外芽；定干后第二年在每主枝上再选 2 个侧枝短截在饱满芽处，以后任其自然生长，树体冠幅均成大树形态。

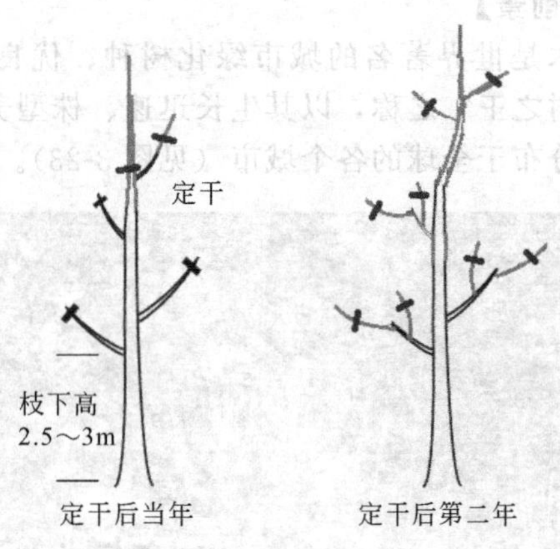

图 3-24 主干形树冠培养

八、银杏

【学名】 *Ginkgo biloba*

【科属】 银杏科、银杏属

【产地分布】

银杏的栽培区甚广，北自东北沈阳，南达广州，东起华东海拔40～1000m 地带，西南至贵州、云南西部（腾冲）海拔 2000m 以下地带均有栽培。

【形态特征】

落叶乔木，高达 40m，胸径可达 4m。叶扇形，有长柄，淡绿色，在短枝上常具波状缺刻，在长枝上常 2 裂，幼树及萌生枝上的叶常深裂。叶在一年生长枝上螺旋状散生，在短枝上 3～8 叶呈簇生状，秋季落叶前变为黄色。花雌雄异株，稀同株。种子具长梗，下垂，常为椭圆形、长倒卵形、卵圆形或近圆球形（见图 3-25）。花期 4 月，果期 10 月。

【生长习性】

银杏为阳性树，喜适当湿润而排水良好的深厚壤土，适于生长在水热条件比较优越的亚热带季风区。在酸性土、石灰性土中均可生长良好，而以中性或微酸土最适宜，不耐积水之地，较能耐旱，单在过于干燥处及多石山坡或低湿之地生长不良。

图 3-25 银杏形态特征

【园林应用前景】

由于银杏秋树体高大，秋季落叶前变为黄色，常作为行道树，或庭院孤植观赏（见图 3-26）。

图 3-26 银杏在园林中的应用

【栽培管理】

银杏可用播种、扦插、嫁接、分株法育苗。银杏喜光、寿命长，应选择土层厚、土壤湿润肥沃、排水良好的中性或微酸性土为好。银杏可裸根栽植，6cm 以上的大苗要带土球栽植。以秋季带叶栽植及春季发叶前栽植为主，秋栽比春栽好。秋季栽植在 10～11 月进行，可使苗木根系有较长的恢复期，为第二年春地上部发芽做好准备。

银杏无需经常灌水，一般土壤结冻前灌水1次，5月和8月是银杏的旺盛生长期，天气干旱可各灌水1次。银杏苗圃地春季在两行间亩施有机肥2500～5000kg，大苗可采用沟施，施后旋耕。有机肥施的量少，8月可追肥1次。

【整形修剪】

银杏因主干发达，顶端优势强，放任生长，易形成自然圆锥形树形，作行道树注意疏除主干基本枝条，控制枝下高（见图3-27）。

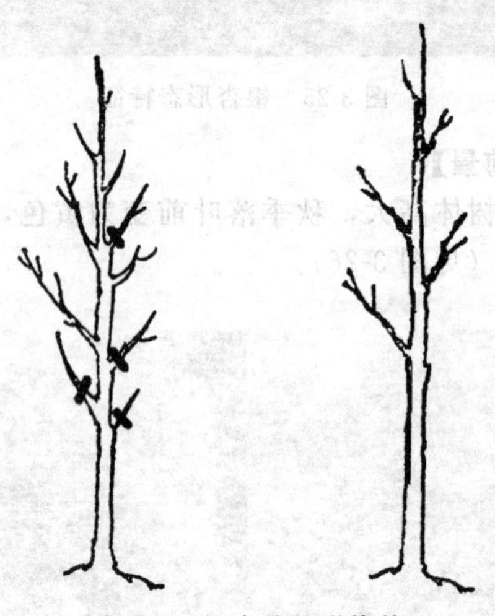

图3-27 银杏的整形修剪

九、泡桐

【学名】*Paulownia tomentosa*

【科属】玄参科、泡桐属

【产地分布】

泡桐属均产我国，除东北北部、内蒙古、新疆北部、西藏等地区外全国均有分布。

【形态特征】

落叶乔木，但在热带为常绿。树冠圆锥形、伞形或近圆柱形，幼时树皮平滑而具显著皮孔，老时纵裂；通常假二歧分枝，枝对生，常无顶芽；除老枝外全体均被毛。叶对生，大而有长柄，生长旺盛的新枝上有时3枚轮生，心脏形至长卵状心脏形，全缘、波状或3～5浅裂。花朵成小聚伞花序，花冠大，紫色或白色，花冠漏斗状钟形至管状漏斗形。蒴果卵圆形、卵状椭圆形、椭圆形或长圆形（见图3-28）。花期4～5月，果期10月左右。

图3-28 泡桐形态特征

【生长习性】

泡桐是阳性树种，最适宜生长于排水良好、土层深厚、通气性好的沙壤土或砂砾土，它喜土壤湿润肥沃，以pH 6～8为好，对镁、钙、锶等元素有选择吸收的倾向，因此要多施氮肥，增施镁、钙、磷肥。适应性较强，能耐－25～－20℃的低温，但忌积水。

【园林应用前景】

泡桐树态优美，花色绚丽，叶片分泌液能净化空气，常用于城市绿地、道路、工矿区等绿化，既供观赏，又可改善生态环境（见图3-29）。

【栽培管理】

泡桐繁殖容易，常用播种法和根插法繁殖。春秋两季均可移植，但以春季为好。苗木可裸根移植，定植后应裹干或树干刷白以防日灼。泡桐管理粗放，但喜土壤湿润肥沃，多施氮肥，增施镁、钙、磷肥有利于生长。泡桐适应性较强，在较瘠薄的低山、丘陵或平原地区也均能生长，但忌积水。

【整形修剪】

泡桐枝对生，枝常无顶芽，难保持主干通直生长，泡桐整形修剪常用的方法有抹芽法、平茬法、目伤接干法三种。

图 3-29 泡桐园林应用

1. 抹芽法

春季新栽植苗木发芽后，在树干主干顶端选留一个健壮侧芽作为主干延长枝，抹除其对生芽，同时将其上部剪去。此法适用于大苗、壮苗和立地条件好的情况（图 3-30）。

2. 平茬法

在苗木定植后，将主干齐地剪去，注意剪口要平整，用土将剪口埋住。到第二年春天，当枝条长度达到 10～15cm 时，选择生长健壮，方向好的作为主干培养，其余的全部剪掉。第二年冬，泡桐的根系已经强大，如上年一样进行第二次平茬即可。此法通常用于大苗栽植后受到损伤或苗木生长不良时（见图 3-31）。

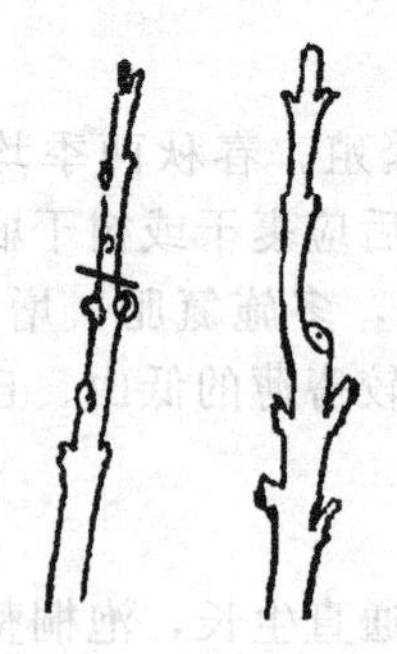

图 3-30 抹芽法

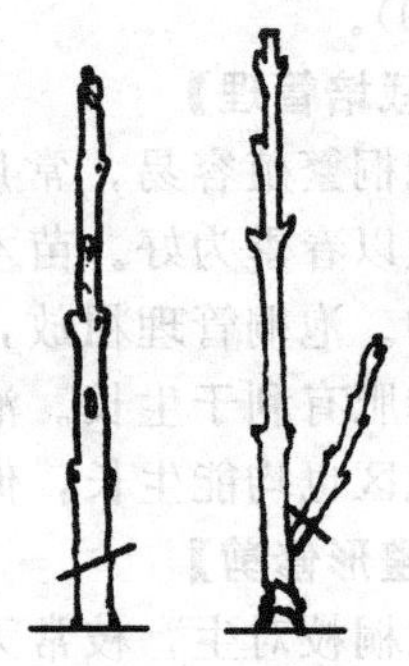

图 3-31 平茬法

3. 目伤接干法

选择定植 3～4 年的幼树，春季发芽前半个月，在树干最上部的侧枝上选择合适芽眼（将来萌发枝条可以作主干），在芽眼上方 2～3cm 处目伤，用刀横开两条宽 0.8～1cm，长为枝条周长 1/3 的深达木质部的长方形伤口，并且剥掉伤口的皮层，露出木质部。同时，短截目伤芽前方第一对枝，疏剪目伤芽后方的直立枝。待接干芽萌发后，选择与主干通直的作为主干延长枝，其他的全部抹除（图 3-32）。此方法通常运用于初期放任生长，侧枝上直立枝与主干相距较远，不能接干。

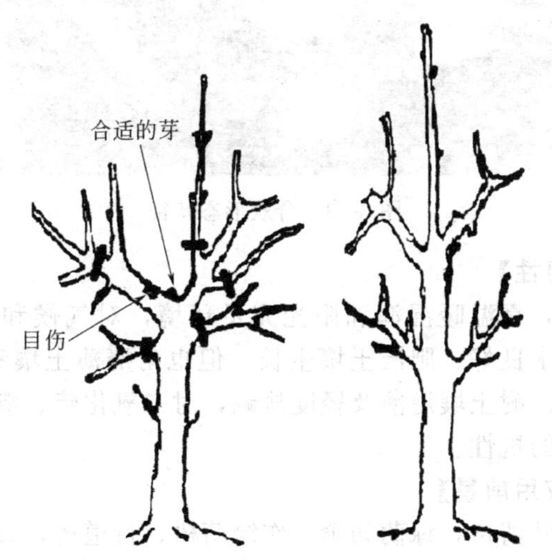

图 3-32 目伤接干法（右为修剪后）

十、合欢

【学名】*Albizia julibrissin Durazz.*

【科属】豆科、合欢属

【产地分布】

产于我国黄河流域及以南各地。分布于华东、华南、西南以及辽宁、河北、河南、陕西等省。

【形态特征】

别名绒花树、夜合花。落叶乔木，高可达 16m，树冠开展；

二回羽状复叶，羽片4～12对，栽培的有时达20对；小叶10～30对。花序头状，多数伞房状排列，腋生或顶生；花冠漏斗状，5裂，淡红色；雄蕊多数而细长，雄蕊花丝犹如缕状，基部连合，半白半红，形似绒球，清香袭人（见图3-33）；荚果扁平带状，长9～15cm。花期6～7月，果期9～11月。

图3-33 合欢形态特征

【生长习性】

性喜光，喜温暖湿润和阳光充足环境，对气候和土壤适应性强，宜在排水良好、肥沃土壤生长，但也耐瘠薄土壤和干旱气候，但不耐水涝。耐土壤瘠薄及轻度盐碱，对二氧化硫、氯化氢等有害气体有较强的抗性。

【园林应用前景】

合欢花叶清奇，绿荫如伞，作绿荫树、行道树，或栽植于庭园水池畔等。在城市绿化中孤植或群植于小区、庭院、路边、建筑物前（见图3-34）。

【栽培管理】

合欢常采用播种繁殖。小苗可在萌芽之前裸根移栽，大苗宜在春季萌芽前和秋落叶之后带足土球移栽。栽植后要及时浇水、设立支架，以防风吹倒伏。每年的秋末冬初时节施入基肥，促使来年生长繁茂，着花更盛；生长季可适当追施复合肥。合欢幼树怕积水，雨季注意排水。

【整形修剪】

合欢萌芽力弱，不耐修剪。园林中的合欢，无论是道旁树，还

图 3-34　合欢园林应用

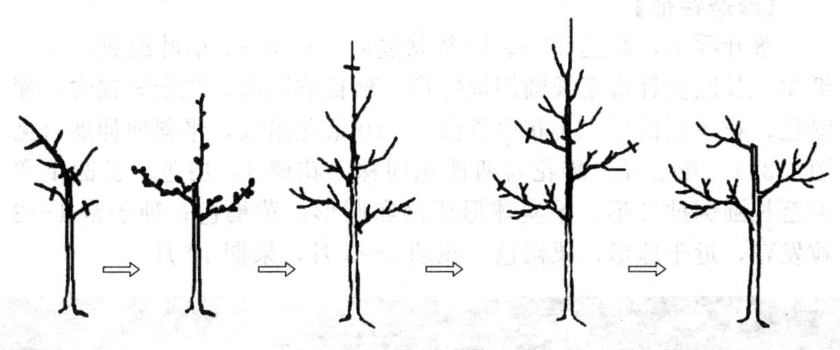

图 3-35　合欢整形步骤

是作为孤植、群植，宜采用自然开心形。整形步骤如下（图 3-35）。

1. 第一年

冬季将幼苗短截先端至壮芽处。剪口下如有 1 年生小枝，必须疏剪。主干中下部的侧枝，均要短截先端。翌年春天，当剪口下萌发的侧枝长到 20cm 左右时，选择一个生长健壮的作为主干延长枝，其他的枝条均要摘心，削弱其生长势。

2. 第二年和第三年冬剪

继续短截主干延长枝，适当疏除中下部的辅养枝，主干上方相应留下几个辅养枝。

3. 第四年冬剪

当主干高达 2m 以上时根据具体情况定干。在主干一定高度处选择3个健壮、生长方向适宜的枝条，作为自然开心形的主枝，剪去其余枝条和多余主干。第五年主要对这3个主枝进行短截，促发生长侧枝。

十一、七叶树

【学名】 *Aesculus chinensis*

【科属】 七叶树科、七叶树属

【产地分布】

中国黄河流域及东部各省均有栽培，仅秦岭有野生；自然分布在海拔700m以下之山地。

【形态特征】

落叶乔木，高达25m。叶掌状复叶，由5～7小叶组成，小叶纸质，长圆披针形至长圆倒披针形，稀长椭圆形，先端短锐尖，深绿色。花序圆筒形，小花序常由5～10朵花组成，平斜向伸展（见图3-36）。花杂性，雄花与两性花同株，花瓣4，白色，长圆倒卵形至长圆倒披针形。果实球形或倒卵圆形，黄褐色；种子常1～2粒发育，近于球形，栗褐色。花期4～5月，果期10月。

图3-36　七叶树形态特征

【生长习性】

喜光，稍耐阴；喜温暖气候，也能耐寒；喜深厚、肥沃、湿润而排水良好之土壤。深根性，萌芽力强；生长速度中等偏慢，寿命长。七叶树在炎热的夏季叶子易遭日灼。七叶树属植物多具毒性，我国约两种有毒。它们的枝、叶和种子均易引起人和牲畜的中毒以致死亡，尤其是嫩叶和坚果毒性较大。中毒后主要出现胃肠道和中枢神经系统症状，如呕吐、精神错乱和运动失调等。

【园林应用前景】

七叶树树形优美、花大秀丽、果形奇特，是观叶、观花、观果不可多得的树种，为世界著名的观赏树种之一。树干耸直，冠大阴浓，是优良的行道树和园林观赏植物，可作人行步道、公园、广场绿化树种，既可孤植也可群植，或与常绿树和阔叶树混种（见图 3-37）。

图 3-37 七叶树观赏效果

【栽培管理】

七叶树以播种繁殖为主。七叶树移植时间一般为冬季落叶后至翌年春季发芽前进行。移植时均应带土球。

七叶树一年中施肥不能少于两次，即速生期、林木生长封顶期。速生期施肥主要以氮肥为主，在林木封顶期主要以有机肥为主。七叶树一年中需灌水至少三次，萌芽期、速生期、封顶期各灌一次，天旱可增加灌水次数。七叶树地不能积水，有水要及时排出，林内应修好排水沟，雨季注意搞好排涝工作。

【整形修剪】

七叶树在生长过程中一般不需要整形修剪，必要时才进行。整形修剪的目的是使枝条分布均匀，生长健壮。主要对枝条进行短剪，刺激形成完美的树冠；还要将枯枝、内膛枝、纤细枝、病虫枝及生长不良枝剪除，有利于养分集中供应，形成良好树冠（见图 3-38）。

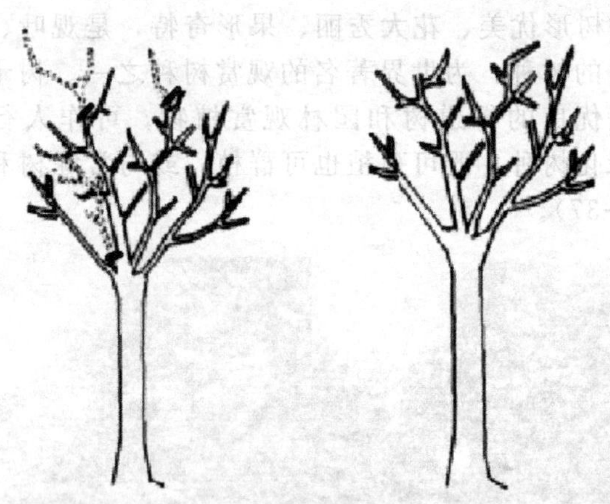

图 3-38　七叶树整形修剪（右为修剪后）

十二、鸡爪槭

【学名】 *Acer palmatum Thunb*

【科属】 槭树科，槭属

【产地分布】

产山东、河南南部、江苏、浙江、安徽、江西、湖北、湖南、贵州等省。分布于北纬 30～40 度。鸡爪槭在各国早已引种栽培，变种和变型很多，其中有红槭和羽毛槭。

【形态特征】

落叶小乔木。树皮深灰色。小枝细瘦；当年生枝紫色或淡紫绿色；多年生枝淡灰紫色或深紫色。叶纸质，5～9 掌状分裂，通常 7 裂，裂片长圆卵形或披针形，先端锐尖或长锐尖，边缘具紧贴的尖锐锯齿；上面深绿色，下面淡绿色（见图 3-39）。花紫色，杂性，雄花与两性花同株，生于无毛的伞房花序，叶发出以后才开花；花瓣 5，椭圆形或倒卵形，先端钝圆。翅果嫩时紫红色，成熟时淡棕黄色；小坚果球形。花期 5 月，果期 9 月。

图 3-39 鸡爪槭形态特征

【生长习性】

喜疏荫的环境，夏日怕日光曝晒，抗寒性强，能忍受较干旱的气候条件。多生于阴坡湿润山谷，耐酸碱，较耐燥，不耐水涝，凡西晒及潮风所到地方，生长不良。适应于湿润和富含腐殖质的土壤。

【园林应用前景】

常植于山麓、池畔、园门两侧、建筑物角隅装点风景；还可植于花坛中作主景树，是园林中名贵的观赏乡土树种（见图 3-40）。

图 3-40 鸡爪槭园林应用

【栽培管理】

用种子繁殖和嫁接繁殖。一般原种用播种法繁殖，而园艺变种常用嫁接法繁殖。苗木移植需选较为庇荫、湿润而肥沃之地，在秋冬落叶后或春季萌芽前进行。小苗可裸根移植，移植大苗时必须带宿土。其秋叶红者，夏季要予以充分光照，并施肥浇水，入秋后以干燥为宜。如肥料不足，秋季经霜后，追施1～2次氮肥，并适当修剪整形，可促使萌发新叶。

【整形修剪】

鸡爪槭树形以中干自然式圆球形为主。在苗木长到1.2～1.5m高时，在1.0～1.2m处定干。冬季主干上枝条留30cm短截，同时疏除直立枝、交叉枝、病虫枝等。第二年春季疏除基部萌蘖，新梢半木质化时留30cm摘心，疏除树冠内过密新梢，保持树冠丰满、紧凑、均匀（见图3-41）。

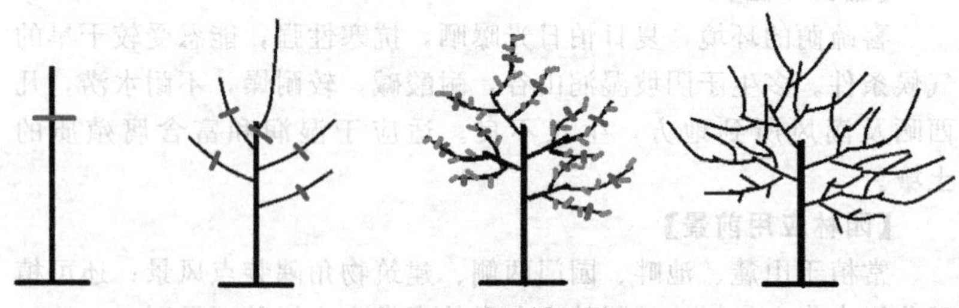

图3-41 鸡爪槭整形

十三、复叶槭

【学名】 *Acer negundo L*

【科属】 槭树科、槭属

【产地分布】

我国华北、东北、西北、江浙、华南地区均可种植。

【形态特征】

落叶乔木，最高达20m。树皮黄褐色或灰褐色。小枝圆柱形，当年生枝绿色，多年生枝黄褐色。羽状复叶，有3～7（稀9）枚小叶；小叶纸质，卵形或椭圆状披针形，边缘常有3～5个粗锯齿，稀全缘。雄花的花序聚伞状，雌花的花序总状，均由无叶的小枝旁边生出，常下垂，花小，黄绿色，开于叶前，雌雄异株，无花瓣及花盘。小坚果凸起，近于长圆形或长圆卵形。花期4～5月，果期9月。

有金叶复叶槭、粉叶复叶槭、花叶复叶槭三个变种。金叶复叶槭落叶乔木，属速生树种，叶春季金黄色；粉叶复叶槭和花叶复叶槭是落叶灌木，幼叶是柔和的粉色，花叶复叶槭幼叶呈黄、白粉、红粉色，两种成熟叶呈现黄白色与绿色相的斑驳状（见图 3-42）。

图 3-42 复叶槭形态特征

【生长习性】

生长强健，适生范围广，喜光，耐寒，耐旱，生长能力强，当然以肥沃，水性良好的土壤为最佳。

【园林应用前景】

常与花叶复叶槭和粉叶复叶槭，结合应用，美化环境。孤植、群植、作造型树均可，广泛用于庭院、公园、休闲场所（见图 3-43）。

图 3-43 复叶槭观赏效果

【栽培管理】

主要用种子繁殖，扦插也可，变种常用嫁接法繁殖。小苗可用裸根移栽，大苗或大树移栽要带土球。金叶复叶槭生长速度极快，因此栽植穴要大，底肥要足，保证水肥供应能满足其生长。每年春季芽萌动前和秋季要各浇一次返青水和冻水，平时如不过于干旱则不用浇水。雨季要做好排涝工作。基肥可在每年落叶后和春季萌芽前施入，以腐熟的有机肥为主。初夏可施用一次磷钾肥，每周喷施1～2次叶面肥效果更佳。

【整形修剪生长习性】

1. 整形

复叶槭枝条对生，主枝培养要在生长季去掉一个对生枝，使主枝错落生长（见图 3-44）。金叶复叶槭直立性强，容易形成“大头”现象，造成枝干弯曲，因此，栽植每株插入一根竹竿，将苗木绑缚在竹竿上。应及早进行定干，以形成良好的冠形（见图 3-45）。

图 3-44　主枝的培养

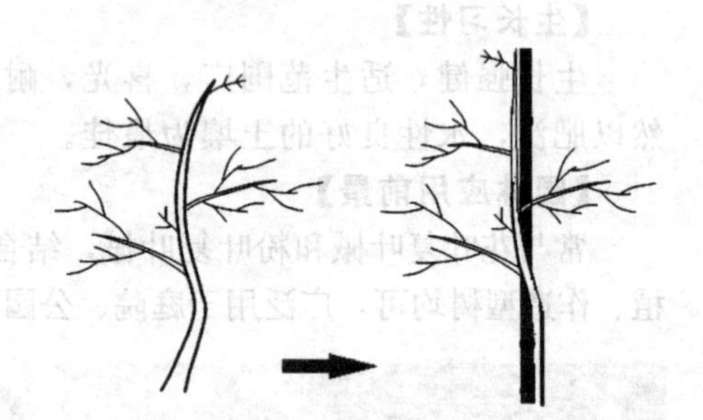
图 3-45　设立竹竿纠正弯曲主干

2. 修剪

复叶槭整形修剪的时期为 12 月到来年 2 月萌芽前和 5～6 月两个时期。幼树易生徒长枝条，要从基部疏除，复叶槭忌刃器，细枝可用手折断。成年树粗枝的剪口不易愈合，遇雨容易腐烂，应避免对粗枝的重剪。

十四、流苏树

【学名】 *Chionanthus retusus*

【科属】 木犀科、流苏树属

【产地分布】

甘肃、陕西、山西、河北、河南、云南、四川、广东、福建、台湾各地有栽培。

【形态特征】

别名流疏树、茶叶树、四月雪等。落叶乔木或灌木，高可达20m。小枝灰褐色或黑灰色，圆柱形，开展，幼枝淡黄色或褐色。叶片革质或薄革质，长圆形、椭圆形或圆形，有时卵形或倒卵形至倒卵状披针形，全缘或有小锯齿，叶缘稍反卷。聚伞状圆锥花序，顶生于枝端，单性而雌雄异株或为两性花；花冠白色，4深裂（见图3-46）。果椭圆形，被白粉，呈蓝黑色或黑色。花期3～6月，果期6～11月。

图3-46　流苏树形态特征

【生长习性】

喜光，也较耐阴。喜温暖气候，也颇耐寒。喜中性及微酸性土壤，耐干旱瘠薄，不耐水涝。

【园林应用前景】

流苏树适应性强，寿命长，成年树植株高大优美、枝叶繁茂，花期如雪压树，且花形纤细，秀丽可爱，气味芳香，是优良的园林观赏树种，不论点缀、群植、列植均具很好的观赏效果。既可于草坪中丛植；也适宜于路旁、林缘、水畔、建筑物周围散植（见图3-47）。

【栽培管理】

流苏树的繁殖可采取播种、扦插和嫁接等方法，播种繁殖和扦插繁殖简便易行，且一次可获得大量种苗，故最为常用。苗木移栽

图 3-47 流苏树园林应用

宜在春、秋两季进行，小苗与中等苗需带宿土移栽，大苗带土球。

栽植时施足底肥，栽植的头三年，要加强水肥管理。流苏树喜湿润环境，栽植后应马上浇透水，五天后浇第二次透水，再过五天浇第三次透水，此后每月浇一次透水。雨季可不浇水或少浇水，大雨后还应及时将积水排除。秋末要浇好防冻水。翌年三月初及时浇返青水。

【整形修剪】

流苏树在园林应用中，常见的有单干乔木形、多干乔木形和丛生灌木形，单干乔木形和丛生灌木形整形参见第二章第四节。

多干乔木形培养要在苗圃阶段选留 3～4 个长势健壮大枝作为主干培养，以后在主干上选留角度好，长势均衡的分枝作为主枝培养，选留主枝时注意主枝方向，要各占一方。此后的修剪要选角度较大的上部枝条作延长枝，并对其进行中短截（见图 3-48）。

十五、西府海棠

【学名】 *Malus micromalus*

【科属】 蔷薇科、苹果属

【产地分布】

分布在中国云南、甘肃、陕西、山东、山西、河北、辽宁等地，目前许多地区已人工引种栽培。

【形态特征】

别名小果海棠，栽培品种有河北的“八棱海棠”、云南的“海棠”等。落叶乔木，高可达 8m；叶片椭圆形至长椭圆形，先端渐

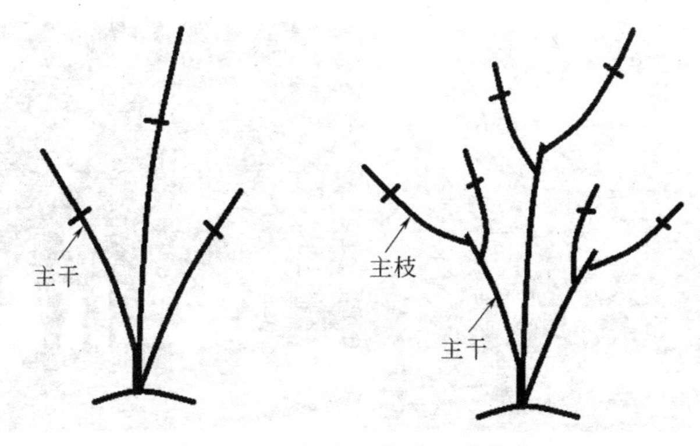

图 3-48 多干流苏树整形修剪

尖或圆钝，边缘有紧贴的细锯齿。花序近伞形，具花 5～8 朵；花瓣白色，初开放时粉红色至红色；果实近球形，黄色，萼裂片宿存（见图 3-49）。花期 4～5 月，果期 9 月。

图 3-49 西府海棠形态特征

【生长习性】

喜光，耐寒，忌水涝，忌空气过湿，较耐干旱，对土质和水分要求不高，最适生于肥沃、疏松又排水良好的沙质壤土。

【园林应用前景】

花色艳丽，一般多栽培于庭园供绿化用，不论孤植、列植、丛植均极为美观。新式庭园中，以浓绿针叶树为背景，植海棠于前列，则其色彩尤觉夺目，若列植为花篱，鲜花怒放，蔚为壮观（见图 3-50）。

图 3-50 西府海棠园林应用

【栽培管理】

海棠通常以嫁接或分株繁殖，亦可用播种、压条及根插等方法繁殖。海棠栽植时期以早春萌芽前或初冬落叶后为宜。一般大苗要带土球移植，小苗可裸根栽植。栽植前施足基肥，栽后浇透水。定植后幼树期保持土壤疏松湿润，适当灌溉。成活后每年秋施基肥，生长季追肥 3～4 次即可。每次土壤施肥后结合灌水。

【整形修剪】

西府海棠一般采用自然开心形，整形步骤参加第二章第四节，有时西府海棠也利用基部分枝形成丛状形，整形过程见图 3-51。

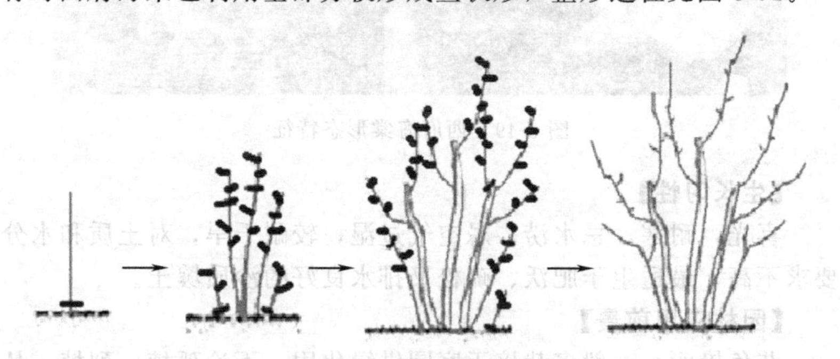

图 3-51 丛状形整形过程

西府海棠修剪分为冬剪和夏剪两个时期。冬剪主要是维持适宜的株形，对于徒长枝可疏除，有空间的可留基部 2～3 个芽重剪。

夏剪主要是疏除交叉枝、下垂枝、过密枝等，改善光照条件，对长新梢可以摘心或剪梢，控制生长。

十六、玉兰

【学名】 *Magnolia denudata Desr*

【科属】 木兰科、木兰属

【产地分布】

原产于长江流域，庐山、黄山、峨眉山等处有野生。现北京及黄河流域以南都有栽培。

【形态特征】

别名白玉兰，落叶乔木，高达 25m，胸径 1m，树冠宽阔；树皮深灰色，粗糙开裂；小枝梢粗壮，灰褐色；冬芽及花梗密被淡灰黄色长绢毛。叶纸质，倒卵形、宽倒卵形或倒卵状椭圆形。花蕾卵圆形，花先叶开放，直立，芳香；花梗显著膨大，密被淡黄色长绢毛；花被片 9 片，白色，基部常带粉红色（见图 3-52）。花期 2～3 月（亦常于 7～9 月再开一次花），果期 8～9 月。

图 3-52　玉兰形态特征

【生长习性】

玉兰性喜光，较耐寒，北京以南可露地越冬。爱干燥，忌低湿，栽植地渍水易烂根。喜肥沃、排水良好而带微酸性的砂质土壤，在弱碱性的土壤上亦可生长。在气温较高的南方，12 月至翌年 1 月即可开花。玉兰花对有害气体的抗性较强，对二氧化硫和氯气具有一定的抗性和吸硫的能力，因此，玉兰是大气污染地区很好的防污染绿化树种。

【园林应用前景】

古时多在亭、台、楼、阁前栽植。现多见于园林、厂矿中孤植，散植，或于道路两侧作行道树（见图 3-53）。

图 3-53　玉兰园林应用

【栽培管理】

玉兰常用播种法繁殖。玉兰不耐移植，一般在萌芽前 10～15 天或花刚谢而未展叶时移栽较为理想。玉兰既不耐涝也不耐旱，新种植的玉兰应该保持土壤湿润。

玉兰喜光，幼树较耐阴，不耐强光和西晒，可种植在侧方挡光的环境下，种植于大树下或背阴处则生长不良。玉兰较耐寒，能耐－20℃的短暂低温，但不宜种植在风口处，否则易发生抽条，在北京地区背风向阳处无需缠干等措施就可以在露地安全越冬。

玉兰喜肥、喜湿润，早春的返青水，初冬的防冻水是必不可缺的；在生长季节，可每月浇一次水，雨季应停止浇水，在雨后要及时排水。玉兰除在栽植时施用基肥外，每年施肥 4 次，即花前施用一次氮、磷、钾复合肥；花后要施用一次氮肥；在 7、8 月施用一次磷、钾复合肥；入冬前结合浇冬水再施用一次腐熟发酵的圈肥。

【整形修剪】

1. 幼树的整形修剪

玉兰幼树期不需要特殊的整形，为促进幼树生长，注意以下两点即可。

① 每年冬季修剪时，对主干先端附近的侧芽于早春抹除；或者对先端竞争枝在夏季进行控制修剪，以削弱其生长势。

② 主干上的枝条可适当多留，作为主枝培养。轻截枝条前端，剪口留外芽，使枝条向外扩展。

2. 成年树的整形修剪

园林中应用的玉兰幼时采用自然圆锥形，成年后改为自然圆头形。定植后的玉兰，干高一般不宜小于整个树体高度的 1/3。修剪期应选在开花后及大量萌芽前，对于树冠内过密的弱小枝，可以适当疏剪，同时清除各种病枯枝、重叠枝与徒长枝（图 3-54）。平时应随时去除根蘖，短于 15cm 的中等枝和短枝一般不剪，一年生长枝剪留 12～15cm（促进中、短枝条发生，增加花量）。由于玉兰的枝干愈合能力较差，除非十分必要，冬季多不进行修剪。

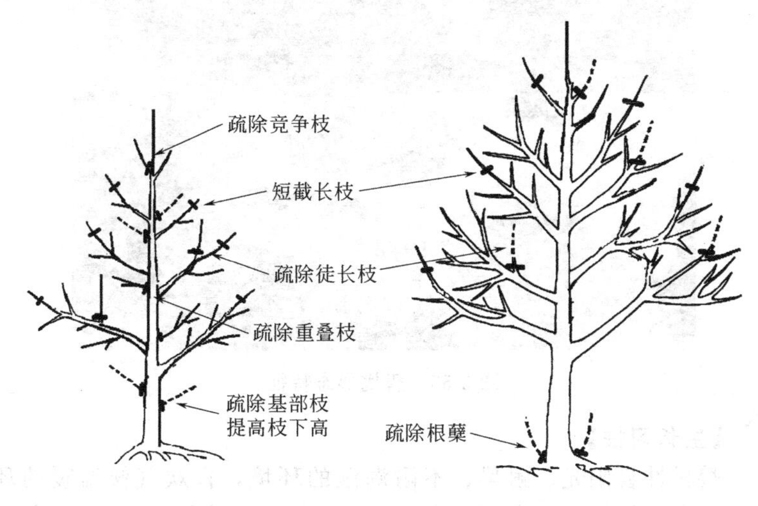

图 3-54 玉兰整形修剪

十七、碧桃

【学名】 *Amygdalus persica var. persica f. duplex*

【科属】 蔷薇科、桃属

【产地分布】

主要分布江苏、山东、浙江、安徽、浙江、上海、河南、河北等地。

【形态特征】

别名千叶桃花，是桃的变种。落叶小乔木，高3～8m；树冠宽广而平展；芽2～3个簇生，多中间为叶芽，两侧为花芽。叶片长圆披针形、椭圆披针形或倒卵状披针形，叶色多绿色，少有紫红色品种。花单生，先于叶开放；花多种类型，多重瓣，色彩鲜艳丰富，有红色、粉色、红白双色等（见图3-55）。花期3～4月，果实成熟期因品种而异，通常为8～9月。

图3-55 碧桃形态特征

【生长习性】

碧桃性喜阳光、耐旱、不耐潮湿的环境，喜欢气候温暖的环境，耐寒性较好。要求土壤肥沃、排水良好。不喜欢积水，如栽植在积水低洼的地方，容易出现死苗。

【园林应用前景】

碧桃的园林绿化用途广泛，绿化效果突出。可列植、片植、孤植，当年既有特别好的绿化效果体现。碧桃常和紫叶李，紫叶矮樱等苗木一起使用，作庭院绿化点缀（见图 3-56）。

图 3-56　碧桃园林应用

【栽培管理】

碧桃用嫁接法繁殖，砧木用山毛桃。一般裸根栽植。碧桃喜干燥向阳的环境，故栽植时要选择地势较高且无遮阴的地点，不宜栽植于沟边及池塘边，也不宜栽植于树冠较大的乔木旁。

碧桃耐旱，怕水湿，一般除早春及秋末各浇一次开冻水及封冻水外其他季节不用浇水。但在夏季高温天气，如遇连续干旱，适当的浇水是非常必要的。雨天还应做好排水工作，以防水大烂根导致植株死亡。

碧桃喜肥，但不宜过多，可用腐熟发酵的牛马粪作基肥，每年入冬前施一些芝麻酱渣，6～7 月如施用 1～2 次速效磷、钾肥，可促进花芽分化。

【整形修剪】

1. 幼树整形修剪

碧桃干性弱，树形开张，园林中一般采取杯状形或自然开心形，整形步骤参见第二章第四节。

2. 成年树修剪

成年碧桃要不断短截、回缩修剪，控制均衡各级枝的长势，通过疏剪使其分布合理，保持健壮圆满树形；要及时疏除交叉枝、细弱枝、病枯枝、伤残枝及不必要的徒长枝（见图 3-57）。冬季要短截花枝，一般长花枝（长 30～50cm）剪留 8～12 节，中花枝（长 10～30cm）剪留 5～6 节（见图 3-58）。垂枝碧桃主干上主枝间距要大些，对一年生枝适度短截，增加枝量（见图 3-59）。

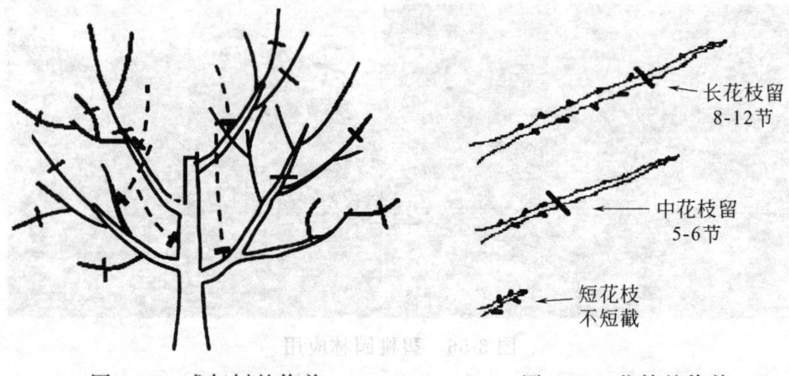

图 3-57　成年树的修剪　　图 3-58　花枝的修剪

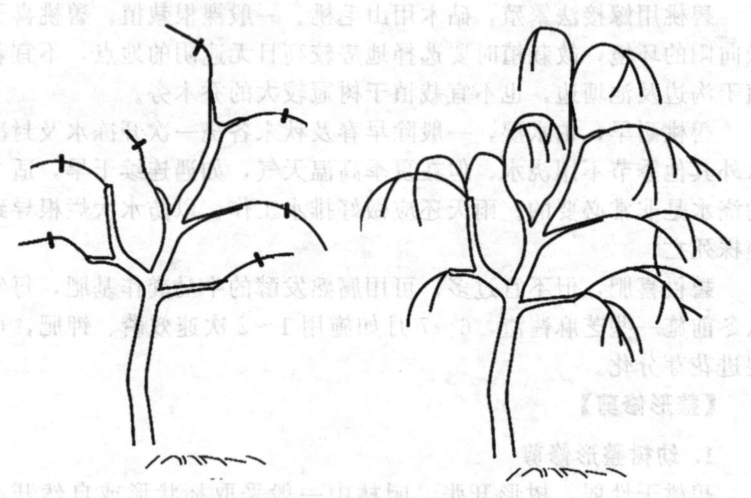

图 3-59　垂枝碧桃整形修剪

十八、梅花

【学名】*Armeniaca mume Sieb*

【科属】 蔷薇科、杏属

【产地分布】

长江流域以南各省最多，江苏和河南也有少数品种，某些品种已在华北引种成功。

【形态特征】

落叶小乔木，稀灌木，高可达10m，小枝绿色。叶片卵形或椭圆形，先端尾尖，基部宽楔形至圆形，叶边常具小锐锯齿，灰绿色。花单生或有时2朵同生于1芽内，香味浓，先于叶开放；花瓣倒卵形，多为白色、粉色、红色、紫色、浅绿色（见图3-60）。果实近球形。花期冬春季，果期5～6月（在华北果期延至7～8月）。

图3-60 梅花形态特征

【生长习性】

对土壤要求不严，喜湿怕涝，较耐瘠薄。阳性树种，喜阳光充足，通风良好。

【园林应用前景】

梅花最宜植于庭院、草坪、低山丘陵，可孤植、丛植、群植。又可盆栽观赏或加以整剪做成各式桩景（见图3-61和图3-62）。

【栽培管理】

梅常用嫁接法繁殖，压条、扦插繁殖也可。栽植在南方可地栽，在黄河流域耐寒品种也可地栽，但在北方寒冷地区则应盆栽室内越冬。在落叶后至春季萌芽前均可带土球栽植。

栽植前施好基肥，同时掺入少量磷酸二氢钾，花前再施1次磷酸二氢钾，花施1次腐熟的饼肥，补充营养。6月还可施1次复合

图 3-61　梅花园林应用（一）

图 3-62　梅花园林应用（二）

肥，以促进花芽分化。秋季落叶后，施 1 次有机肥，如腐熟的粪肥等。既不能积水，也不能过湿过干，浇水掌握见干见湿的原则。一般天阴、温度低时少浇水，否则多浇水。

【整形修剪】

1. 整形

梅花低矮的株形便于观赏，常用自然开心形、不规则形（图 3-63）和垂枝形（图 3-64）。自然开心形整形步骤参见第二章第四节。

2. 修剪

梅花萌芽力强，耐重修剪，花芽于 7～8 月分化，短枝会大量

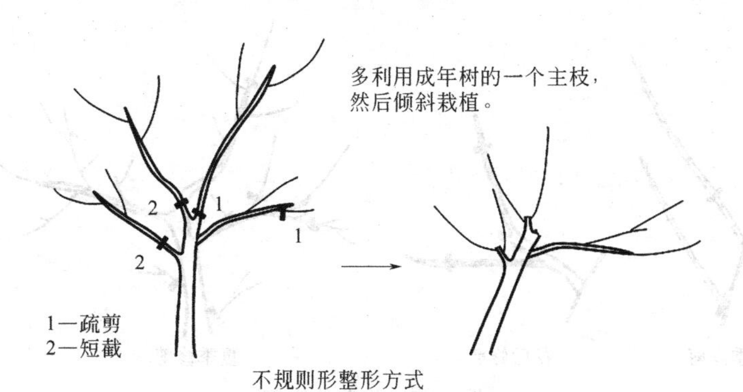

图 3-63 梅花不规则形的整形

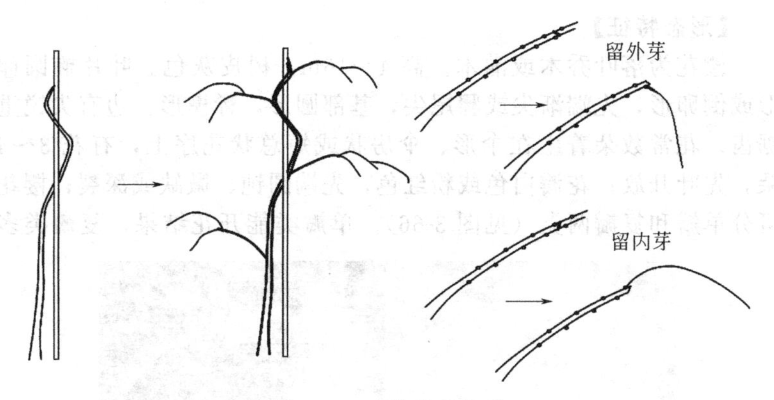

图 3-64 垂枝梅的整形

着生花芽。修剪时期一般为现蕾前的冬季、花后及新梢生长的夏季，分 3 次进行。冬季修剪主要是整形和疏剪掉过长、过密枝。花后修剪主要是短剪枝条的 1/3，促进来年花枝的生长（图 3-65）。夏剪目的是去除徒长枝、逆向枝和弱枝。

十九、樱花

【学名】 *Prunus serrulata*

【科属】 蔷薇科、樱属

【产地分布】

分布北半球温和地带，亚洲、欧洲至北美洲。在中国北京、西

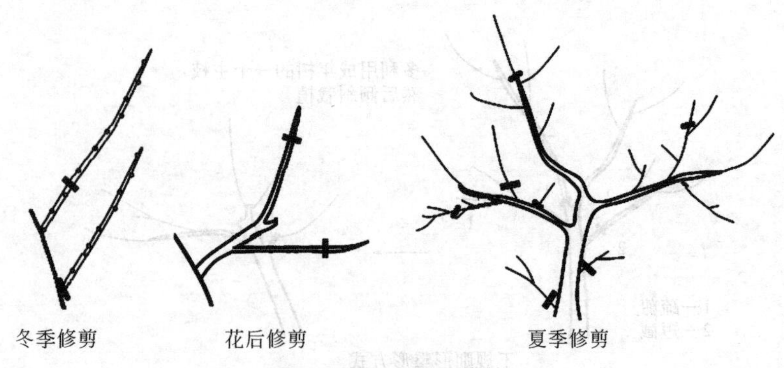

图 3-65　梅花的修剪

安、青岛、南京、南昌等城市庭园栽培。

【形态特征】

樱花为落叶乔木或灌木。高 4～16m，树皮灰色。叶片椭圆卵形或倒卵形，先端渐尖或骤尾尖，基部圆形，稀楔形，边有尖锐重锯齿。花常数朵着生在伞形、伞房状或短总状花序上，有花 3～4 朵，先叶开放；花瓣白色或粉红色，先端圆钝、微缺或深裂；樱花可分单瓣和复瓣两类（见图 3-66）。单瓣类能开花结果，复瓣类多

图 3-66　樱花形态特征

半不结果。核果成熟时肉质多汁，不开裂。花期 4 月，果期 5 月。

【生长习性】

性喜阳光和温暖湿润的气候条件，有一定抗寒能力。对土壤的要求不严，宜在疏松肥沃、排水良好的砂质壤土生长，但不耐盐碱土。根系较浅，忌积水低洼地。有一定的耐寒和耐旱力，但对烟及风抗力弱，因此不宜种植有台风的沿海地带。

【园林应用前景】

樱花常用于园林观赏，可大片栽植造成“花海”景观，可孤植或三五成丛，点缀于绿地，也可作小路行道树（见图 3-67）。

图 3-67 樱花园林应用

【栽培管理】

以播种、扦插和嫁接繁育为主。南方在落叶后至萌芽前均可带土球移植，北方在早春土壤解冻后立即带土球移植。

定植后苗木易受旱害，除定植时充分灌水外，以后 8～10 天灌水一次，保持土壤潮湿但无积水。灌后及时松土，最好用草将地表薄薄覆盖，减少水分蒸发。在定植后 2～3 年内，为防止树干干燥，可用稻草包裹。

樱花每年施肥两次，以酸性肥料为好。一次在冬季或早春施用豆饼、鸡粪等腐熟的有机肥；另一次在落花后，施用硫酸铵、硫酸亚铁、过磷酸钙等速效肥料。

【整形修剪】

樱花常用自然开心形，整形步骤参见第二章第四节。树冠形成后，每年冬季短截主枝和侧枝的延长枝，使发长枝，扩大树冠；其余的枝条可疏密留稀，留下的缓放不剪，使产生短枝开花（见图 3-68）。

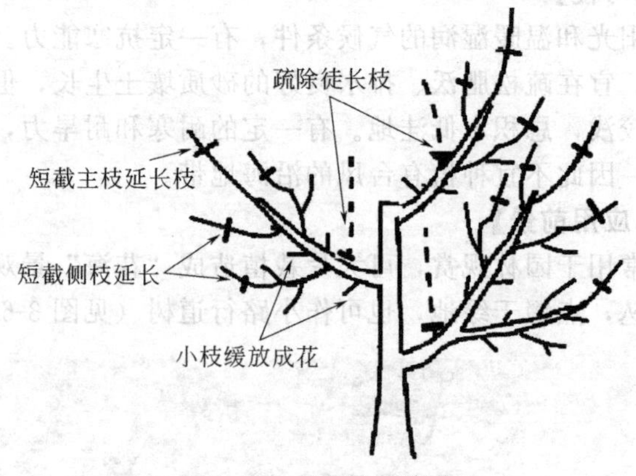

图 3-68　樱花整形修剪

二十、柿树

【学名】：*Diospyros Kaki* L.

【科属】柿树科、柿树属

【主要产区】

在中国是一种广泛种植的重要果树，主要种植地区在河南、山西、陕西、河北等地。

【形态特征】

落叶乔木，高达 20m。树冠阔卵形或半球形，树皮黑灰色裂成方形小块，固着树上，冬芽先端钝，小枝密被褐色毛。叶阔椭圆形，表面深绿色、有光泽，革质，入秋部分叶变红，叶痕大、红棕色。花雌雄异株或杂性同株，单生或聚生于新生枝条的叶腋中，花黄白色。果形因品种而异，橙黄或，萼片宿存大，先端钝圆（见图 3-69）。花期 5～6 月，果熟期 9～10 月。

【生长习性】

强阳性树种，耐寒，能经受约－18℃的严寒。喜湿润，也耐干旱，能在空气干燥而土壤较为潮湿的环境下生长。忌积水。深根性，根系强大，吸水、吸肥力强，也耐瘠薄，适应性强，不喜砂质土。抗污染强。

图 3-69 柿树形态特征

【园林应用前景】

柿树叶片革质，秋季变红，落叶后果实不落，有很高的观赏效果，可作庭院、公园、道路、景区绿化（见图 3-70）。

图 3-70 柿树园林应用

【栽培管理】

柿树常用嫁接法繁殖，砧木用君迁子和柿的实生苗。一般裸根栽植。

基肥一般采果前施入，在果实迅速发育期可追施肥复合肥，也在柿子树结果中后期，每隔 15 天左右，叶面喷施一次 0.1%硫酸镁、0.2%尿素、0.3%磷酸二氢钾混合液，连喷 3～5 次，均匀喷湿所有的枝叶和果实，以开始有水珠下滴为宜。

柿根系分布广而深，抗旱能力较强，年一般不需灌溉。但长期干旱也会影响根系、枝叶和果实生长，加重落果，一定要保证萌芽期、开花期和果实膨大期等三个时期土壤内有足够的水分。

【整形修剪】

柿树整形修剪一般在冬季进行。柿树大多数品种可整形为主干疏层形，少数品种可整形为自然开心形，整形过程参见第二章第四节。

成年树的修剪原则是疏剪和短截相结合。结果枝结果后比较衰弱，应及时疏除。结果枝组应截一个枝，放一个枝，放的成花结果，结果后疏除；截的作预备枝，下一年预备枝上再留二个枝，截一个，放一个（见图 3-71）。主枝下垂衰老，找向上的分枝处回缩更新（见图 3-72）。

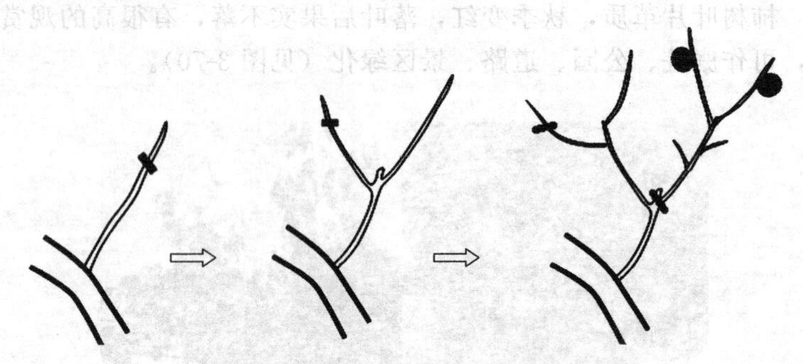

图 3-71　结果母枝的修剪

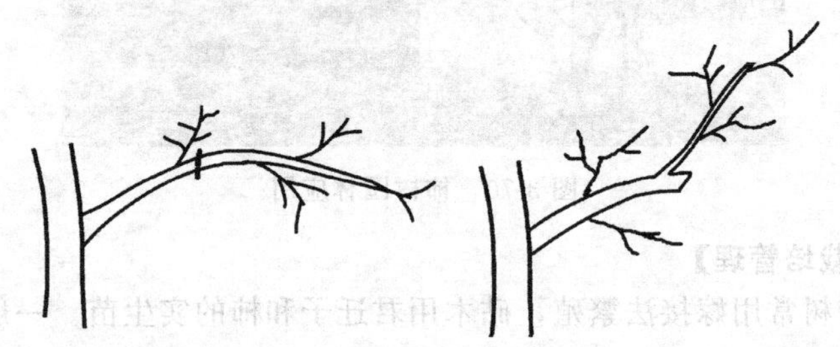

图 3-72　主枝的更新修剪

二十一、苹果

【学名】：*Malus pumila Mill*.

【科属】 蔷薇科、苹果属

【主要产区】

渤海湾地区和黄河故道是全国苹果的主产区，包括辽宁、河北、山东、河南、江苏北部以及秦岭北部和新疆的伊利地区。

【形态特征】

落叶乔木，高可达15m，椭圆形树冠。小枝短而粗，圆柱形。叶卵形或椭圆形，边缘具有圆钝锯齿。伞房花序，具花3～7朵，集生于小枝顶端，花白色带红晕。果实扁球形，果梗短粗（见图3-73）。花期5月，果期7～10月。

图3-73 苹果的形态特征

【生长习性】

喜光，适宜冷凉及干燥的气候和深厚肥沃、排水良好的土壤。

【园林应用前景】

苹果是园林绿化中观花、观果的优良树种，可做行道树和园景树，孤植、列植均可（见图3-74至图3-76）。

【栽培管理】

苹果常用嫁接法繁殖，常用海棠作砧木。一般裸根栽植即可。

苹果树基肥以秋施为好，施入时间宜早不宜迟，早熟品种果实采收后施，晚熟品种可在果实采收前施。苹果成年结果树每年追肥2～4次：①花前追肥；②花后追肥；③果实膨大期和花芽分化期；④果实生长后期。在土壤结冻前和萌芽前要灌水，结合追肥要灌水。

【整形修剪】

苹果树树形很多，有纺锤形、“Y”字形、疏散分层形等。疏散分层形树冠大，适合孤植，作园景树（图3-74）。纺锤形、“Y”

图 3-74　苹果的观赏效果（疏散分层形）

图 3-75　苹果的观赏效果（纺锤形）

图 3-76　苹果的观赏效果（“Y”字形）

字形常用矮化砧木，树体矮小，适合列植（见图 3-75 和图 3-76）。

1. 疏散分层形整形修剪

树高 4～5m，主枝分 2～3 层，第一层主枝 3 个，2 层 2 个主枝，3 层 1～2 个。主枝基角 65 度左右，每主枝上有 2～3 个侧枝。一般冠径 3～5m。

疏散分层形的特点是骨干枝分层，光照好，主侧枝上培养、配置结果枝组，树体立体结果。整形步骤参见第二章第四节。

修剪要注意开张角度，轻剪长放，充分利用辅养枝，培养好结果枝组。枝组的培养有两种方法，一种是先放后缩法（图 3-77），另一种是先截后放法（图 3-78）。针对不同类型的品种可采用适当的方法。

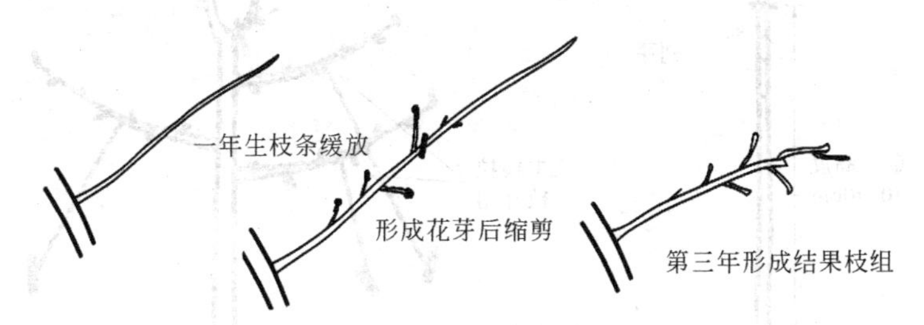

图 3-77　先放后缩法培养枝组

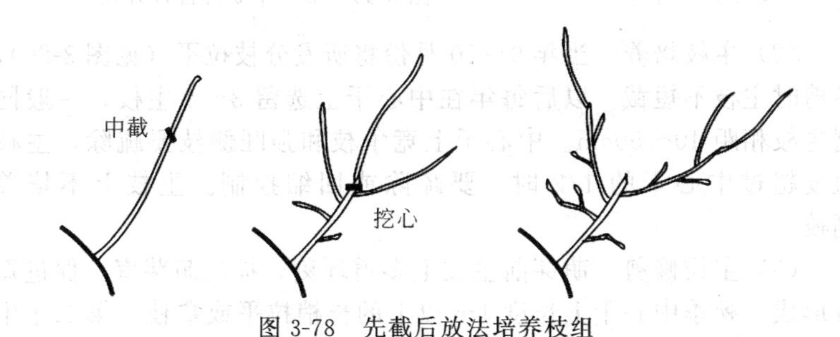

图 3-78　先截后放法培养枝组

2. 纺锤形整形修剪

细长纺锤形干高 50～60cm，树高 2.5m 左右，冠径 1.5～2m，在中心干上均匀着生 15～20 个小主枝，主枝不分层，主枝上不着生侧枝，主枝粗度不能超过中心骨干的 1/2。全树细长，树冠下大上小，呈细长纺锤形（见图 3-75）。整形修剪特点是冬季骨干枝不短截，强调生长季修剪，生长季用拉枝、扭梢等控制旺长，促进成花。

（1）定干　苗木栽植后，在距地面 70～90cm 处定干，并于 50cm 以上的整形带部位选 3～4 不同方向芽子上方 0.5cm 左右处刻芽，促发分枝（见图 3-79）。

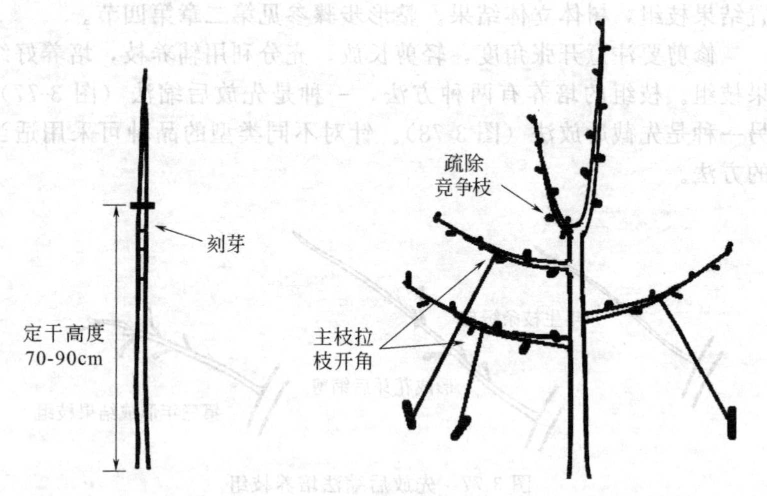

图 3-79　定干　　　图 3-80　第一年 9 月拉枝开角

（2）主枝培养　当年 9～10 月份将所发分枝拉平（见图 3-80），冬剪时主枝不短截。以后每年在中心干上选留 3～4 主枝，一般同侧主枝相距 40～50cm。中心干上竞争枝和强旺侧枝要疏除，主枝粗度超过中心干的 1/2 时，要疏除或回缩控制。主枝上不培养侧枝。

（3）主枝修剪　萌芽前主枝上多道环刻，提高萌芽率，促进短枝形成。秋季中心干上长度 1m 以上的长梢拉平或拿枝。第二年生长季用拉枝、拿枝、扭梢、转枝等控制主枝的背上枝，使其转化成结果枝（见图 3-81 和图 3-82）。

3. “Y” 字形整形修剪

主干上二主枝，开张角度 45～50 度，主枝上无侧枝，直接配置结果枝组。“Y” 字形适合宽行密植，树冠可大可小，适合不同栽植密度，一般株距为 0.8～2m，行距为 2～6m（见图 3-83）。

整形过程：

（1）定干后选择 2 主枝，拉枝开角，冬季短截在饱满芽处。

（2）第二年起在主枝上配置培养结果枝组（见图 7-78 和图 7-79）。

图 3-81 第二年生长季控制主枝背上枝

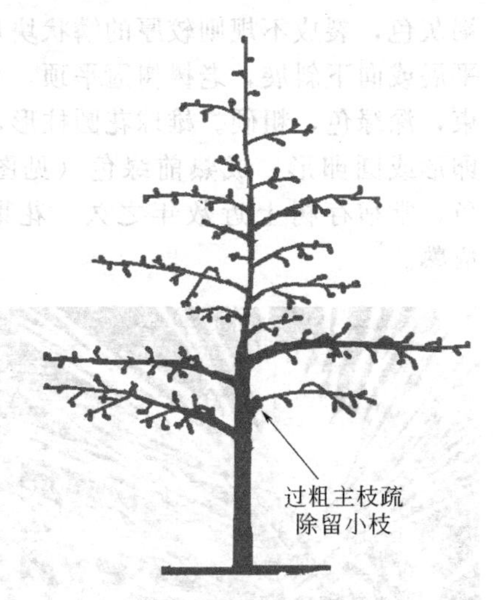

图 3-82 每年选 3-4 个主枝拉平

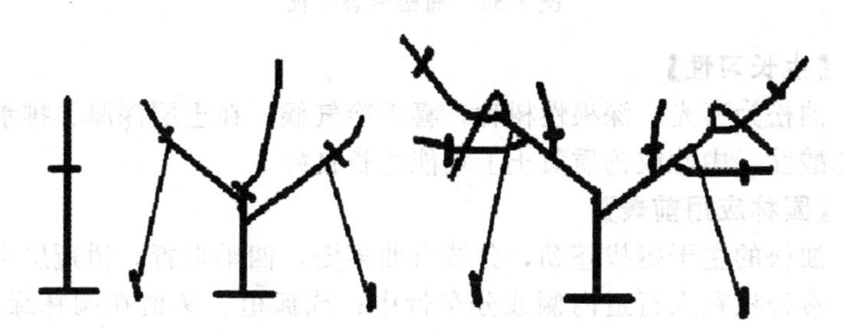

图 3-83 “Y”字形整形过程

二十二、油松

【学名】 *Pinus tabulaeformis Carr.*

【科属】 松科、松属

【产地分布】

油松原产中国。自然分布辽宁、吉林、内蒙古、河北、河南、山西、陕西、山东、甘肃、宁夏、青海等地。

【形态特征】

油松常绿乔木，高达 25m，胸径可达 1m 以上；树皮灰褐色或褐灰色，裂成不规则较厚的鳞状块片，裂缝及上部树皮红褐色；枝平展或向下斜展，老树树冠平顶，小枝较粗，褐黄色。针叶2针一束，深绿色，粗硬。雄球花圆柱形，在新枝下部聚生成穗状。球果卵形或圆卵形，成熟前绿色（见图3-84），熟时淡黄色或淡褐黄色，常宿存树上近数年之久。花期4～5月，球果第二年10月成熟。

图3-84　油松形态特征

【生长习性】

油松为喜光、深根性树种，喜干冷气候，在土层深厚、排水良好的酸性、中性或钙质黄土上均能生长良好。

【园林应用前景】

油松的主干挺拔苍劲，分枝弯曲多姿，四季常青，树冠层次有别。常种植在人行道内侧或分车带中；或孤植、丛植在园林绿地，亦宜行纯林群植和混交种植（见图3-85）。

【栽培管理】

油松常用播种法繁殖，油松栽植以穴栽为主，要求穴大根疏、深埋、实扎，使土壤与根系紧密接触。油松移植多采用带宿土蘸浆丛植的方法（每丛2～4株），每丛的株数因不同培育目的有所不同。提高油松的成活率，在起、选、包、运、植的操作过程中，保持苗木水分是非常重要的。为提高移植成活率，最好培育容器苗。

肥水管理是保障植株正常生长、抵抗病虫害的重要措施。在移植成活后的一年中，在生长季节平均每2个月浇水1次；一年施肥

图 3-85 油松园林应用

2～3 次，以早春土壤解冻后、春梢旺长期和秋梢生长期供肥较好。

【整形修剪】

1. 整形

(1) 提干 油松生长较慢，园林中以自然式整形为主。如作行道树栽植的苗木，在苗圃中培育 6～7 年以后，应每年将其分枝点提高一轮，到出圃时就能达到分枝点在 2.5m 以上的高度。提干修剪不宜一次剪得过重，剪口要稍离主干，防止伤口流胶过多，影响树势。

(2) 替换弯曲主干延长枝 失掉顶尖时，首先从最上一轮主枝中选一个健壮的主枝，将其扶直。如在中干上绑一个粗细适度的棍子，将选留预备代替主尖的枝条与棍子的上方一起绑直，使枝条向上，并将顶上一轮其余枝条重剪回缩，然后再将其下面的一轮枝条轻剪回缩即可。

(3) 控制轮生枝 油松顶端优势明显，主干易养，主枝轮生状，但当轮生的主枝过多时，则中央干的优势易被减弱。因此，可每轮只留 4～5 个分布合理均匀的主枝，一般要求枝间上下错开、方向匀称、角度适宜。而将其他多余主枝疏除。对长势强的枝条进行回缩，留下长势弱的下垂枝或平侧枝。修剪后观察树体各层次间隔和主枝角度，使树体层次分明、通风透光良好。

2. 修剪

油松冬季修剪主要剪除弯曲枝、圆弧枝、枯萎枝、病虫枝，并注意保护主干顶梢。在春至初夏的萌芽期，不断摘叶、掐绿与修剪新梢以保持树形（图 3-86、图 3-87）。具体方法是将过长的新芽摘除，普通的芽掐去一半，又长又粗的芽剪去 1/3 即可。

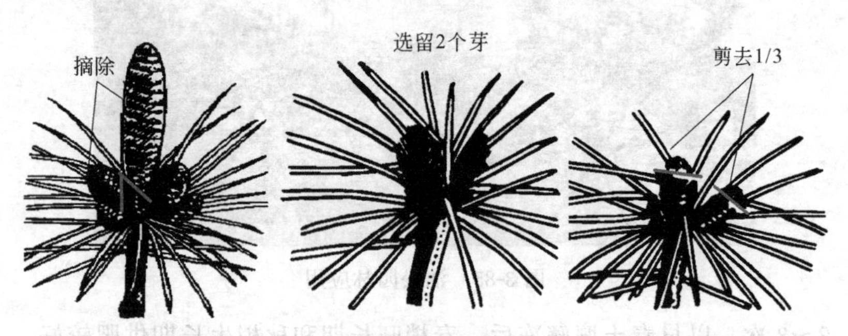

图 3-86　油松抹芽

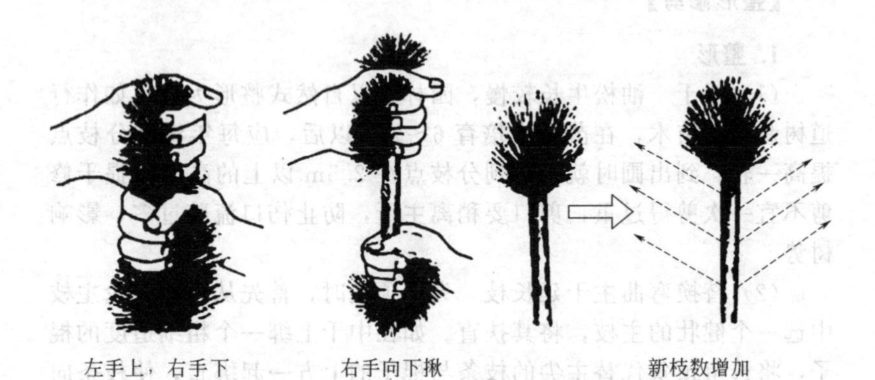

图 3-87　油松摘叶促发新枝

摘叶时应慎重，注意量的控制，摘叶不可太多，尤其要保留一定数量的芽，否则影响树势，没有效果。摘叶后需配合适当的栽培养护措施，使树体更新复壮，形成优美的树形。

二十三、雪松

【学名】*Cedrus deodara*（*Roxb.*）G. *Don*

【科属】松科、雪松属

【产地分布】

原产于喜马拉雅山脉海拔1500～3200m的地带和地中海沿岸1000～2200m的地带。北京、大连、青岛、上海、南京、武汉、昆明等地已广泛栽培作庭园树。

【形态特征】

常绿乔木，高达30m左右，胸径可达3m；大枝一般平展，为不规则轮生，小枝略下垂（见图3-88）。树皮灰褐色，裂成鳞片，老时剥落。叶在长枝上为螺旋状散生，在短枝上簇生。叶针状，质硬，先端尖细，叶色淡绿至蓝绿。雌雄异株，稀同珠，花单生枝顶。球果椭圆至椭圆状卵形，成熟后种鳞与种子同时散落，种子具翅。花期为10～11月份，雄球花比雌球花花期早10天左右。球果翌年10月份成熟。

图3-88 雪松形态特征

【生长习性】

要求温和凉润气候和土层深厚而排水良好的土壤。喜阳光充足，也稍耐阴。雪松喜年降水量600～1000mL的暖温带至中亚热带气候，在中国长江中下游一带生长最好。

【园林用途】

雪松是世界著名的庭园观赏树种之一。它具有较强的防尘、减噪与杀菌能力，也适宜作工矿企业绿化树种。雪松树体高大，树形优美，最适宜孤植于草坪中央、建筑前庭之中心、广场中心或主要建筑物的两旁及园门的入口等处（见图3-89）。

图 3-89　雪松园林应用

【栽培管理】

雪松常用播种和扦插法繁殖，繁殖苗留床 1～2 年后即可移植。移植应在春季进行，必须带土球，并立支杆，及时浇水，旱时常向叶面喷水，切忌栽植在低洼水湿地带。成活后秋季施以有机肥，促进发根，生长期追肥 2～3 次。

【整形修剪】

雪松顶端优势较强，自然树形为尖塔形。雪松萌芽力不强，整形修剪应在秋到冬季进行，将病虫枝、干枯枝、畸形枝从基部疏除。雪松需重视幼树的整形修剪，成年后每年稍加修剪即可。不注意往往造成下强上弱或上部分叉的问题出现。

雪松幼树整形应注意两点：

(1) 雪松幼苗具有主干顶端柔软下垂的特点，保持中心主枝顶端优势　除了注意扶正顶端新梢，对于顶梢附近主侧枝的关系注意调整（图 3-90）。原则是去弱留强，即疏除下向枝，留平斜枝或斜上枝。

(2) 合理安排主枝　为保持尖塔形树冠，选留主枝不可过多，间隔 0.5m 左右组成一轮主枝，主枝间距至少 15cm。对于选定主枝，缓放不短截，有利于主枝加粗生长，与主干相协调，保持整体匀称美观。

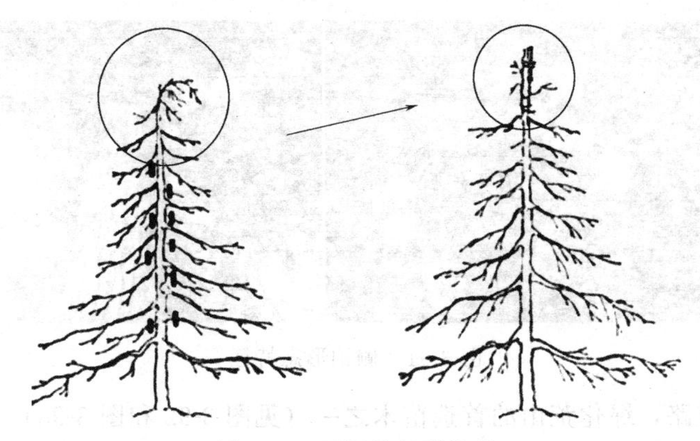

图 3-90　雪松的整形修剪

二十四、侧柏

【学名】 *Platycladus orientalis*（L.）*Franco*

【科属】 柏科、侧柏属

【产地分布】

我国大部分地区均有分布。

【形态特征】

常绿乔木，高达 20m，胸径 1m；树皮薄，浅灰褐色，纵裂成条片；枝条向上伸展或斜展，幼树树冠卵状尖塔形，老树树冠则为广圆形；生鳞叶的小枝细，向上直展或斜展，扁平，排成一平面。叶鳞形，先端微钝。雄球花黄色，卵圆形；雌球花近球形，蓝绿色，被白粉。球果近卵圆形，成熟前近肉质，蓝绿色，被白粉，成熟后木质，开裂，红褐色。花期 3～4 月，球果 10 月成熟（见图 3-91）。

【生长习性】

喜光，幼时稍耐阴，适应性强，对土壤要求不严，在酸性、中性、石灰性和轻盐碱土壤中均可生长。耐干旱瘠薄，萌芽能力强，耐寒力中等，耐强光照射，耐高温、浅根性，抗风能力较弱。

【园林应用前景】

侧柏在园林绿化中，有着不可或缺的地位。可用于行道、亭园、大门两侧、绿地周围、路边花坛及墙垣内外，均极美观。小苗可做绿篱，隔离带围墙点缀。它的耐污染性，耐寒性，耐干旱，是

图 3-91　侧柏形态特征

绿化道路，绿化荒山的首选苗木之一（见图 3-92 和图 3-93）。

图 3-92　侧柏园林应用（一）

【栽培管理】

侧柏主要用播种繁殖，苗木多二年出圃，春季移植。有时为了培养绿化大苗，尚需经过 2～3 次移植，培养成根系发达、冠形优美的大苗后再出圃栽植。大苗以早春 3～4 月带土球移植成活率较高，一样可达 95%以上。移植后要及时灌水，每次灌透，待墒情适宜时及时中耕松土、除草、追肥等措施。

【整形修剪】

侧柏常常在 11～12 月的初冬或早春进行修剪。剪掉树冠内部的枯枝、病枝，同时还要修剪密生枝及衰弱枝。若枝条过于伸

图 3-93 侧柏园林应用（二）

长，则于6～7月进行1次修剪，以保持完美的树形，并促进当年新芽的生长。剪掉枝条的1/3，促进下部分枝，使树冠更丰满（见图3-94）。

侧柏作绿篱时，生长较慢，一般剪掉苗高的1/3～1/2；为尽量降低分枝高度、多发分枝、提早郁闭，可在生长季内对新梢进行2～3次修剪，如此绿篱下部分枝匀称、稠密，上部枝冠密接成形（见图3-95）。

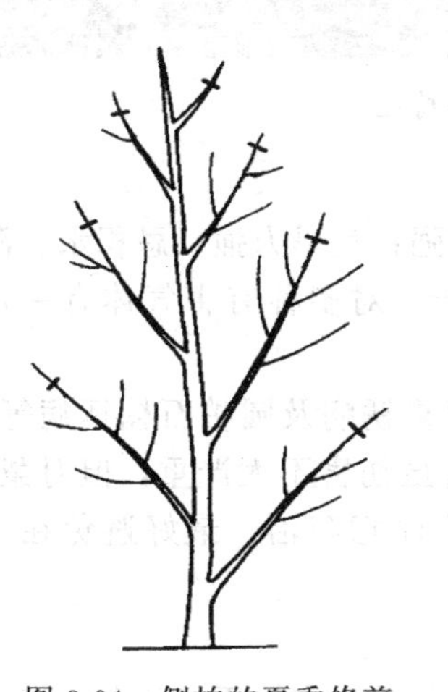
图 3-94 侧柏的夏季修剪

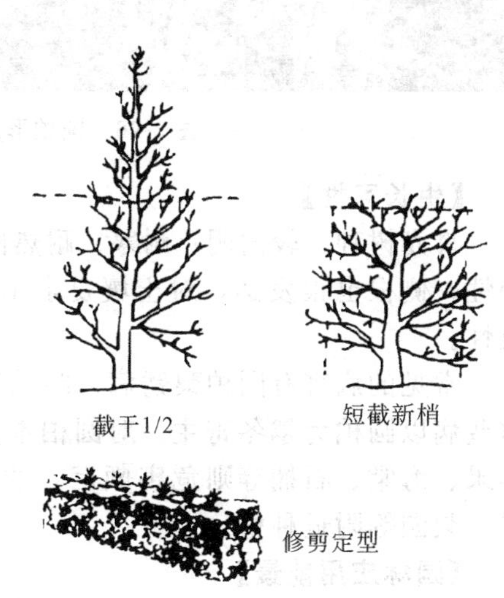

图 3-95 侧柏绿篱的修剪

二十五、圆柏

【学名】*Sabina chinensis*（L.）*Ant.*

【产地分布】

我国大部分地区均有分布。

【形态特征】

常绿乔木，高达 20m，胸径达 3.5m；树皮深灰色，纵裂，成条片开裂；幼树的枝条通常斜上伸展，形成尖塔形树冠，老则下部大枝平展，形成广圆形的树冠；小枝通常直或稍成弧状弯曲。叶二型，即刺叶和鳞叶；刺叶生于幼树上，老龄树则全为鳞叶，壮龄树兼有刺叶和鳞叶。雌雄异株，稀同株，雄球花黄色，椭圆形；球果近圆球形，两年成熟，熟时暗褐色，被白粉或白粉脱落。花期 4 月下旬，球果翌年 10～11 月成熟（见图 3-96）。

图 3-96　圆柏形态特征

【生长习性】

喜光树种，较耐阴；耐寒、耐热性强；耐旱力强，忌积水。深根性，侧根也很发达，对土壤要求不严。对多种有害气体有一定抗性。

常见的病害有圆柏梨锈病、圆柏苹果锈病及圆柏石楠锈病等。这些病以圆柏为越冬寄主。对圆柏本身虽伤害不太严重，但对梨、苹果、海棠、石楠等则危害颇巨，故应注意防治，最好避免在苹果、梨园等附近种植。

【园林应用前景】

圆柏幼龄树树冠整齐圆锥形，树形优美，大树干枝扭曲，姿态奇古，可以独树成景，是中国传统的园林树种。桧柏性耐修剪又有很强的耐阴性，故作绿篱比侧柏优良，中国古来多配植于庙宇陵墓作墓道树或柏林，也可群植草坪边缘作背景，或丛植片林、镶嵌树丛的边缘、建筑附近（见图 3-97）。

图 3-97 圆柏园林应用

【栽培管理】

主要用播种法繁殖，也可用扦插和压条法繁殖。小苗移植带宿土，大苗移植需带土球。圆柏耐干旱，浇水不可偏湿，不干不浇，做到见干见湿。圆柏一般每年春季施稀薄腐熟的饼肥水 2～3 次，秋季施 1～2 次，保持枝叶鲜绿浓密，生长健壮。

【整形修剪】

圆柏最普通的整形方式为绿篱与圆锥形树冠（图 3-98）。主干上主枝间隔 20～30cm 时及时疏剪主枝间的瘦弱枝. 以利通风适光。对主枝上向外伸展的侧枝及时摘心、剪梢、短截，以改变侧枝生长方向，塑造优美姿态。整形步骤参见第二章第四节。

二十六、龙柏

【学名】 *Sabina chinensis*（L.）*Ant. cv. Kaizuca*

【科属】 柏科、圆柏属

【产地分布】

主要产于长江流域、淮河流域，经过多年的引种，在中国山东、河南、河北等地也有龙柏的栽培。

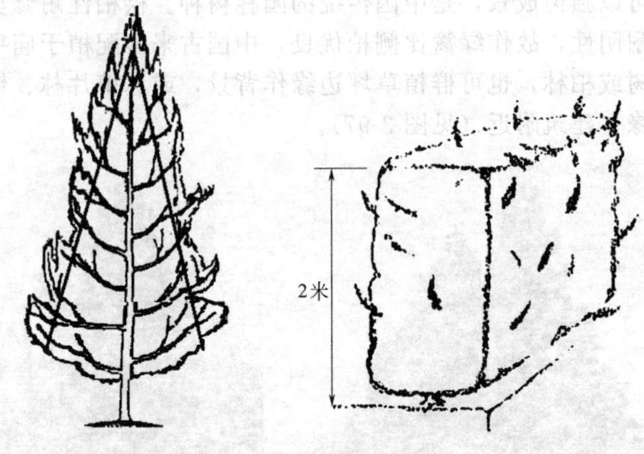

图 3-98 圆柏的整形方式

【形态特征】

常绿乔木，树干通直，树冠呈狭圆锥形。树皮黑色，有条片状剥落。侧枝枝叶螺旋状向上抱合，叶鳞状密生，紧贴于小枝，有时会长出针叶。树冠生长如滚龙抱柱状，故名龙柏（见图 3-99）。

图 3-99 龙柏形态特征

【生长习性】

喜阳，稍耐阴。喜温暖、湿润环境，抗寒。抗干旱，忌积水，排水不良时易产生落叶或生长不良。适生于高燥、肥沃、深厚的土壤，对土壤酸碱度适应性强，较耐盐碱。对氧化硫和氯抗性强，但对烟尘的抗性较差。

【园林应用前景】

龙柏株形整齐，树态优美，宜作丛植或行列栽植，亦可整修成球形，或将小株栽成色块（见图 3-100）。

图 3-100 龙柏园林应用

【栽培管理】

常用嫁接繁殖，嫁接用 2 年生（1 年生壮苗亦可）侧柏或圆柏作砧木，也可用扦插法繁殖。移植要带土球，浇透水，大苗移植要设立支架。

龙柏喜大肥大水，栽植成活后，结合灌溉，第一年追肥 2～3 次，每次每亩追施尿素 15kg，入秋后停止施肥。第二年早春，结合浇返青水，追施一次含氮量稍高的复合肥，每亩 40kg；夏季再追施 2～3 次尿素，每次每亩 25kg。

【整形修剪】

1. 修剪

龙柏从苗期即开始培养骨架枝，因此，定型修剪和养护修剪是紧密结合的。整形修剪时间一般一年 2 次，分别在春、秋季进行，修剪量较少，但必须修剪时则宜及时进行，不可延误。主要工作是：及时摘心，以获得繁茂、稠密的枝叶；有时有刺形叶的新梢萌生，要及时除去；个别新梢明显突出于树冠边缘时，在叶茂密处短截，短截不能过重，避免留下大的切口或空洞，一次不能达到目的的，可分次进行，总的要求是各新梢的分布在视觉上保持树形的冠线。

2. 整形

龙柏耐修剪，可培养成龙柏球（见图 3-100）、圆锥形、飞跃形及各种人工造型。

（1）圆锥形　龙柏主干明显，主枝数目多，若主枝出自主干上同一部位，必须剪除一个，每轮只留一个主枝。主枝间一般间隔20～30cm，并且错落分布，各主枝要短截并剪成下长上短，剪口落在向上生长的小侧枝上，以确保优美树形。主枝间瘦弱枝及早疏除以利透光，各主枝的短截工作，在生长期内每当新枝长到10～15cm 时依旧短截，全年剪 2～8 次，以抑制枝梢的徒长，各主枝修剪时应从下至上，逐渐缩短，以促进圆锥形的形成（见图 3-101）。注意控制主干顶端竞争枝，以免造成分杈树形。对大枝的修剪主要在休眠期进行，以免树液外流。

图 3-101　圆锥形龙柏

（2）飞跃形　一般均匀保留少量主枝、侧枝，并让其突出生长，其余的主、侧枝一律短截。全树新梢在生长期进行 6～8 次类似短截的去梢修剪，并使突出树冠的主、侧枝长度保持在树冠直径的1.5 倍，以形成巨龙飞跃出树冠的姿势（见图 3-102）。

（3）人工式整形　龙柏树常根据设计意图，创造出各种各样的

图 3-102 飞跃形龙柏

造型，整形常借助于棕绳或铅丝，将其攀揉盘扎成龙、马、狮等造型（见图 3-103）。

图 3-103 龙柏造型

二十七、香樟树

【学名】 *Cinnamomum camphora*（L.）*Presl*.

【科属】 樟科、樟属

【产地分布】

分布于长江以南及西南区域。

【形态特征】

常绿大乔木，高可达 30m，直径可达 3m，树冠广卵形；枝、叶及木材均有樟脑气味；树皮黄褐色，有不规则的纵裂。枝条圆柱形，淡褐色。叶薄革质，卵形或椭圆状卵形，先端急尖，基部宽楔形至近圆形，边缘全缘，离基三出脉，脉腋有腺点。圆锥花序腋生，花小，绿白或带黄色。果卵球形或近球形，熟时紫黑色。花期4～5月，果期8～11月（见图3-104）。

图3-104　香樟形态特征

【生长习性】

樟树多喜光，稍耐阴；喜温暖湿润气候，耐寒性不强，对土壤要求不严，较耐水湿，但不耐干旱、瘠薄和盐碱土。主根发达，深根性，能抗风。萌芽力强，耐修剪。生长速度中等，树形巨大如伞，能遮阴避凉。存活期长，可以生长为成百上千年的参天古木，有很强的吸烟滞尘、涵养水源、固土防沙和美化环境的能力。

【园林应用前景】

香樟枝叶茂密，冠大荫浓，树姿雄伟，是城市绿化的优良树种，广泛作为庭荫树、行道树、防护林及风景林，常丛植、群植、孤植于庭院、路边、草地、建筑物前，或配植于池畔、水边、山坡等（见图3-105和图3-106）。因其对多种有毒气体抗性较强，有较强的吸滞粉尘的能力，常被用于城市及工矿区。

【栽培管理】

香樟常用播种和扦插繁殖。香樟移植时间一般在3月中旬至4月中旬，在春季春芽苞将要萌动之前定植。移植时需要对树冠进行修剪，可连枝带叶剪掉树冠的1/3～1/2，以大大降低全树的水分损耗，但应保持基本的树形。裸根栽植前应对其根部进行整理，剪掉断根、枯根、烂根、短截无细根的主根；大树移植需带土球移

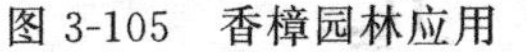

图 3-105　香樟园林应用

图 3-106　香樟大树移植观赏效果

植，最好先进行断根处理，还要用浸湿的草绳缠绕包裹主干和大枝。

香樟栽植后要立即浇水，为了提高成活率，在水中可加入生根宝、大树移植成活液等药剂以刺激新根生长。高温、干旱时，每天向枝叶喷水 1～2 次，以提高成活率。

香樟树栽好后要加强化养护管理。浇水要掌握“不干不浇，浇则浇透”的原则。栽植后 2～5 年适当施肥，冬春季施有机肥，每株施 15～20kg，生长前期可追施氮素肥料。

【整形修剪】

香樟枝叶茂密，冠大荫浓，常作庭荫树种植，树形为广卵形。幼年整形期，将顶芽下生长超过主枝的侧枝疏剪 4～6 个，剥去顶芽附近的侧芽，以保证顶芽的优势。如侧枝强、主枝弱，也可去主留侧、以侧代主，并剪除竞争枝，疏除主干上的重叠枝，保持 2～3 个主枝，使其上下错落。

随着苗龄的增加，对于中心干下部的枝条适当的修剪，保证每层留 2～3 个主枝即可。选留的主枝粗度不可超过主干粗度的 1/3，且尽量使上下两层枝条互相错落分布。随着主干的逐年增高，每年主干上部增补 2～3 个主枝，同时主干下部疏剪 1～2 个主枝，不断扩大枝下高（见图 3-107）。当枝下高达到 4m 时，即可停止修剪，任其自然生长。

二十八、杜英

【学名】 *Elaeocarpus decipiens Hemsl*

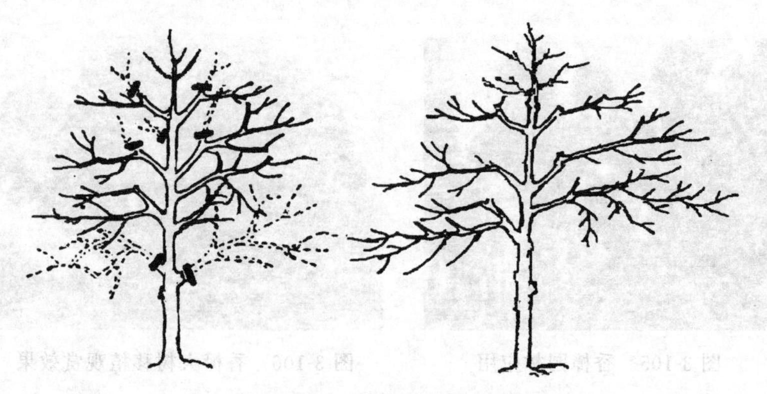

图 3-107 香樟的整形修剪

【科属】杜英科、杜英属

【产地分布】

产于中国南部，浙江、江西、福建、台湾、湖南、广东、广西及贵州南部均有分布。

【形态特征】

别名假杨梅、青果、野橄榄、胆八树等。常绿乔木，高 5～15m。叶革质，披针形或倒披针形，边缘有小钝齿；秋冬至早春部分树叶转为绯红色，红绿相间，鲜艳悦目。总状花序多生于叶腋，花序轴纤细；花白色，花瓣倒卵形，与萼片等长，上半部撕裂。核果椭圆形，外果皮无毛，内果皮坚骨质，表面有多数沟纹。花期 6～7 月，果期 10～12 月（见图 3-108）。

图 3-108 杜英形态特征

【生长习性】

杜英喜温暖潮湿环境，耐寒性稍差，稍耐阴。根系发达，萌芽力强，耐修剪。喜排水良好、湿润、肥沃的酸性土壤。适生于酸性之黄壤和红黄壤山区，若在平原栽植，必须排水良好，生长速度中等偏快。对二氧化硫抗性强。

【园林应用前景】

杜英则具分枝低、叶色浓艳、分枝紧凑、主干通直，适合作庭荫树、行道树（见图 3-109），也可作绿篱墙。杜英还有降低噪声、防止尘垢污染的作用。杜英最明显的特征是叶片在掉落前，高挂树梢的红叶，是非常适合作为住家庭园添景、绿化或观赏树种。

图 3-109　杜英园林应用

【栽培管理】

杜英以播种繁殖为主，也可扦插繁殖。杜英移植常在 2 月下旬至 3 月中旬，在芽萌发前栽植，最好选择阴天或雨后栽植，切忌晴天中午干旱栽植。小苗移植带宿土，大苗移植带土球，起苗时注意深起苗、勿伤根。杜英怕高温烈日和日灼危害，栽植密度要适当，最好树冠能相互侧方荫蔽，无遮荫条件要用草绳包扎主干。

杜英苗木生长初期，每隔半月施浓度 3％～5％稀薄人粪尿。5 月中旬以后可用 1％过磷酸钙或 0.2％的尿素溶液浇施。梅雨季节应做好清沟排水工作；干旱季节应作好灌溉工作。

【整形修剪】

杜英分枝低、叶色浓艳、分枝紧凑可作行道树和绿篱墙，行道树常采用自然的中央领导干形，树冠常常形成自然圆头形。苗期疏除主干上2/3枝条，保持主干的顶端优势，不能“打头”。根据苗木的生长势，每年在叶芽萌动以前，自下而上从主干上剪去1～2个枝条，逐步提高枝下高，干高度宜在1.5～2m，若作行道树定干高度宜在3.5m（见图3-110）。

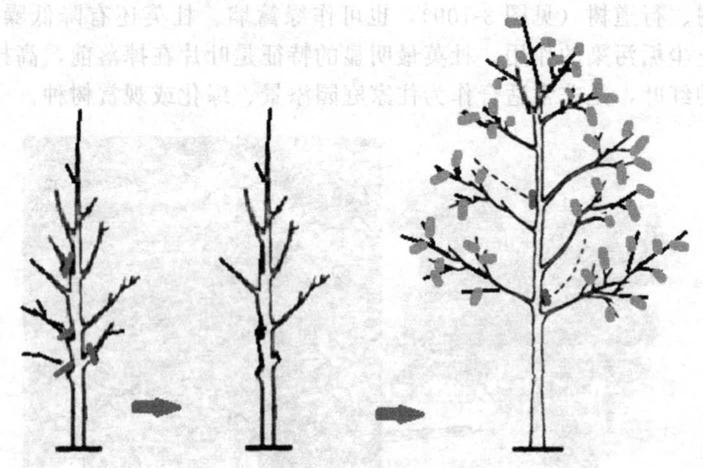

图3-110　杜英整形修剪

在生长季节，随时调整树形，短截扰乱树形的旺长枝，以保持树势的平衡。及时抹去树干上的不定芽，修剪树冠内的细弱枝、病虫枝、交叉枝、并生枝、枯枝等，保持树冠的通透性，形成优美的树冠。

二十九、广玉兰

【学名】 *Magnolia grandiflora*

【科属】 木兰科、木兰属

【产地分布】

广玉兰别名洋玉兰，原产于美国东南部，分布在北美洲以及中国内地的长江流域及以南，北方如北京、兰州等地已有人工引种栽培。在长江流域的上海、南京、杭州也比较多见。

【形态特征】

常绿乔木，在原产地高达30m；树皮淡褐色或灰色，薄鳞片状开裂；小枝、芽、叶下面，叶柄、均密被褐色或灰褐色短绒毛。叶厚革质，椭圆形，长椭圆形或倒卵状椭圆形，先端钝或短钝尖，基部楔形，叶面深绿色，有光泽。花白色，有芳香，聚合果圆柱状长圆形或卵圆形，密被褐色或淡灰黄色绒毛。花期5～6月，果期9～10月（见图3-111）。

图3-111 广玉兰形态特征

【生长习性】

广玉兰喜光，而幼时稍耐阴。喜温湿气候，有一定抗寒能力。适生于干燥、肥沃、湿润与排水良好微酸性或中性土壤，在碱性土种植易发生黄化，忌积水、排水不良。对烟尘及二氧化碳气体有较强抗性，病虫害少。根系深广，抗风力强。特别是播种苗树干挺拔，树势雄伟，适应性强。

【园林应用前景】

广玉兰为珍贵的树种之一，在庭园、公园、游乐园、墓地均可采用，可孤植、对植或丛植、群植配置，也可作行道树，最宜单植在宽广开旷的草坪上或配植成观赏的树丛，不宜植于狭小的庭院内，否则不能充分发挥其观赏效果。与彩叶树种配植，能产生显著的色相对比，从而使街景的色彩更显鲜艳和丰富（见图3-112）。

【栽培管理】

广玉兰常用嫁接法和扦插法育苗，嫁接常用木兰（木笔、辛夷）作砧木。广玉兰移植以早春为宜，但以梅雨季节最佳。广玉兰

图 3-112 广玉兰园林应用

大树移植需带大土球，一般土球直径为树干胸径的 10～15 倍。

广玉兰移栽后，第一次定根水要及时，并且要浇足、浇透。7天后再浇 1 次，以后根据实际情况适当浇水。若移植后降水过多，还需开排水槽，以免根部积水，导致广玉兰烂根死亡。高温季节每天 9 点至 17 点时，对树体喷水 5～8 次，以喷湿树体枝叶为宜，直到成活为止。广玉兰补充养分就成了日常养护的重中之重。只有给苗木提供了充足的养分，它才会多开花、花期长、气味浓郁，更加惹人喜爱。施肥的原则是少量多次，不能一次施肥太多，否则会对广玉兰的根产生影响。

【整形修剪】

1. 整形

广玉兰树姿雄伟壮丽，树冠阔圆锥形。整形以中央领导干形（作行道树）和多干形（作庭荫树）为主。

广玉兰嫁接苗成活后，及时除去砧芽，要及时立引干，保持主干挺直。广玉兰大苗期若生长势过旺，常会出现双头现象，也容易造成头重脚轻，易倒伏。特别是主干生长过旺，就要适当短剪靠近顶端的侧枝，保持主干的挺直。广玉兰枝条比较紧凑，内膛枝、重叠枝比较多，要注意及时的疏剪。整形过程中要逐年留好枝下高，每年视苗的生长势及整体长势情况，最下部的枝条每年疏除 1～2 个枝，合适的枝下高为 1～1.5m 左右（见图 3-113）。

广玉兰幼年期干性较强，可任主干部分生长，不需过多修剪，只需疏剪少量方位角或开张角不良的枝条。根据树体的主干上分枝具体情况，可培养分枝较高的中央领导干形和分之较低的多干形，主枝上注意选留侧枝，保持良好的树形。

2. 修剪

幼时要及时除去花蕾，促进营养生长。广玉兰的愈伤能力弱，修剪不宜多，养护修剪时以疏剪为主。夏季，随时除去根部萌蘖，疏剪冠内过密枝、徒长枝、病虫枝（见图 3-114）。

图 3-113 广玉兰幼树整形

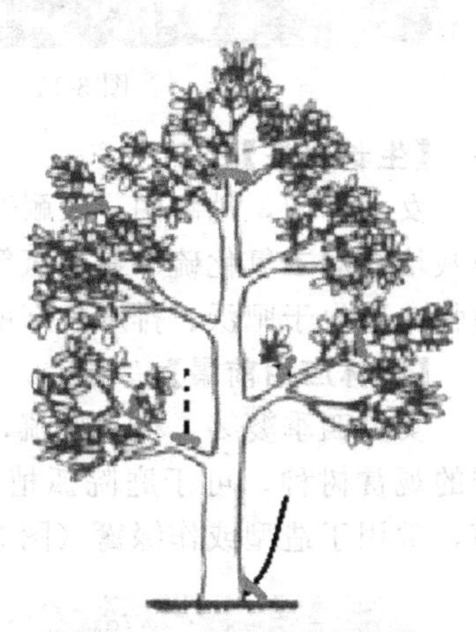

图 3-114 广玉兰大树修剪

三十、女贞

【学名】 *Ligustrum vicaryi*

【科属】 木犀科、女贞属

【产地分布】

产于长江以南至华南、西南各省区，向西北分布至陕西、甘肃。

【形态特征】

女贞为落叶、常绿或半常绿灌木或乔木，高可达 12m；树皮灰褐色。枝黄褐色、灰色或紫红色，圆柱形，疏生圆形或长圆形皮孔。叶片常绿，单叶对生，革质，卵形、长卵形或椭圆形至宽椭圆形。圆锥花序顶生，花白色。果肾形或近肾形，成熟时呈红黑色

（见图 3-115）。花期 5～7 月，果期 8～11 月。

图 3-115　女贞形态特征

【生长习性】

女贞喜阳，稍耐阴，较耐寒，但幼苗不甚耐寒。华北地区可露地栽培；对二氧化硫、氯化氢等毒气有较好的抗性。耐修剪，萌发力强。适生于肥沃、排水良好的土壤。

【园林应用前景】

女贞四季婆娑，枝干扶疏，枝叶茂密，树形整齐，是园林中常用的观赏树种，可于庭院孤植或丛植，亦作为行道树。女贞耐修剪，常用于造型或作绿篱（图 3-116）。

图 3-116　女贞的园林应用

【栽培管理】

常用播种和扦插繁殖，播种育苗容易，还可作为砧木，嫁接繁殖桂花、丁香、金叶女贞。女贞以秋季移植为好，小苗可裸根移植，大苗要带土球移植，移植前要适当疏剪枝叶，栽植后连浇三遍水，以后视天气情况见旱即浇，成活率可达98%以上。施肥可用氮磷钾复合肥，半月或一个月施一次。

【整形修剪】

乔木女贞常用独干的自然形，整形整形过程参见第二章第四节。整形修剪目的，是要其保持完美、丰满的树形。首先，去除树冠内的密集枝、干枯枝、病弱枝。然后，主干上适当选留主枝，不需要的疏除，留下的适度短截。

目前许多地方栽植的女贞，多年疏于修剪管理，竞争枝林立，中心主干无明显延长枝。为此，应选留生长位置较为直顺的一个枝作为主干延长枝，同时控制对生枝生长，其余主枝应按位置及其强弱情况疏除，留下的短截，促进中心干旺盛生长。经3～5年的修剪，主干高度够了，可停止修剪，任其自然生长（图3-117）。

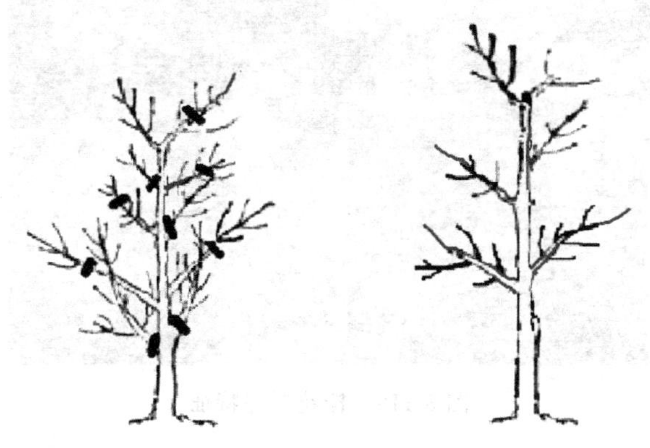

图3-117 放任树整形修剪

女贞常用作造型和绿篱，整形整形过程参见第二章第四节。

三十一、桂花

【学名】 *Osmanthus fragrans Loureiro*

【科属】 木犀科、木犀属

【产地分布】

原产中国西南、华南及华东地区，现四川、云南、贵州、广东、广西、湖南、湖北、浙江等地有野生资源。现今欧美许多国家以及东南亚各国都普遍栽培，成为重要的香花植物。

【形态特征】

别名汉桂。常绿小乔木或灌木，高 3～5m，最高可达 18m；树皮灰褐色。小枝黄褐色。叶片革质，椭圆形、长椭圆形或椭圆状披针形，先端渐尖，基部渐狭呈楔形或宽楔形，全缘或通常上半部具细锯齿，两面无毛。聚伞花序簇生于叶腋，或近于帚状，每腋内有花多朵；花极芳香；花冠黄白色、淡黄色、黄色或橘红色（见图 3-118）。果歪斜，椭圆形，紫黑色。花期 9～10 月，果期翌年 3 月。

图 3-118　桂花形态特征

【生长习性】

桂花适应于亚热带气候广大地区。性喜温暖湿润气候和微酸性土壤，不耐干旱瘠薄。种植地区平均气温 14～28℃，7 月平均气温 24～28℃，1 月平均气温 0℃以上，能耐最低气温 −10℃。湿度对桂花生长发育极为重要，若遇到干旱会影响开花，强日照和荫蔽对其生长不利，一般要求每天 6～8 小时光照。

【园林应用前景】

桂花终年常绿，枝繁叶茂，秋季开花，在园林中应用普遍，常作园景树，有孤植、对植，也有成丛成林栽种。在我国古典园林中，桂花常与建筑物、山、石相配，以丛生灌木型植于亭、台、楼、阁附近（见图 3-119）。旧式庭园常用对植，古称“双桂当庭”或“双桂留芳”。桂花对有害气体二氧化硫、氟化氢有一定的抗性，也是工矿区的一种绿化的好花木。

图 3-119 桂花园林应用

【栽培管理】

桂花可用播种、扦插、压条、嫁接等方法繁殖，最常用的是嫁接法。移植常在 3 月中旬至 4 月下旬或秋季花后进行，必要时雨季也可。桂花需带土球移植，桂花移植时还需进行树冠修剪，拢冠，用草绳包扎主干和大枝。

栽后根据天气和土壤湿度确定浇水次数和浇水量。雨天可不浇水，干热大风天气，每天早晚都浇水或向树体（树冠和包裹草绳的主干、大枝）喷雾多次。花前注意灌水，花期控水。桂花喜肥，每年施肥 2 次，11～12 月施基肥，7 月施追肥。

【整形修剪】

桂花为常绿树种，有一年多次抽生新梢的习性，通常为春梢、夏梢、秋梢三种类型。树体发育基本完成、树冠丰满的成年树，则以春梢为主，夏秋梢少见。常用多主干形和单干形自然整形方式（见图 3-120 至图 3-122）。

（1）除萌、抹芽 除萌抹芽的重点在幼树近地面的根颈部位，一年要进行多次，特别在春、夏、秋梢旺发前要及时进行。这些从不定芽、潜伏芽萌发的新梢，生命力强，抽生速度

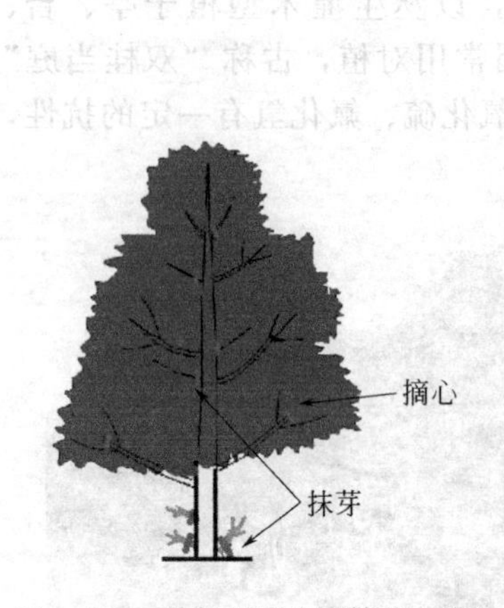

图 3-120　幼树整形多用抹芽、摘心

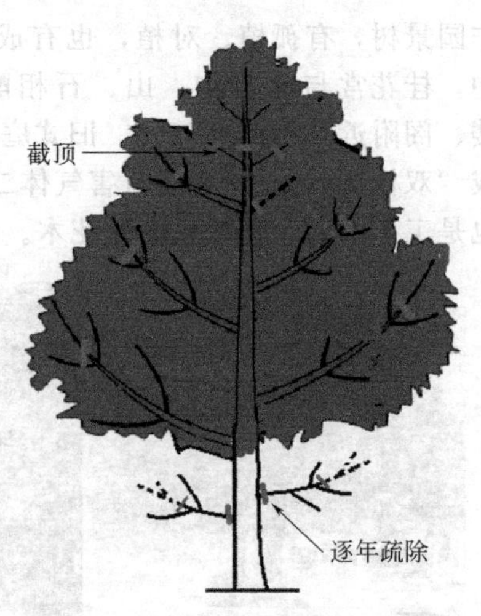

图 3-121　单干自然圆头形的整形

图 3-122　自然圆头形树冠的修剪

快，处理时间稍有耽误，基部就会出现许多徒长枝、竞争枝、丛生枝，扰乱原有树形。要特别注意嫁接以后的除萌抹芽工作，要多次反复进行。

（2）摘心、扭梢　桂花苗木基部分枝多，主干不明显的时候，选留一个位置着生好，生长相对比较强的新梢，不予处理，对其他嫩枝进行摘心或扭枝，集中营养，加强顶端优势，促进主干生长。如此反复操作 2～3 次，可以培养出粗壮的主干。若主干生长过于迅速，出现太长、太细时，可以通过摘心进行调节。

（3）自然圆头形的整形　每年在主干上选留1～2个主枝，随着树高的增长，逐年疏除主干下部的1～2个主枝，以提高主干高度。待主干高达1.5m，可保留4～5个大主枝截顶，使形成单干自然圆头形树冠。

整形要根据桂花品种特性和苗木本身生长状况区别对待。有些品种顶端优势明显，干性强，主干容易养成，如状元红、齿叶丹桂等应采用单干形。有些品种如日香桂、佛顶珠，分枝多，主干不明显，应采用多主干形。在掌握基本原则的同时，做到随枝修剪，因树造形。

第四章

花灌木的栽培与修剪

一、连翘

【学名】*Forsythia koreana* “*Sun Gold*”

【科属】木犀科、连翘属

【产地分布】

中国北部和中部，朝鲜也分布。

【形态特征】

连翘为落叶灌木，植株高 0.8～1.2m，冠椭圆形或卵形，枝干丛生，枝开展，小枝黄色，弯曲下垂。单叶对生，边缘具锯齿或全缘，叶上面深绿色，下面淡黄绿色。花腋生，黄色，具 4 裂片，裂片长于筒部（见图 4-1）。蒴果卵形。花期 3～4 月，果期 7～9 月。

图 4-1　金叶连翘形态特征

【生长习性】

耐干旱，抗寒性强，喜光，栽植于阳光充足或稍遮荫，偏酸性、湿润、排水良好的土壤。钙质土壤上生长良好。

【园林应用前景】

连翘广泛用于城市美化，早春先叶开花，花开满枝金黄，艳丽可爱，是早春优良观花灌木。适宜于宅旁、亭阶、墙隅、篱下与路边配置，也宜于溪边、池畔、岩石、假山下栽种（见图 4-2）。

图 4-2　连翘园林应用

【栽培管理】

连翘可用种子、扦插、压条、分株等方法进行繁殖，生产上以种子、扦插繁殖为主。连翘常在落叶后移植，栽植前穴内施足基肥，以后可不再施肥。萌芽前至花前灌水 2～3 次，夏季干旱时灌水 2～3 次，秋后土壤结冻前灌一次水。雨季注意排水。定植后，每年冬季结合松土除草施入腐熟厩肥、饼肥或土杂肥，用量为幼树每株 2kg，结果树每株 10kg，有条件的地方，春季开花前可增加施肥 1 次。

【整形修剪】

1. 独干形整形修剪

定植后，植株高达 1m 左右时，在主干离地面 70～80cm 处短截。冬季在主干上选择不同方向发育充实的 3～4 个枝作主枝，短截在饱满芽处。

第二年在主枝上再先留 3～4 个壮枝作侧枝。通过几年的整形修剪，使其形成低干矮冠，通风透光，小枝疏密适中的独干形树形（见图 4-3）。

整形同时于每年冬季将枯枝、重叠枝、交叉枝、纤弱枝以及徒长枝和病虫枝剪除。生长期还要适当进行疏枝、摘心。对已经开花结果多年、开始衰老的结果枝群，也要进行短截或重剪（即剪去枝条的 2/3），可促使剪口以下抽生壮枝，恢复树势，提高结果率。

2. 丛生形整形修剪

苗木定植后，对所选留的主枝进行重截，以促发分枝。冬季修剪时，疏去细弱枝及地表萌生的根蘖；绝大部分枝条均采取缓放；对部分生长细长弯曲下垂的枝条，应截去 1/4～1/5，留中间饱满芽开花；对生长比较充实、顶端稍弯的直立长花枝适当的留 2～3 个缓放；其余过长的花枝采取回缩或疏的方法处理；对于徒长枝，可以重截促生分枝，增加开花枝条，另外可做更新老枝用。每 4～5 年更新一次，花后从地面附近将所有枝条短截，促发新枝（见图 4-4 和图 4-5）。

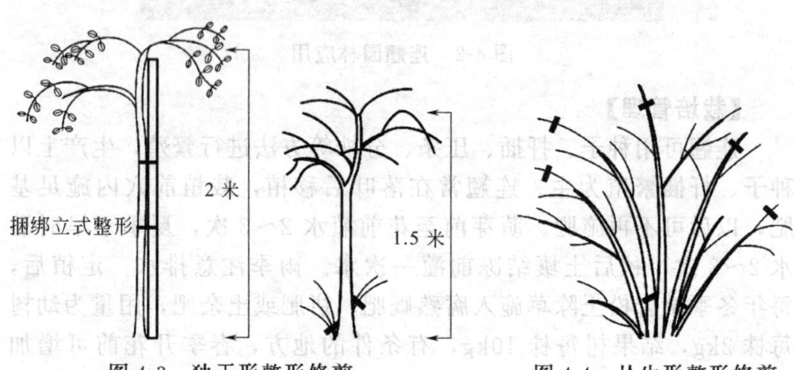

图 4-3　独干形整形修剪　　　　图 4-4　丛生形整形修剪

二、紫薇

【学名】 *Forsythia koreana* “*Sun Gold*”

【科属】 千屈菜科、紫薇属

【产地分布】

原产亚洲，我国广东、广西、四川、浙江、江苏、湖北、河南、河北、山东、安徽、陕西等均有生长或栽培。

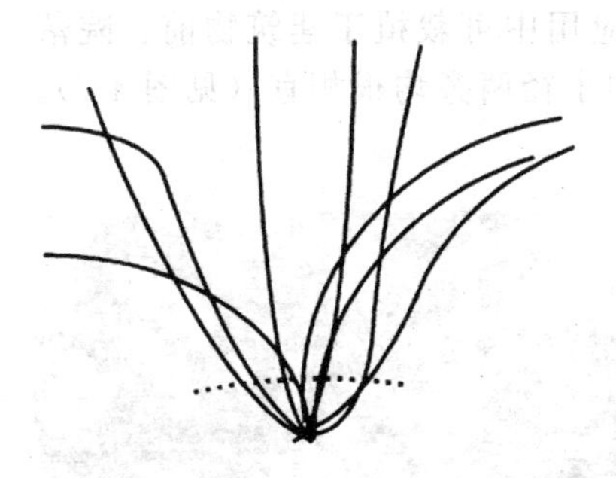

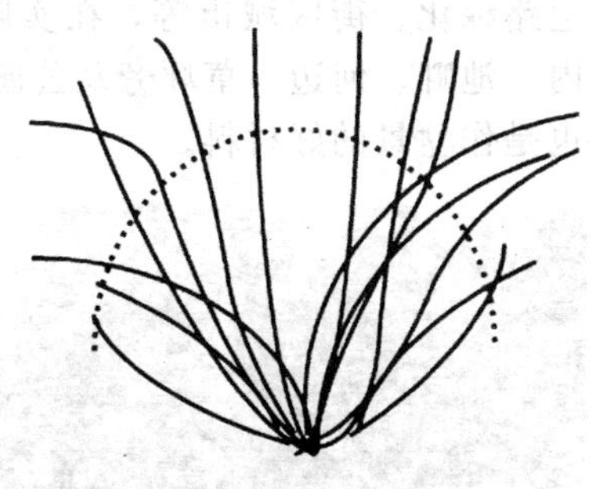

图 4-5 更新（右为更新后整形）

【形态特征】

别名百日红、满堂红、痒痒树等。落叶灌木或小乔木，高可达7m；树皮平滑，灰色或灰褐色；枝干多扭曲，小枝纤细，具4棱。叶互生或有时对生，纸质，椭圆形、阔矩圆形或倒卵形，无柄或叶柄很短。花淡红色或紫色、白色，常组成7～20cm的顶生圆锥花序；花瓣6，皱缩（见图4-6）。蒴果椭圆状球形或阔椭圆形，幼时绿色至黄色，成熟时或干燥时呈紫黑色。花期6～9月，果期9～12月。

图 4-6 紫薇形态特征

【生长习性】

紫薇其喜暖湿气候，喜光，略耐阴，喜肥，尤喜深厚肥沃的砂质壤土，耐干旱，忌涝，忌种在地下水位高的低湿地方。有一定的抗寒性，北京以南可露地越冬。还具有较强的抗污染能力，对二氧化硫、氟化氢及氯气的抗性较强。

【园林应用前景】

紫薇作为优秀的观花乔木，被广泛用于公园绿化、庭院绿化、道路绿化、街区城市等，在实际应用中可栽植于建筑物前、院落内、池畔、河边、草坪旁及公园中小径两旁均很相宜（见图 4-7）。也是作盆景的好材料。

图 4-7　紫薇园林应用

【栽培管理】

紫薇常用播种、扦插、嫁接等方法繁殖，其中扦插方法更好，扦插成活率高，植株的开花早，成株快，而且苗木的生产量也较高。移植以 3～4 月初为宜，裸根移植，起苗时保持根系完整。栽植前施足基肥，5～6 月酌情追肥。栽植后浇足水，生长期每 15～20 天浇水 1 次，入冬前浇一次封冻水。

【整形修剪】

1. 整形

紫薇耐修剪，可形成不同株型，常有独干形、双干形和丛生形（图 4-8），整形步骤参见第二章第四节。

2. 修剪

整形完成后，每年要通过修剪来维持良好的树形，才能使紫薇既有自然美的树形，又有满树的花朵（图 4-9）。

在北方严寒地区，紫薇冬剪应注意防止剪口受冻，适当推迟在春季萌芽前修剪，对一年生枝条留 5cm 全部剪除。注意枝条要错落有致，形成圆球形树冠，防止“大平头”（如图 4-10 左）。

花芽着生在一年生枝条顶端，花后短截，可促使剪口芽萌发，

图 4-8　紫薇的不同株形

图 4-9　紫薇的修剪

图 4-10　错误的修剪（左）和正确的修剪（右）

再次开花。花后及时剪除残花，也可防止秋后结果，消耗营养（见图 4-11）。

三、紫荆

【学名】 *Cercis chinensis Bunge*

【科属】 豆科、紫荆属

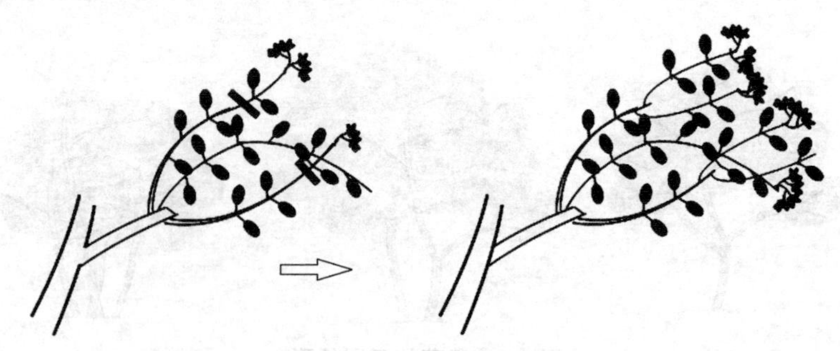
图 4-11　紫薇花枝的修剪

【产地分布】

紫荆原产于中国，在湖北西部、辽宁南部、河北、陕西、河南、甘肃、广东、云南、四川等省都有分布。

【形态特征】

别名满条红、紫株、箩筐树等。落叶灌木或小乔木，高 2～5m；树皮和小枝灰白色。叶纸质，近圆形或三角状圆形，宽与长相当或略短于长，先端急尖，嫩叶绿色，叶柄略带紫色。花紫红色或粉红色，2～10 余朵成束，簇生于老枝和主干上（见图 4-12），

图 4-12　紫荆形态特征

尤以主干上花束较多，越到上部幼嫩枝条则花越少，通常花先于叶开放，但嫩枝或幼株上的花则与叶同时开放。荚果扁狭长形，绿色，阔长圆形，黑褐色，光亮。花期3～4月；果期8～10月。

【生长习性】

性喜光照，有一定的耐寒性。喜肥沃、排水良好的土壤，不耐积水。萌蘖性强，耐修剪。

【园林应用前景】

紫荆花朵漂亮，花量大，花色鲜艳，是春季重要的观赏灌木。适合绿地孤植、丛植，或与其他树木混植，也可作庭院树或行道树与常绿树配合种植。巨紫荆为乔木，胸径可达40cm，高15m，具有生长快、干性好、株型丰满，适合作行道树（见图4-13至图4-15）。

图4-13 紫荆园林应用（一）

图4-14 紫荆园林应用（二）

图4-15 巨紫荆行道树

【紫荆属介绍】

豆科，紫荆属约 8 种，分布于北美、东亚和南欧，我国有 5 种，产我国的西南和中南，有紫荆、黄山紫荆、广西紫荆、湖北紫荆、垂丝紫荆，其中常见栽培的紫荆为乔木或灌木。巨紫荆 *Cercis gigantea* 为落叶乔木或大乔木；加拿大紫荆 *C. Canadensis Cercis canadensis* 为小乔木，高可达 12m。

【栽培管理】

紫荆可用播种、嫁接、扦插等方法繁殖。移植在春季萌芽前进行，移植前施足基肥，栽植后立即灌透水。紫荆耐旱，怕淹，但喜湿润环境，每年春季萌芽前至开花期间浇水 2～3 次，秋季切忌浇水过多，入冬前浇封冻水。紫荆喜肥，肥足则枝繁叶茂，花多色艳，缺肥则枝稀叶疏，花少色淡。应在定植时施足底肥，以腐的有机肥为好。正常管理后，每年花后施一次氮肥，促长势旺盛，初秋施一次磷钾复合肥，利于花芽分化和新生枝条木质化后安全越冬。初冬结合浇冻水，施用牛马粪。植株生长不良可叶面喷施 0.2%磷酸二氢钾溶液和 0.5%尿素溶液。

【整形修剪】

紫荆除作灌丛状种植外，也可作小乔木整形（图 4-16），一般作灌丛状种植的紫荆观赏寿命只能有 10～15 年，而按小乔木整形，树龄可达三四十年。

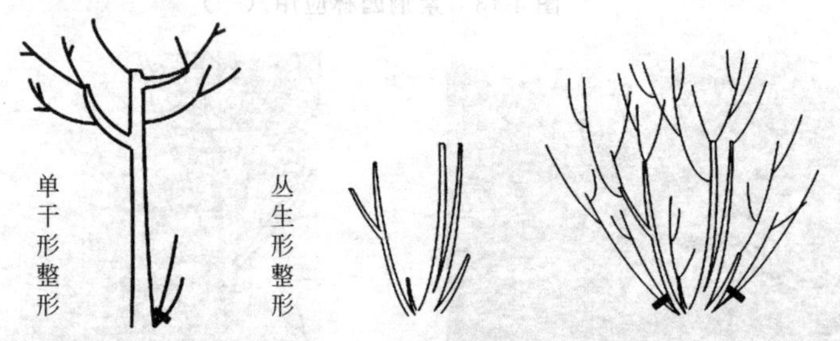
单干形整形
从生形整形
单干形整形：幼苗期选留一根粗枝，其余疏剪；定干后，选留 3 ～ 5 个主枝短截，选留外侧芽
从生形整形：幼苗期选留 3 ～ 5 根粗枝加以修剪，可形成干净美观的株形

图 4-16　紫荆的整形修剪

对紫荆小乔木整形后应注意每年夏季对新生侧枝摘心，防止树

冠中空，同时增加2年生枝条量，增大来年的花量。紫荆是在2～3年生以上的老枝上开花，因此要谨慎修剪老枝。

夏季修剪主要是摘心剪梢，及时剪掉残花；冬季修剪主要是适度疏剪枯萎枝、拥挤枝和无用枝等。

四、榆叶梅

【学名】 *Amygdalus triloba* [(*Lindl.*) *Ricker*]

【科属】 蔷薇科、桃属

【产地分布】

产于黑龙江、吉林、辽宁、内蒙古、河北、山西、陕西、甘肃、山东、江西、江苏、浙江等省区。全国各地多数公园内均有栽植。

【形态特征】

别名小桃红。落叶灌木，稀小乔木，高2～3m；枝条开展，叶片宽椭圆形至倒卵形，先端短渐尖，常3裂，叶边具粗锯齿或重锯齿。花1～2朵，先于叶开放，花瓣近圆形或宽倒卵形，粉红色(见图4-17)。果实近球形，外被短柔毛。花期4～5月，果期5～7月。榆叶梅品种极为丰富，花瓣有单瓣、有重瓣，颜色有深、有浅，据调查，北京具有40多个品种。

图4-17 榆叶梅形态特征

【生长习性】

喜光，稍耐阴，耐寒，能在－35℃下越冬。对土壤要求不严，以中性至微碱性而肥沃土壤为佳。根系发达，耐旱力强。不耐涝。抗病力强。生于低至中海拔的坡地或沟旁乔、灌木林下或林缘。

【园林应用前景】

榆叶梅是早春优良的观花灌木，花形、花色均极美观，可孤植、丛植，广泛用于草坪、公园、庭院的绿化和美化，适宜在各类园林绿地中种植（见图 4-18）。

图 4-18　榆叶梅园林应用

【栽培管理】

榆叶梅的繁殖可以采取嫁接、播种、压条等方法，但以嫁接效果最好。春秋两季均可带土球移植，为促进大苗移植后生长，可在移植前半年进行断根处理，对移植成活有利。榆叶梅喜湿润环境，但也较耐干旱。移栽的头一年还应特别注意水分的管理，在夏季要及时供给植株充足的水分，防止因缺水而导致苗木死亡。在进入正常管理后，要注意浇好三次水，即早春的返青水、仲春的生长水、初冬的封冻水。榆叶梅喜肥，定植时可施足底肥，以后每年春季花落后，夏季花芽分化期，入冬前各施一次肥。

【整形修剪】

榆叶梅主要树形有独干形、丛生形，整形步骤参见第二章第四节。榆叶梅幼树主要采取花后短截措施，可促发侧枝．一般在花后1～2 周内进行花枝短截，剪留 10～20cm，保留 4～10 个健壮芽即可。壮龄树要注意疏掉过密的枝条。榆叶梅一般疏掉幼果，节约养分，以免影响来年的开花；也可花后保留幼果，增加观赏性（见

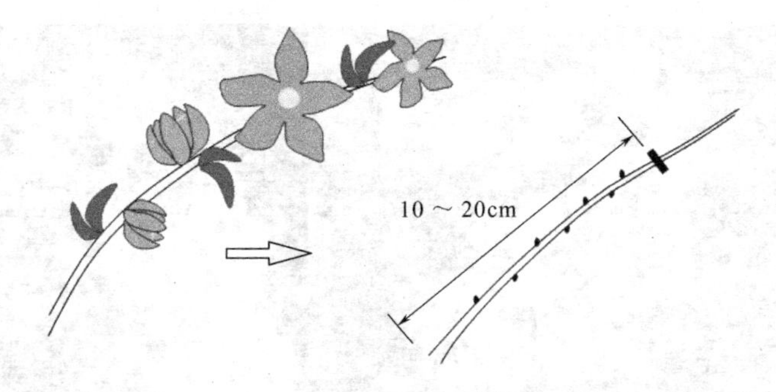

图 4-19　花枝的修剪

图 4-19）。

五、紫丁香

【学名】 *Syringa oblata*

【科属】 木犀科、丁香属

【产地分布】

在中国，紫丁香的分布是以秦岭为中心，北到黑龙江，吉林、辽宁、内蒙古、河北，山东、陕西、甘肃等地区，南到四川、云南和西藏等地区。

【形态特征】

落叶灌木或小乔木，高可达 5m；树皮灰褐色或灰色。小枝较粗，疏生皮孔。叶片革质或厚纸质，卵圆形至肾形，宽常大于长，先端短凸尖至长渐尖或锐尖，基部心形、截形至近圆形，或宽楔形，上面深绿色，下面淡绿色。圆锥花序直立，近球形或长圆形，花冠紫色（见图 4-20）。果倒卵状椭圆形、卵形至长椭圆形。花期 4～5 月，果期 6～10 月。

【生长习性】

喜光，稍耐阴，阴处或半阴处生长衰弱，开花稀少。喜温暖、湿润，有一定的耐寒性和较强的耐旱力。对土壤的要求不严，耐瘠薄，喜肥沃、排水良好的土壤，忌在低洼地种植，积水会引起病害，直至全株死亡。

【园林应用前景】

紫丁香属植物主要应用于园林观赏，已成为全世界园林中不可

图 4-20　紫丁香形态特征

缺少的花木。可丛植于路边、草坪或向阳坡地，或与其他花木搭配栽植在林缘，也可在庭前、窗外孤植（见图 4-21），或将各种丁香穿插配植，布置成丁香专类园。丁香对二氧化硫及氟化氢等多种有毒气体，都有较强的抗性，故又是工矿区等绿化、美化的良好材料。

图 4-21　紫丁香园林应用

【栽培管理】

紫丁香可用播种、扦插、嫁接、分株、压条繁殖。紫丁香一般在春季萌芽前裸根栽植，宜栽于土壤疏松而排水良好的向阳处，栽植时施足基肥，栽植后浇透水，缓苗期每 10 天浇水 1 次。以后灌溉可依地区不同而有别，华北地区，4～6 月是丁香生长旺盛并开花的季节，每月要浇 2～3 次透水，7 月以后进入雨季，则要注意排水防涝。到 11 月中旬入冬前要灌足水。紫丁香一般不施肥或少施肥，切忌施肥过多，否则会引起徒长，影响花芽形成。但在花后应施些磷、钾肥及氮肥。

【整形修剪】

1. 整形

丁香常用丛生形树形（见图 4-22），整形步骤参见第二章第四节。

2. 修剪

丁香生命力强，一年中可多次修剪，随时剪除无花芽的徒长枝和衰弱的下垂枝和根蘖等无用枝条。对生枝可交互疏剪掉一个，株形会干净利落（图 4-23）。丁香的花芽在夏季形成，应避免夏季修剪枝条顶端，花枝修剪见图 4-23。

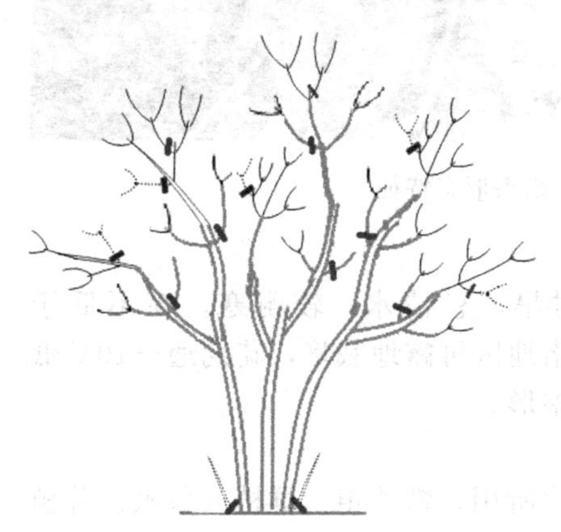

图 4-22　丁香冬季修剪

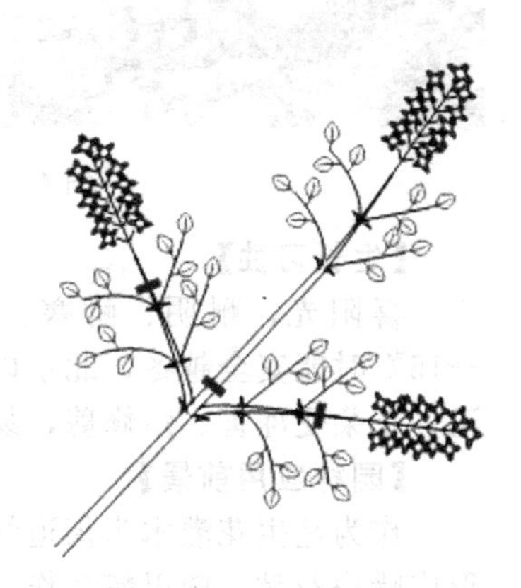

图 4-23　丁香花枝的修剪

六、蜡梅

【学名】 *Chimonanthus praecox*（*Linn.*）*Link*

【科属】 蜡梅科、蜡梅属

【产地分布】

野生于山东、江苏、安徽、浙江、福建、江西、湖南、湖北、河南、陕西、四川、贵州、云南等省；广西、广东等省区均有栽培。

【形态特征】

落叶灌木，高可达4～5m。常丛生。幼枝四方形，老枝近圆柱形，灰褐色。叶纸质至近革质，卵圆形、椭圆形、宽椭圆形至卵状椭圆形，有时长圆状披针形。花单生于二年生枝条叶腋，先叶开花，芳香，是冬季观赏的主要花木（见图4-24）。花期11月至翌年3月，果期4～11月。

图4-24　蜡梅形态特征

【生长习性】

喜阳光，耐阴、耐寒、耐旱，忌渍水。较耐寒，在不低于－15℃时能安全越冬，北京以南地区可露地栽培，花期遇－10℃低温，花朵受冻害。耐修剪，易整形。

【园林应用前景】

作为丛生花灌木为街道绿化所用，常片植、群植或孤植。片植形成蜡梅花林，或以蜡梅作主景，配以南天竹或其他常绿花卉，构成黄花红果相映成趣、风韵别致的景观。用蜡梅、鸡爪槭、月季、牡丹等树种混栽，灌、乔混合配置，高低相配、错落有致（见图4-25）。

【栽培管理】

蜡梅主要用播种、嫁接及分株繁殖。移栽在春季萌芽前进行，

图 4-25 蜡梅园林应用

小苗裸根蘸泥浆，大苗带土球移植。栽前施足基肥，每株施 5～8kg，栽后灌足水。

蜡梅平时以维持土壤半墒状态为佳，雨季注意排水，防止土壤积水。干旱季节及时补充水分，开花期间，土壤保持适度干旱，不宜浇水过多。盆栽蜡梅在春秋两季，盆土不干不浇；夏季每天早晚各浇一次水，水量视盆土干湿情况控制。

每年花谢后施一次充分腐熟的有机肥；春季新叶萌发后至 6 月的生长季节，每 10～15 天施一次腐熟的饼肥水；7～8 月的花芽分化期，追施腐熟的有机肥和磷钾肥混合液；秋后再施一次有机肥。

【整形修剪】

1. 整形

（1）开心形整形　在幼苗期选留一枝粗壮的枝条，不进行摘心培养成主干。当主干达到预期的高度（一般 70cm）后再行摘心，促使分枝。当分枝长到 25cm 后再次摘心，随时剪除基部萌发的枝条。在2～3 年的时间，主干上选留 3～4 个主枝时，去掉中心干，呈开心形。整形步骤见图 4-26 至图 4-28）。

（2）丛生形整形　幼苗期即行摘心，促其分枝。在休眠期对壮枝留壮芽短截，对弱枝留基部 2～3 个芽进行短截，同时清除冠丛内膛细枝、病枯枝、乱形枝。具体整形参见第二章第四节。

2. 修剪

（1）生长季抹芽、摘心　蜡梅叶芽萌发 5cm 左右时，抹除密

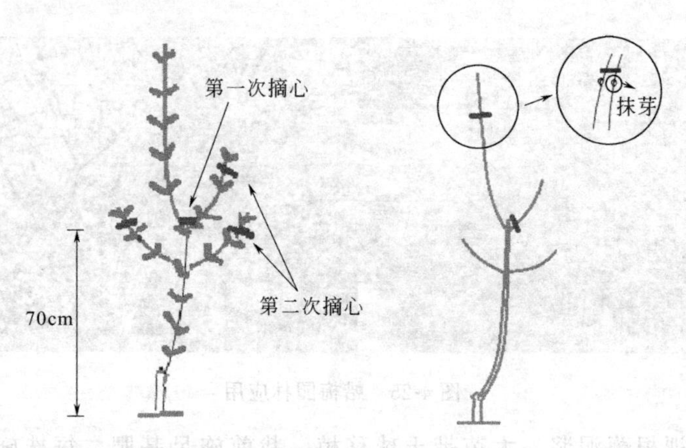

图 4-26 蜡梅第一年整形（左生长季，右冬季）

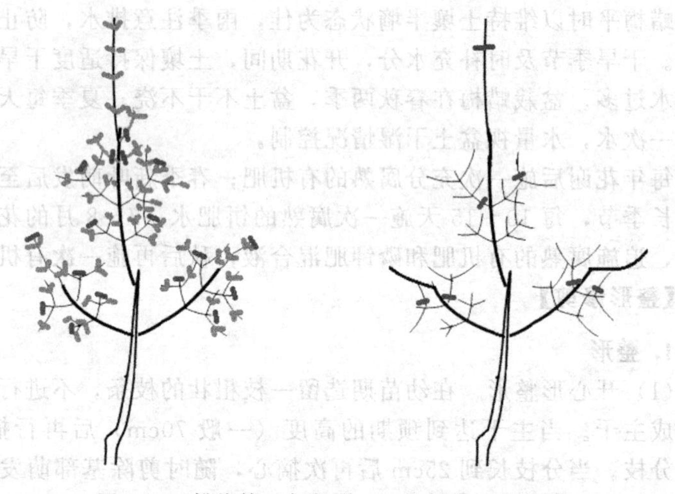

图 4-27 蜡梅第二年整形（左生长季，右冬季）

集、内向、贴近地面的萌蘖。在 5～6 月旺盛生长期，当主枝长 40cm 以上，侧枝 30cm 以上时进行摘心，促生分枝（见图 4-29）。在雨季，及时剪去内膛的无用枝。

（2）花前修剪 在落叶后花芽膨大前，对长枝在花芽上多留一对叶芽，剪去上部无花芽部分。

（3）花后补剪 回缩衰弱的主枝或枝组。对过高、过长、过强

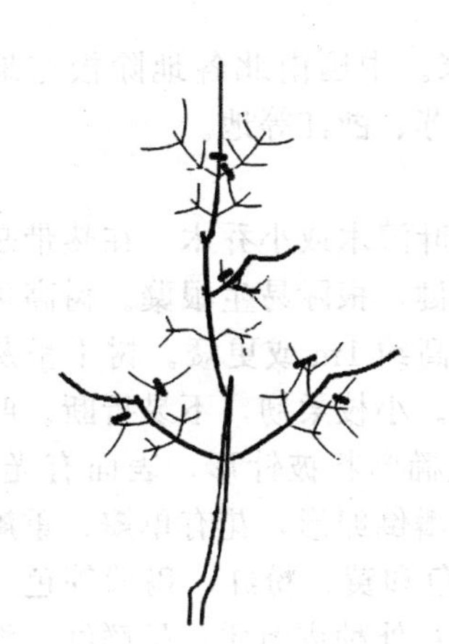
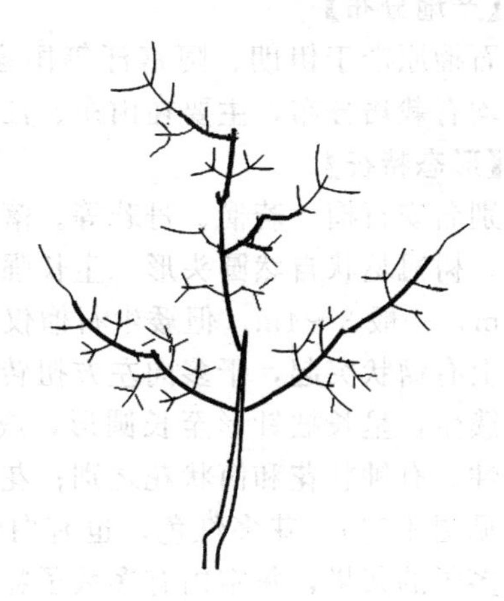

图 4-28 蜡梅第三年冬季整形（右修剪后）

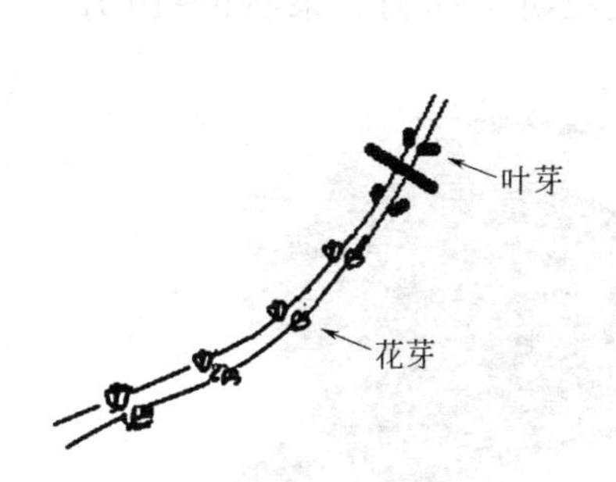

图 4-29 长花枝留一对叶芽短截

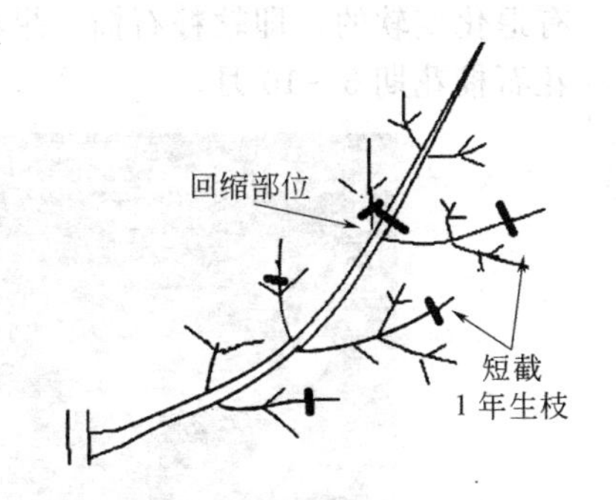

图 4-30 过强、过高主枝回缩到弱枝处

的主枝，可在较大的中庸斜生枝处回缩，以弱枝带头，控制枝高、枝长和枝势。短截一年生枝，主枝延长枝剪留 30～40cm，其他较强的枝留 10～20cm，弱枝留一对芽或疏除。花谢后及时摘去残花（见图 4-30）。

七、石榴

【学名】 *Punica granatum Linn*

【科属】 石榴科、石榴属

【产地分布】

石榴原产于伊朗、阿富汗等国家。中国南北各地除极寒地区外，均有栽培分布，主要在山东、江苏、浙江等地。

【形态特征】

别名安石榴、若榴、丹若等。落叶灌木或小乔木，在热带是常绿树。树冠丛状自然圆头形。生长强健，根际易生根蘖。树高可达5～7m，一般3～4m，但矮生石榴仅高约1m或更矮。树干呈灰褐色，上有瘤状突起，干多向左方扭转。小枝柔韧，不易折断。叶对生或簇生，呈长披针形至长圆形，或椭圆状披针形，表面有光泽。花两性，有钟状花和筒状花之别；花瓣倒卵形，花有单瓣、重瓣之分（见图4-31）。花多红色，也有白色和黄、粉红、玛瑙等色。多室、多子的浆果，每室内有多数子粒；外种皮肉质，呈鲜红、淡红或白色，多汁，甜而带酸，即为可食用的部分；内种皮为角质，也有退化变软的，即软籽石榴。果石榴花期5～6月，果期9～10月。花石榴花期5～10月。

图4-31　石榴形态特征

【生长习性】

石榴性喜光、喜温暖的气候，有一定的耐寒能力，冬季休眠期

－17℃时发生冻害，建园应避开冬季最低温在－16℃以下的地区。石榴较耐瘠薄和干旱，怕水涝，但生育季节需有充足的水分。喜湿润肥沃的石灰质土壤。

【园林应用前景】

重瓣的花多难结实，以观花为主；单瓣的花易结实，以观果为主。常孤植或丛植于庭院、游园之角，对植于门庭之出处，列植于小道、溪旁、坡地、建筑物之旁，也宜做成各种桩景观赏（见图4-32）。

图 4-32　石榴园林应用

【栽培管理】

石榴可用播种、嫁接、扦插、压条等方法繁殖，以扦插为主。一般春季萌芽前移栽，栽植后立即灌透水，并保持土壤湿润。生长期如果不下雨，每 20 天浇水 1 次，入冬前浇封冻水。一般秋末施有机肥，生长季于花前、花后、果实膨大期和花芽分化期及采果后进行追肥。

【整形修剪】

1. 整形

石榴的树形多采用独干形和丛生形（见图 4-32），整形步骤参见第二章第四节。

2. 修剪

石榴修剪以冬剪为主，原则是多疏剪，少短截，使树体“上稀下密，外稀内密，大枝稀小枝密”，即“三稀三密”。石榴的混合芽均着生在健壮的短枝顶部，对这些短枝注意保留，不要短截（见图4-33和图4-34）。

图4-33　疏除直立旺枝，小枝不短截

图4-34　回缩直立旺枝，小枝不短截

八、木槿

【学名】 *Hibiscus syriacus Linn*

【科属】 木犀科、石楠属

【产地分布】

木槿原产东亚，主要分布在热带和亚热带地区。我国分布南边到台湾、广东等，北边到河北、陕西等省区。

【形态特征】

别名木棉、荆条、木槿花等。落叶灌木，高3～4m，小枝密被黄色星状绒毛。叶菱形至三角状卵形，具深浅不同的3裂或不裂，先端钝，基部楔形，边缘具不整齐齿缺。花单生于枝端叶腋间，花瓣形状多变，有单瓣、重瓣；有淡紫色、粉色、白色等（见图4-35）。蒴果卵圆形。花期7～10月。

【生长习性】

木槿喜光而稍耐阴，喜温暖、湿润气候，较耐寒，但在北方寒冷地区栽培需保护越冬，好水湿而又耐旱，对土壤要求不严，在重黏土中也能生长。萌蘖性强，耐修剪。

图 4-35 木槿形态特征

【园林应用前景】

木槿是夏、秋季的重要观花灌木，南方多作花篱、绿篱（见图 4-36）；北方作庭园点缀及室内盆栽。木槿对二氧二硫与氯化物等有害气体具有很强的抗性，同时还具有很强的滞尘功能，是有污染工厂的主要绿化树种。

图 4-36 木槿园林应用

【栽培管理】

木槿可用播种、扦插、压条等方法繁殖，以扦插为主。春秋两季均可移栽，可裸根蘸泥浆移栽，适当剪去部分枝梢，极易成活。当枝条开始萌动时，应及时追肥，以速效肥为主，促进营养生长；现蕾前追施1～2次磷、钾肥，促进植株孕蕾；5～10月盛花期追肥两次，以磷钾肥为主；冬季休眠期以农家肥为主，辅以适量无机复合肥。长期干旱无雨天气，应注意灌溉，而雨水过多时要排水防涝。

【整形修剪】

1. 整形

木槿树形多采用丛生形和自然开心形（或独干形）（见图4-36），整形步骤参见第二章第四节。木槿作绿篱列植时（见图4-37），注意修剪掉侧枝，培养小枝，使树冠紧凑，花朵繁密（见图4-38）。

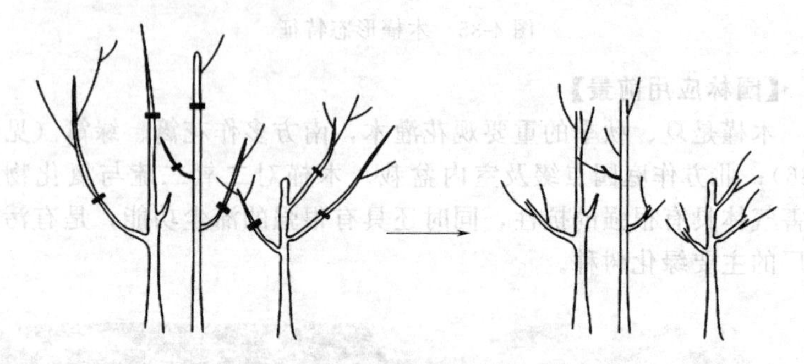

图4-37　木槿做绿篱的整形修剪

木槿树势旺盛，易形成自然树形。管理粗放、少修剪的放任树，枝条过密可适当疏剪，逐年改造成开心形。修剪前树冠郁闭，光照不良；经过3～4年改造后，光照良好，寿命延长，开花繁茂。

2. 修剪

乔木状的木槿，在生长旺盛期，树冠内的枝条多，透光率低，内部枝条生长变弱。因此修剪时，及时去掉多余的主枝和侧枝，使主侧枝分布合理，疏密适度；疏除外围过密枝，以利于树冠的通风透光；对外围生长较快的枝条，适时进行短截，短截时留外芽，以利于扩大树形。

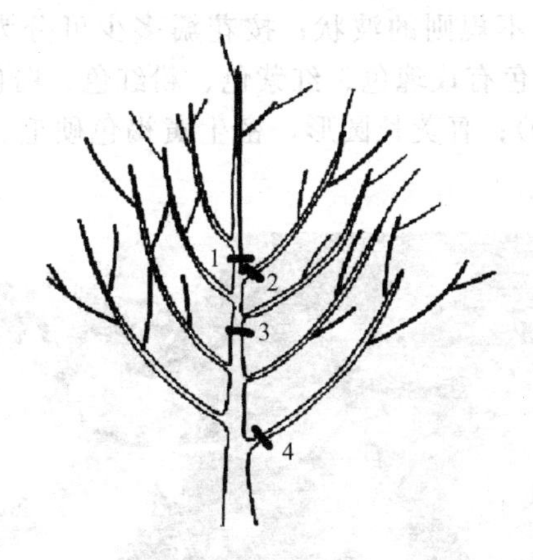

图 4-38 放任成年树的修剪

1—第一年修剪部位；2—第二年修剪部位；

3—第三年修剪部位；4—第四年修剪部位

对灌木状木槿，一般表现为主枝数过多，内膛直立枝多且乱现象。修剪时疏去内膛萌生的直立枝，但不要短截，短截后容易出现枝条过多，造成树形骨架不明显。

九、牡丹

【学名】 *Paeonia suffruticosa*

【科属】 芍药科、芍药属

【产地分布】

牡丹原产于中国西部秦岭和大巴山一带山区，是我国特有的木本名贵花卉。经过多年栽培技术的改进，目前牡丹的栽植遍布了全国各省市自治区。栽培面积最大最集中的有菏泽、洛阳、北京、临夏、铜陵县等。

【形态特征】

别名花王、洛阳花、富贵花、木芍药等。落叶灌木。株高多在0.5～2m之间；分枝短而粗。根系发达，具有多数深根形的肉质主根和侧根。叶通常为二回三出复叶，偶尔近枝顶的叶为3小叶(见图4-39)；顶生小叶宽卵形，3裂至中部，裂片不裂或2～3浅裂，表面绿色，背面淡绿色。花单生枝顶，花瓣5片或多片，花瓣倒卵形，顶端呈不规则的波状；按花瓣多少可分为单瓣类、重瓣类、千瓣类；花色有玫瑰色、红紫色、粉红色、白色等，通常变异很大（见图 4-40）；蓇葖长圆形，密生黄褐色硬毛。花期 5 月；果期 6 月。

图 4-39　牡丹叶的形态特征

图 4-40　牡丹花的形态特征

【生长习性】

性喜温暖、凉爽，耐寒，最低能耐－30℃的低温。喜阳光，也耐半阴，充足的阳光对其生长较为有利，但不耐夏季烈日暴晒。耐干旱，忌积水。适宜在疏松、深厚、肥沃、地势高燥、排水良好的中性沙壤土中生长。酸性或黏重土壤中生长不良。

【园林应用前景】

牡丹是我国特有的木本名贵花卉，素有“国色天香”、“富贵之花”、“花中之王”的美称。可孤植、丛植于园林绿地、庭园等处，观赏效果极佳。在园林中常用作专类园，供重点美化区应用（见图 4-41）。

图 4-41 牡丹园观赏效果

【栽培管理】

牡丹可用播种、嫁接、分株法繁殖。秋季是牡丹的最佳栽植时期，以 9 月中旬至 10 月下旬带土球移栽为宜。牡丹是深根性肉质根，平时浇水不宜过多，宜干不宜湿。栽培牡丹基肥要足，基肥可用堆肥、饼肥或粪肥。通常一年施肥 3 次，即开花前半个月喷一次磷肥为主的肥水加花朵壮蒂灵；花后半个月施一次复合肥；入冬前施一次有机肥。

【整形修剪】

牡丹常用丛生形树形（见图 4-41），为使牡丹植株植株株型完美、生长旺盛和年年开花，应当通过主枝的选留与更新、抹芽、疏蕾等技术措施，及时除去无用的枝和芽，保持植株有均衡适量的枝条和美观的株形，开花繁茂。

1. 主枝选留

组成丛生形树冠的主枝选留的多少，应以植株生长的年限、品种生长的特性等而定。一般栽植一年的植株，选留4～5个主枝即可；2～3年的植株，主枝可增加到6～8个，新增加的主枝，主要从健壮的萌蘖芽中选留。有些品种，萌蘖芽很少，可在个别粗壮的主枝上选留2个侧枝，以扩大丛冠（见图4-42）。

图4-42　牡丹主枝选留（右为修剪后）

随着株龄的生长，丛冠展开角度的增大，一般不再增加主枝，可在丛冠有较大空隙的地方，选留侧枝填补；如果植株偏冠（一边枝偏少），株型不圆整，而主枝上又无合适的侧枝填补时，可以在偏冠处选1～2个健壮的土芽补充，矫正丛冠。

2. 主枝更新

在植株因其他原因而损伤了主枝，或老枝长势减弱，开花很少或不开花，必须剪掉更新时，也可选用侧枝填补法或土芽增补法，来保持株型的完美。

3. 抹芽

也称“拿芽”“剔芽”。就是用手直接掰掉（抹除）不需要保留的新梢（包括带花蕾的）、腋芽及不定芽（潜伏芽）。抹芽，主要是针对土芽而言，就是用窄利刀、螺丝刀（改锥）或剪枝剪，从根颈部剔除或剪除土芽。萌蘖芽生命力强，生长速度快，消耗养分最多，如不需要补充主枝，应毫不犹豫地从根颈部彻底剔除或剪除干净，以防再次萌芽（见图4-43）。

4. 疏蕾

疏蕾，也称“掐花桃”。牡丹花朵硕大，要充分保持冠压群芳

图 4-43 春季牡丹的萌蘖芽

的丰姿，必须疏掉过多的花蕾，集中养分以供主蕾开花。疏蕾的时间与除侧枝同时。原则上一个主枝留一个花蕾，去小留大。花后要注意剪残花、枯叶、干梢，可减少营养的消耗，保持株型的整洁。

十、迎春花

【学名】 *Jasmine nudiflorum*

【科属】 木犀科、茉莉属（素馨属）

【产地分布】

原产中国华南和西南的亚热带地区，南北方栽培极为普遍，华北、安徽、河南均可生长，河南鄢陵全县均有栽培生产。

【形态特征】

别名迎春、黄素馨、金腰带等。落叶灌木，枝条细长，呈拱形下垂生长，植株较高，可达 5m。侧枝健壮，四棱形，绿色。三出复叶对生，小叶卵状椭圆形，表面光滑，全缘。花单生于叶腋间，花蕾高脚杯状，花瓣鲜黄色（见图 4-44），顶端 6 裂，或成复瓣。花期 3～5 月，可持续 50 天之久。

【生长习性】

喜光，稍耐阴，略耐寒，喜阳光，耐旱不耐涝。在北京以南均可露地越冬，要求温暖而湿润的气候，疏松肥沃和排水良好的沙质土，在酸性土中生长旺盛，碱性土中生长不良。

【园林应用前景】

迎春枝条披垂，冬末至早春先花后叶，花色金黄，叶丛翠绿。

图 4-44　迎春花形态特征

在园林绿化中宜配置在湖边、溪畔、桥头、墙隅，或在草坪、林缘、坡地，房屋周围也可栽植，可供早春观花（见图 4-45）。迎春的绿化效果凸出，体现速度快，在各地都有广泛使用。栽植当年即有良好的绿化效果，在山东、北京、天津、安徽等地都有使用迎春作为花坛观赏灌木的案例，江苏沭阳更是迎春的首选产地。

图 4-45　迎春花园林应用

【栽培管理】

迎春以扦插为主，也可用压条、分株繁殖。移栽早春萌动前或春末夏初可，栽植前施基肥，栽后及时灌水。栽培方法迎春花性喜温暖、湿润环境，忌植于雨后积水的低洼地，否则根部易腐烂。一般开花前至开花期要视土壤干湿程度浇水 1～3 次，在雨季到来之前，要经常注意灌水，立秋后不要灌水，以防枝条过长过嫩而不能安全越冬。每年入冬前或早春萌动前施1次腐熟肥，花谢后追施稀薄液肥1次，更利于花芽分化，氮肥不可多施。

【整形修剪】

1. 整形

迎春适宜用丛生形树形。苗期及早在离地20cm以下截干，促使分枝，并尽量利用萌蘖枝长放，第二年若分枝不够，用摘心或短截尽快增加枝条数量，形成丛生形树冠。迎春的枝条柔软，通常2～3年后即可在绿地应用。经过整形的迎春树形矮小，枝条坠地，覆盖根际，很适合配植（见图4-45）。

有时根据特殊需要也可将迎春培养成一根直立独干的伞形。这种整形方式多用于盆栽或与山石等相配置。迎春萌芽、萌蘖力强，耐修剪、摘心，适合绑扎造型，如用铁丝、竹篾扎设一个造型架子，将其固定在架子上，即可创造出各种造型（图4-46）。

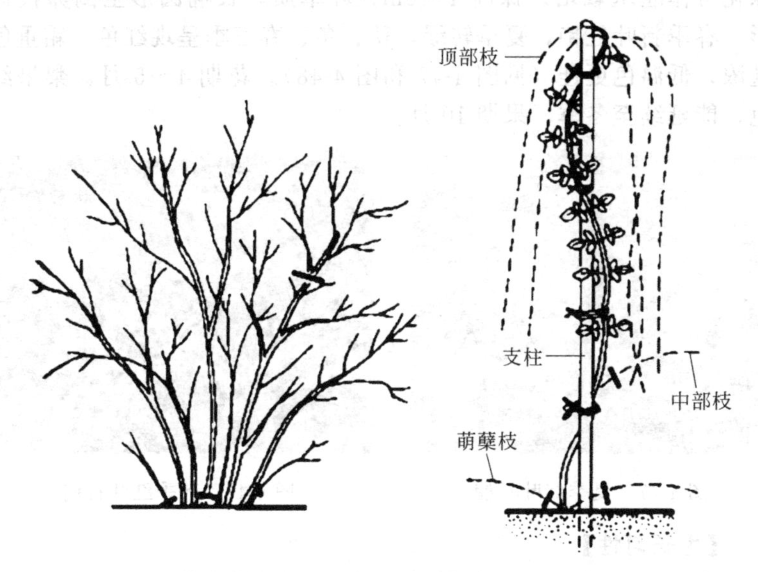

图4-46 迎春的修剪

左图为基本修剪；右图为造型修剪

2. 修剪

养护修剪在花后4～5月进行，5月后要避免修剪。以整理杂枝为主，尤其在枝条过密时要疏剪老枝，进行局部更新。同时，要将一部分过长的新梢轻短截，抑制先端生长，使枝条发育良好，促进花芽分化，并增加枝条的抗寒性。另外，由于其枝端着地极易生根，影响树形，可在生长盛期用竹竿拨动着地的枝条几次，不使其生根。

十一、红叶石楠

【学名】 *Photinia x fraseri*

【科属】 蔷薇科、石楠属

【产地分布】

中国华东、中南及西南地区有栽培。

【形态特征】

红叶石楠是蔷薇科石楠属杂交种的统称，为常绿小乔木，园林绿化常作灌木栽培。株高 4～6m，叶革质，长椭圆形至倒卵披针形，春季新叶红艳，夏季转绿，秋、冬、春三季呈现红色，霜重色逾浓，低温色更佳（见图 4-47 和图 4-48）。花期 4～5 月，梨果红色，能延续至冬季，果期 10 月。

图 4-47　夏季红叶石楠

图 4-48　秋季红叶石楠

【生长习性】

喜光，稍耐阴，喜温暖湿润气候，耐干旱瘠薄，不耐水湿。喜温暖、潮湿、阳光充足的环境。耐寒性强，能耐最低温度－18℃。适宜各类中肥土质。耐土壤瘠薄，有一定的耐盐碱性和耐干旱能力。红叶石楠生长速度快，萌芽性强，耐修剪，易于移植，成形。

【园林应用前景】

红叶石楠因其耐修剪且四季色彩丰富，适合在园林景观中作高档色带。一至二年生的红叶石楠可修剪成矮小灌木，在园林绿地中作为色块植物片植，或与其他彩叶植物组合成各种图案。也可群植成大型绿篱或幕墙（见图 4-49 和图 4-50），在居住区、厂区绿地、街道或公路旁作绿化隔离带应用。红叶石楠还可培育成独干、球形树冠的乔木，在绿地中作为行道树或孤植作庭荫树。它对二氧化硫、氯气有较强的抗性，具有隔音功能，适用于街坊、厂矿绿化。

图 4-49 红叶石楠绿篱

图 4-50 红叶石楠修剪造型

【栽培管理】

红叶石楠以扦插繁殖为主。移栽在春季 3～4 月进行，秋末冬初也可，小苗带宿土，大苗带土球并剪去部分枝叶。栽前施足基肥，栽后及时浇足定根水。成活后生长期注意浇水，特别是6～8月高温季节，宜半月浇1次水。春夏季节可追施一定量的复合肥和有机肥。

【整形修剪】

枝条细，萌发力强的植株，应进行强修剪和疏除部分枝条，以增强树势；对那些萌生力弱而又粗壮的枝条，应进行轻剪，促使多萌发花枝。花后，5～7月石楠生长旺盛，应将长枝剪去，促使叶芽生长。冬剪以整形为目，剪去那些密生枝，保持生长空间，促使新枝发育（图4-51）。

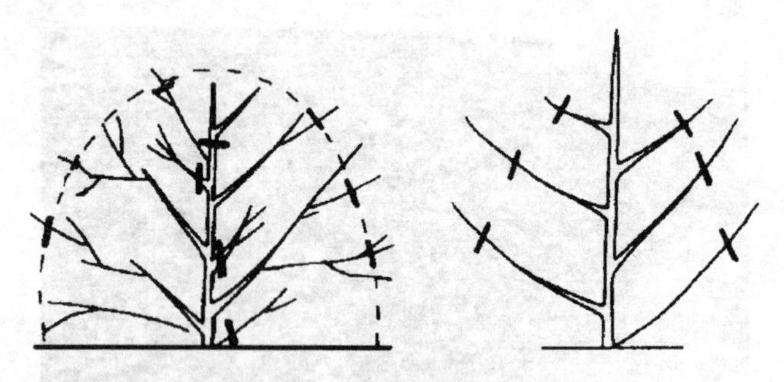

图4-51　石楠的整形修剪

左图为冬季修剪；右图为夏季（5～7月）修剪

作绿篱的石楠应按一定的形状要求用绿篱剪修剪（见图4-52），修剪后注意调整剪口。

图4-52　石楠绿篱的修剪（左为修剪前，右为修剪后）

十二、红花檵木

【学名】 *Loropetalum chinense var. rubrum*

【科属】金缕梅科、檵木属

【产地分布】

主要分布于长江中下游及以南地区。产于湖南浏阳、长沙县、江苏苏州、无锡、宜兴、溧阳等。

【形态特征】

红花檵木为金缕梅科檵木属檵木的变种，别名红继木、红梽木、红桎木、红檵花等。常绿灌木、小乔木。多分枝；叶革质，卵形，无光泽，全缘；嫩叶鲜红色，老叶暗红色（见图 4-53）。花 3～8 朵簇生，有短花梗，白色，比新叶先开放，或与嫩叶同时开放；花瓣 4 片，带状，先端圆或钝；雄蕊 4 个，花丝极短。4～5 月开花，花期长，约 30～40 天，国庆节能再次开花。果期 9～10 月。

图 4-53　红花檵木形态特征

【生长习性】

喜光，稍耐阴，但阴时叶色容易变绿。适应性强，耐旱。喜温暖，耐寒冷。萌芽力和发枝力强，耐修剪。耐瘠薄，但适宜在肥沃、湿润的微酸性土壤中生长。

【园林应用前景】

红花檵木枝繁叶茂，姿态优美，耐修剪，耐蟠扎，可用于绿篱和灌木球，也可用于制作树桩盆景。可孤植、丛植、群植，主要用于园林景观、城市绿化景观、道路绿化隔离带、庭院绿化。花和叶色泽美丽、多变，是观叶、观花、观形的优良树种（见图 4-54 至图 4-57）。

图 4-54　红花檵木自然丛生形

图 4-55　红花檵木绿篱

图 4-56　红花檵木球形

图 4-57　红花檵木造型树

【栽培管理】

红花檵木可用嫁接、扦插、播种等方法繁殖，以扦插繁殖为主。移栽宜在春季萌芽前进行，小苗带宿土，大苗带土球，红檵木移栽前，施基肥，移栽后适当遮荫。生长季节用中性叶面肥 800～1000 倍稀释液进行叶面追肥，每月喷 2～3 次，以促进新梢生长。南方梅雨季节，应注意保持排水良好，高温干旱季节，应保证早、晚各浇水 1 次，中午结合喷水降温；北方地区因土壤、空气干燥，必须及时浇水，保持土壤湿润，秋冬及早春注意喷水，保持叶面清洁、湿润。

【整形修剪】

1. 整形

红檵木可自然长成丛生状，经过细致的修剪及盘扎整形，可整成多干球形、单干球形及单干造型树。

（1）多干球形　红花檵木小苗高 40cm 左右时，即进行打顶，促进分生多个侧枝，当植株长到 60～70cm 高时，剪到 40～50cm；再长到 80cm 时，剪到 70cm。树冠上部枝条生长旺盛，故要重剪，侧面枝要轻剪，如此反复三四次，直至其冠径达到 1m，有大量分枝，以后沿球形修剪线修剪（见图 4-58）。

图 4-58　红花檵木多干球形整形

（2）单干球形　小苗基径达 1～2cm 粗时，在离地 50～60cm 处截干，促发分枝选择分布合理的 3～5 个主枝，春季对主枝剪截促发分枝，每个主枝保留 3～4 个分枝，形成基本骨架。生长期当分枝达 20～30cm 时，剪截枝梢，促发大量分枝，形成次级侧枝，使球体增大，剪除畸形枝、徒长枝、病虫枝。一般每年可进行多次修剪，尽快增加冠幅。形成球形后，以后沿球形修剪线修剪（见图 4-59）。

（3）造型树　造型树整形时，选一粗壮的枝条培养成主干，疏除其余枝条，当主干高达干高以上时定干，在其上选一健壮而直立向上的枝条为主干的延长枝，即作中心干培养，以后在中心干上选留配置的 4～5 个强健的主枝，主枝上下错落分布

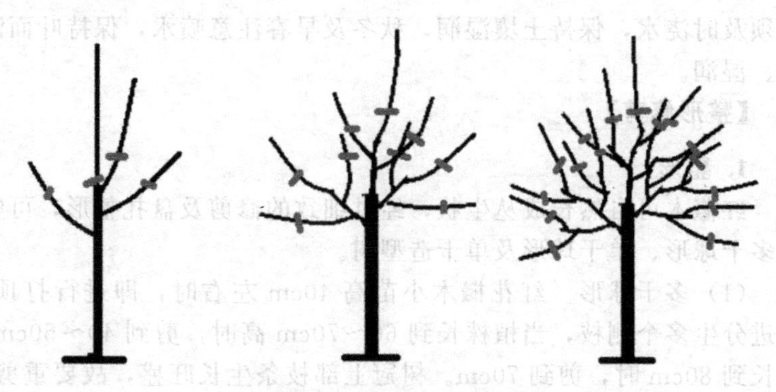

图 4-59 红花檵木单干球形整形

（见图 4-60）。

2. 修剪

红花檵木具有萌发力强、耐修剪的特点，在早春、初秋等生长季节进行轻、中度摘心，配合正常水肥管理，约 1 个月后即可开花，且花期集中，这一方法可以促发新枝、新叶，使树姿更美观，延长叶片红色期，并可促控花期。

十三、三角梅

【学名】 *Bougainvillea spectabilis Willd*

【科属】 紫茉莉科、叶子花属

【产地分布】

原产巴西，中国各地均有栽培，是深圳市、珠海市、厦门市、三亚市、海口市等城市的市花。

【形态特征】

别名九重葛、毛宝巾、三角花、叶子花等。为常绿攀援状灌木。枝具刺、拱形下垂。单叶互生，卵形全缘或卵状披针形，被厚绒毛，顶端急尖或渐尖。花很小、常三朵簇生于三枚较大的苞片内；苞片卵圆形，有大红色、橙黄色、紫红色、雪白色，樱花粉等，苞片则有单瓣、重瓣之分，苞片叶状三角形或椭状卵形，苞片为主要观赏部位，常被错认为花（见图 4-61）。花期 5～12 月。

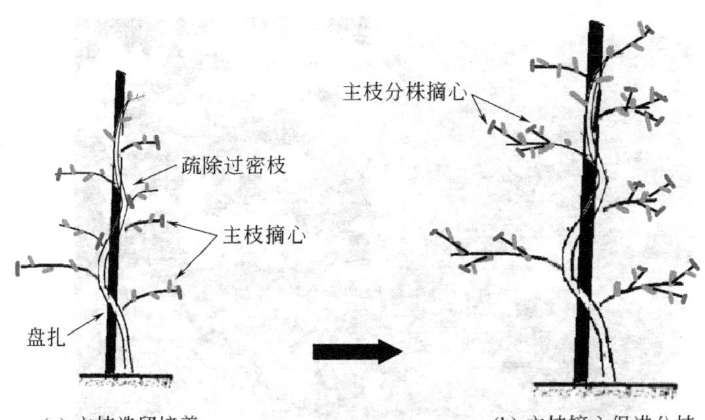

(a) 主枝选留培养　　(b) 主枝摘心促进分枝

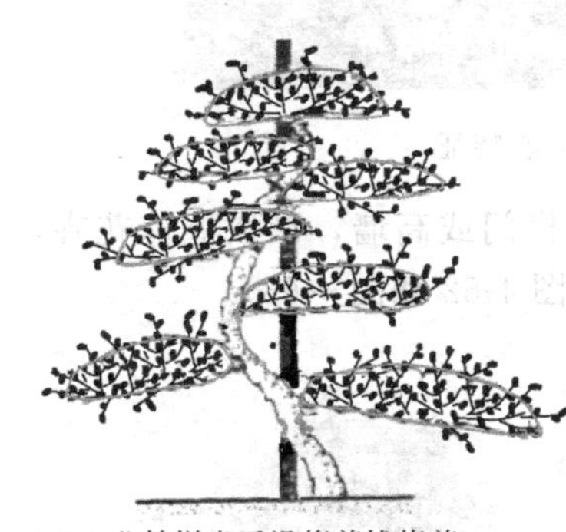

(c) 分枝增多后沿修剪线修剪

(d) 造型树培养完成

图 4-60　造型树整形过程

【生长习性】

喜温暖湿润气候，不耐寒，在 3℃以上才可安全越冬，15℃以上方可开花。喜充足光照。对土壤要求不严，在排水良好、含矿物质丰富的黏重壤土中生长良好、耐贫瘠、耐碱、耐干旱、忌积水，耐修剪。

【园林应用前景】

三角梅广泛适用于厂区景观绿化、高档别墅花园、屋顶花园、休闲社区、公园、室内外植物租摆、城市高架护栏美化、办公绿化等多种场所需求。三角梅观赏价值很高，在中国南方用作围墙的攀

图 4-61　三角梅形态特征

援花卉栽培。在华南地区用于花架、拱门或高墙，形成立体花卉，北方作为盆花主要用于冬季观花（见图 4-62 和图 4-63）。

图 4-62　三角梅园林应用（一）

【栽培管理】

三角梅常用扦插和压条繁殖，三角梅极易扦插成活，生产上多采用扦插法。三角梅多春季栽植，栽后浇透水。三角梅喜水但忌积

图 4-63　三角梅园林应用（二）

水，浇水一定要适时、适量。三角梅需要一定的养分，在生长期内要进行适当的施肥，才能满足其生长的需要。肥料应腐熟，施肥应少量多次，浓度要淡，否则易伤害根系，影响生长。

【整形修剪】

叶子花生长势强，因此每年需要整形修剪，每 5 年进行 1 次重剪更新。更新可于每年春季或花后进行，剪去过密枝、干枯枝、病弱枝、交叉枝等，促发新枝。花期落叶、落花后，应及时清理。花后及时摘除残花。生长期应及时摘心，促发侧枝，利于花芽形成，促开花繁茂。

叶子花具攀援特性，易绑扎造型，可整成花篮、花球等，必要时可设立支架，造各种形状的造型树，具体整形参见红花檵木。

十四、夹竹桃

【学名】 *Nerium indicum Mill.*

【科属】 夹竹桃科、夹竹桃属

【产地分布】

原产伊朗，印度等国家和地区。现广植于亚热带及热带地区。中国引种始于十五世纪，各省区均有栽培。

【形态特征】

常绿直立大灌木，高达 5m，枝条灰绿色，含汁液；嫩枝条具稜。叶3～4枚轮生，窄披针形，叶面深绿，叶背浅绿色。聚伞花序顶生，着花数朵；花芳香；花冠深红色或粉红色，栽培演变有白色或黄色，花有单瓣和重瓣（见图4-64）。花期几乎全年，夏秋为最盛；果期一般在冬春季，栽培品种很少结果。

图4-64　夹竹桃形态特征

【生长习性】

喜光，喜温暖湿润气候，不耐寒，忌水渍，耐一定程度空气干燥。适生于排水良好、肥沃的中性土壤，微酸性、微碱土也能适应。

【园林应用前景】

夹竹桃是有名的观赏花卉，常孤植、丛植、列植于园林绿地、庭院、路旁（见图4-65）。夹竹桃有抗烟雾、抗灰尘、抗毒物和净化空气、保护环境的能力。叶片对人体有毒，对二氧化硫、二氧化碳、氟化氢、氯气等有害气体有较强的抵抗作用。

【栽培管理】

夹竹桃以扦插繁殖为主，也可压条繁殖。移栽需在春季进行，移栽时树冠应进行重剪。冬季注意保护，越冬的温度需维持在8～10℃，低于0℃气温时，夹竹桃会落叶。夹竹桃的适应性强，栽培

图 4-65 夹竹桃园林应用

管理比较容易，较粗放。

【整形修剪】

1. 整形

木槿树形多采用丛生形和独干形（见图 4-66），整形步骤参见第二章第四节。

图 4-66 夹竹桃的整形方式

2. 修剪

夹竹桃干性、层性均较弱，多分枝，小枝斜展，萌蘖性强。树性强健，虽然是常绿树种，但由于其树体内多汁液，故不宜在生长期修剪，定型和养护修剪都在冬季或早春进行。

养护修剪以整理杂枝为主，主要是疏剪老枝、徒长枝、纤弱枝，并应用换头手法使各枝合理分布。因花芽分化容易，只要生长不过旺或过弱，都能开花。开花后立即进行修剪，否则，花少且小，甚至不开花。通过修剪，使枝条分布均匀，花大花艳，树形美。

十五、杜鹃花

【学名】 *Rhododendron simsii Planch*

【科属】 杜鹃花科、杜鹃属

【产地分布】

中国杜鹃主要产于江苏、安徽、浙江、江西、福建、台湾、湖北、湖南、广东、广西、四川、贵州和云南。

【形态特征】

别名映山红、山石榴等。常绿或半常绿灌木，高 2～7m；分枝一般多而纤细，但也有罕见粗壮的分枝。叶革质，常集生枝端，卵形、椭圆状卵形或倒卵形或倒卵形至倒披针形，上面深绿色，下面淡白色。花 2～6 朵簇生枝顶；花冠阔漏斗形，玫瑰色、鲜红色或暗红色，裂片 5，倒卵形（见图 4-67）。蒴果卵球形。花期 4～5 月，高海拔地区 7～8 月开花；果期 6～8 月。

图 4-67　杜鹃花形态特征

【生长习性】

杜鹃花种类多，习性差异大，喜凉爽、湿润气候，恶酷热干燥。要求富含腐殖质、疏松、湿润及pH值在5.5～6.5之间的酸性土壤。部分种及园艺品种的适应性较强，耐干旱、瘠薄，土壤pH值在7～8之间也能生长。但在黏重或通透性差的土壤上，生长不良。杜鹃花对光有一定要求，但不耐曝晒。杜鹃花最适宜的生长温度为15～20℃，气温超过30℃或低于5℃则生长停滞。

【园林应用前景】

杜鹃花色绚丽，是中国十大传统名花之一。多丛植、群植，主要用于园林景观、城市绿化、庭院绿化（见图4-68）。

图4-68 杜鹃花园林应用

【栽培管理】

杜鹃花可用扦插、嫁接、压条、分株、播种方法繁殖，其中以采用扦插法最为普遍。杜鹃花最适宜在初春或深秋时栽植，如在其他季节栽植，必须架设荫棚。杜鹃花不耐曝晒，露地栽植要求有树木自然蔽荫，创造一个半阴雨凉爽的生长环境。

杜鹃花对土壤干湿度要求是润而不湿。生长期注意浇水，从3月开始，逐渐加大浇水量，特别是夏季不能缺水，雨季注意排水，9月以后减少浇水。

杜鹃花喜肥又忌浓肥，在每年的冬末春初，最好能对杜鹃花园施一些有机肥料做基肥。4～5月份杜鹃开花后，可追一次肥；秋后可追一次肥，入冬后一般不宜施肥。

【整形修剪】

1. 整形

根据杜鹃花分枝习性，一般整成圆头形和扁圆形。1～4年生的杜鹃扦插苗，树冠较小，修剪可以和移栽相结合，主要通过疏枝、摘心尽快形成植株基本骨架，扩大树冠。根据选择树形特点，确定枝干。当新梢长到5～6cm时，如植株生长旺盛可进行摘心，一般能促进分枝2～4个，保留2个，经2～3年继续摘心，当分枝达20多个时，树冠已具雏形（见图4-69）。

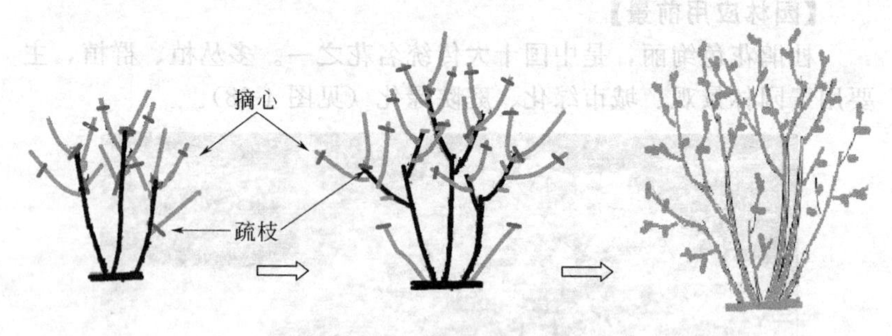

图4-69　杜鹃花整形过程

2. 修剪

修剪主要是剪除病虫枝、枯死枝、过密枝、徒长枝，改善植株的通风透光条件。修剪通常在6～7月进行，也可在休眠前进行。杜鹃花的修剪常用摘心、疏蕾、抹芽、疏枝、截短和剪除残花等方式进行。

十六、月季

【学名】*Rosa chinensis*

【科属】蔷薇科、蔷薇属

【产地分布】

中国是月季的原产地之一。为北京市、天津市、南阳市等市市花。

【形态特征】

别名月月红、蔷薇花。常绿或半常绿灌木，或蔓状与攀援状藤本植物。高1～2m。茎直立；小枝绿色，具弯刺或无刺。羽状复叶具小叶3～5片，稀为7片，小叶片宽卵形至卵状椭圆形，先端急尖或渐尖，基部圆形或宽楔形，边缘具尖锐细锯齿，表面鲜绿色。花数朵簇生或单生，花瓣多为重瓣也有单瓣者，花色多变，有深红色、粉红色、白色等（见图4-70）。果球形，黄红色。花期北方4～10月，南方3～11月。果期9～11月。

图4-70 月季花形态特征

【生长习性】

适应性强，不耐严寒和高温，耐旱，对土壤要求不严格，但以富含有机质、排水良好的微带酸性沙壤土最好。喜欢阳光，但是过多的强光直射又对花蕾发育不利，花瓣容易焦枯。喜欢温暖，一般气温在22～25℃最为花生长的适宜温度，夏季高温对开花不利。较耐寒，冬季气温低于5℃即进入休眠，一般品种可耐－15℃低温。

【园林应用前景】

月季可孤植、丛植、列植于园林绿地、庭院、路旁等，也常用于布置花柱、花墙、花坛、花境、色块，或专类园，供重点观赏（见图4-71和图4-72）。

图 4-71　月季园林应用（一）

图 4-72　月季园林应用（二）

【栽培管理】

月季主要用扦插和嫁接繁殖，也可压条、分株、播种繁殖。移栽在 3 月芽萌动前进行，栽植穴内施足有机肥，栽植嫁接苗接口要低于地面 2～3cm，扦插苗可保持原土印的深度，栽后及时灌水。春季及生长季每隔 5～10 天浇一次透水，雨季注意排水。入冬施一次腐熟的有机肥，春季萌芽前施一次稀薄液肥，以后每隔半月施一次液肥；肥料可用稀释的人畜粪尿，或与化肥交替使用。

【整形修剪】

园林应用中月季主要有乔木形（树月季）、灌木形（丛生形）、垂枝形（藤本月季）等整形方式。

1. 乔木形整形（见图 4-73）

（1）**砧木培育和主枝培养** 乔木形月季（树月季）砧木可采用美国多花无刺蔷薇的一年生扦插容器苗。在栽种的第一年，要加强根系的培养，通过加大肥水管理来使其根系发达，为长出粗壮的枝条打下基础。第 2 年至第 3 年都是用来培养树干的过程。2 年生夏秋季节从根茎部抽出粗壮的大枝条，选其中最粗、最直、无病虫害的枝条为主干，先行定干，定干高度为 50～120cm。上端 20cm 整形带中萌发的新梢选 3～6 个培养主枝，其他所有枝全部疏剪掉。

图 4-73 乔木状月季的整形

当主枝长到 50cm 时，全部实行短截处理，增加枝量，扩大树冠，使得树干的粗度快速达到上述的砧木要求。

（2）**主枝上芽接** 树状月季嫁接是在砧木苗培养到第 3 年末和第 4 年初的冬季温室进行。到时将其从地里带土球挖起栽种，且短截所有的主枝，主枝留 25～35cm，后进温室实行带木质部芽接。

（3）**树冠培养** 芽接成活后，月季（接穗）芽开始萌动，此时要注意不保留任何花蕾、花朵，随时把花蕾剪去（在花蕾下的第二叶开始短截），以集中养分多长枝条。经过多次短截，尽快把树状月季树冠养圆养大（树冠冠幅在100～120cm为宜）。这样操作后就达到了上述的“干粗、冠圆、枝多、花密”的培养目的。

2. 灌木月季整形（见图4-74）

幼苗长到4～6片真叶时，及时摘心，使当年能有2～3个分枝，秋后剪去残花，注意尽量保留较多的叶片，这样逐渐增加枝量，扩大树冠即成丛生形。

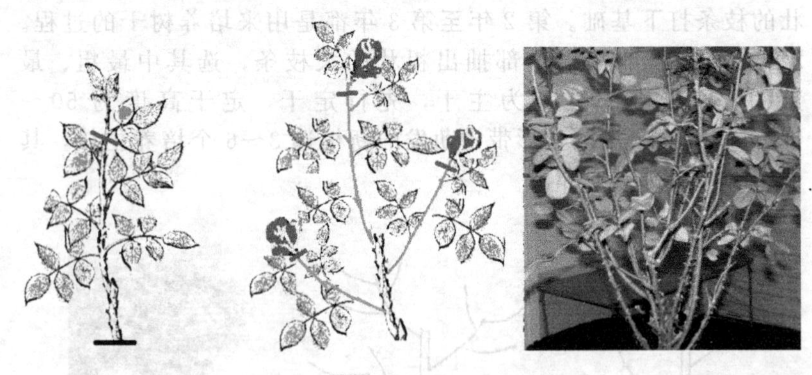

图4-74　灌木状月季整形修剪

灌木状月季趋向衰老时，应从树冠基部培养新枝，以待更新。当基部抽出徒长枝条时，在20～40cm处摘心后，留2～3个不同方向的壮芽，以培养理想的更新枝。当培养出2～3个分枝时即可去除老枝（见图4-75）。

3. 修剪

月季主要修剪时期在冬季或早春进行，夏秋季进行摘蕾、剪梢、切花和除去残花等辅助性修剪工作（图4-76和图4-77）。

对于重复开花的藤本月季，于休眠期修剪，要剪去死枝、弱枝，从控制外观规模的角度进行修剪（见图4-78）。只修剪主干上的侧枝，每个侧枝上留下3～5个芽点。尽可能地保留水平位置上的枝条，以促使月季树冠最大程度的开放。

十七、瑞香

【学名】 *Daphne odora Thumb*

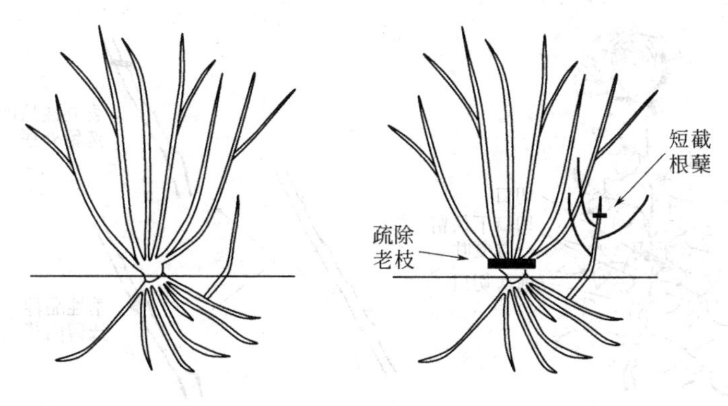

图 4-75 灌木状月季的更新

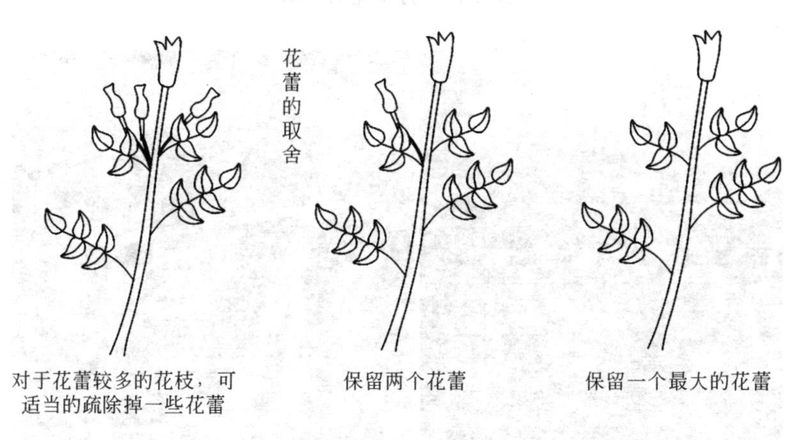

图 4-76 月季的疏花

【科属】瑞香科、瑞香属

【产地分布】

瑞香原产中国和日本，为中国传统名花。分布于长江流域以南各省区，主要分布在武夷山。江西省赣州市将其列为“市花”。

【形态特征】

别名睡香、蓬莱紫、风流树、毛瑞香、千里香等。常绿直立灌木；枝粗壮，通常二歧分枝，小枝近圆柱形，紫红色或紫褐色，无毛。叶互生，浓绿而有光泽，长圆形或倒卵状椭圆形，先端钝尖，基部楔形，边缘全缘，也有叶边缘金色的品种。花香气浓，数朵组

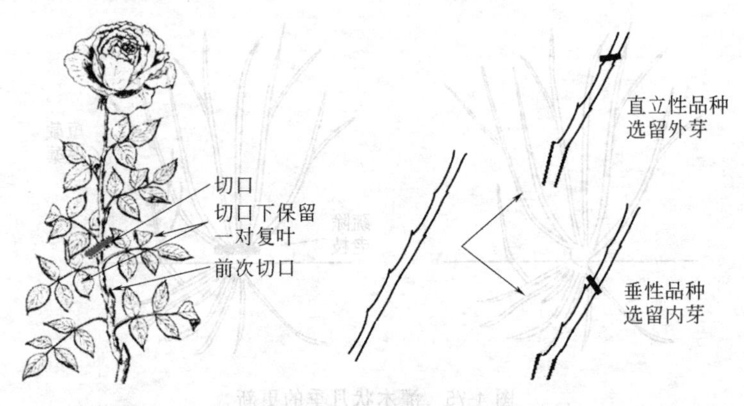

图 4-77　月季花后修剪

图 4-78　藤本月季花后修剪

成顶生头状花序，花冠黄白色至淡紫色（见图 4-79）。果实红色。花期 3～5 月，果期 7～8 月。

【生长习性】

性喜半阴和通风环境，惧暴晒，不耐积水和干旱。

【园林应用前景】

瑞香的观赏价值很高，其花虽小，却锦簇成团，花香清馨高雅。最适合种于林间空地、林缘道旁、山坡台地及假山阴面、若散

图 4-79　瑞香形态特征

植于岩石间则风趣益增。庭院中瑞香修剪为球形，点缀于松柏之间（见图 4-80）。

图 4-80　瑞香园林应用

【栽培管理】

瑞香的繁殖以扦插为主，也可压条，嫁接或播种。移栽宜在春秋两季进行，移栽时须多带宿土，并对枝条进行适当的修剪。选择半阴半阳、表土深厚而排水良好处，栽植前施足堆肥，忌用人粪尿；6～7 月施 1～2 次追肥，冬季适当施肥。土壤不可太干太湿，要防止烈日直接照射。

【整形修剪】

萌芽力强，耐修剪，易造型。3 月花后将残花剪去。在枝顶端的 3 枚芽发育成 3 个新枝，第二年 7～8 月花芽在顶端发育。花后可回缩修剪，创造球形树冠。突出的 3 小枝，可剪去中间 1 枝，再根据分枝方向的需要回缩修剪 1 枝的 1/2，保留小枝基部 1～2 芽（图 4-81）。春季开花之后，可将衰老的枝从基部剪除，其根基还会长出新生枝。

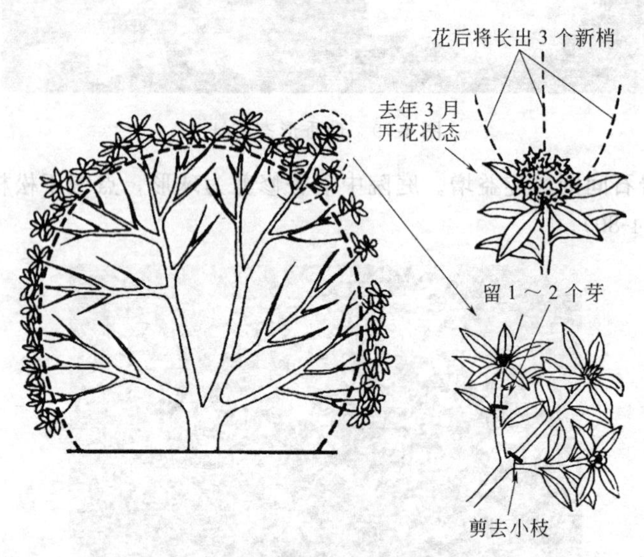

图 4-81　瑞香花后回缩修剪

十八、栀子花

【学名】 *Gardenia jasminoides Ellis*

【科属】 茜草科、栀子属

【产地分布】

长江流域、我国中部及中南部都有分布，越南与日本也有。

【形态特征】

常绿灌木。枝丛生，干灰色，小枝绿色。叶大，对生或三叶轮生，有短柄，革质，倒卵形或矩圆状倒卵形，先端渐尖，色深绿，有光泽，托叶鞘状。花冠白色或乳黄色，高脚碟状，重瓣，具浓郁芳香，有短梗，单生于枝顶（见图 4-82）。果卵形、近球形、椭圆形或长圆形。花期3～7 月，果期 5 月至翌年 2 月。

图 4-82　栀子花形态特征

【生长习性】

喜温暖、湿润环境，不甚耐寒。喜光，耐半阴，但怕曝晒。喜肥沃，排水良好的酸性土壤，在碱性土栽植时易黄化。萌芽力、萌蘖力均强，耐修剪更新。

【园林应用前景】

栀子花终年常绿，且开花芬芳香郁，是深受大众喜爱、花叶俱佳的观赏树种，可用于庭园、池畔、阶前、路旁丛植或孤植；也可在绿地组成色块（见图 4-83）。

【栽培管理】

栀子花以扦插、压条繁殖为主，其中水插繁殖简单易行。移栽以春季为宜，雨季必须带土球。栀子花喜湿，但土壤过湿又会引起根烂枝枯，叶黄脱落的现象。夏季要多浇水，经常用清水喷洒叶面及附近地面，适当增加空气湿度。花前多施薄肥，切忌浓肥、生肥，冬眠期不施肥。

【整形修剪】

9 月二次新梢发育花芽，待第二年开花。花谢后，如整形修

图 4-83　栀子花园林应用

剪，只能疏剪徒长枝、弱小枝、斜枝、重叠枝、枯枝等（见图 4-84），但要保持整株造型完整。如将新芽剪掉，第二年开花会减少。

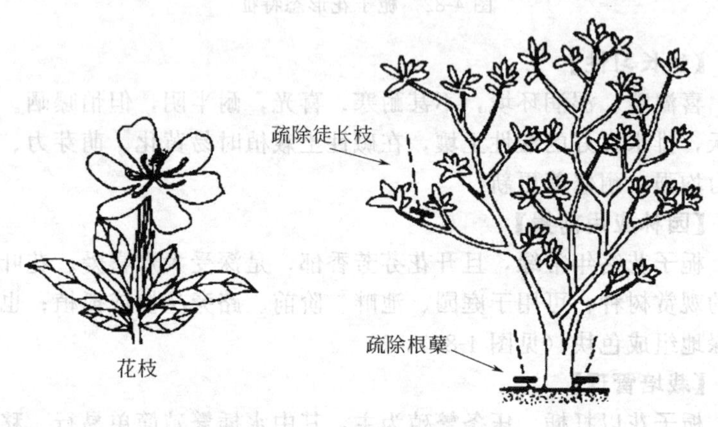

图 4-84　栀子花的基本修剪

为了增加花朵的数量，6 月应及时短截已开过的花枝，留基部 2～3 节，以防止花后结实消耗营养。当新枝长出 3 节后及时摘心，同时除去 1～2 枚侧芽，留下 1～2 枚让其抽生二级侧枝。8 月份二级侧枝新梢长到 15cm 左右时，再次摘心，防止其加长生长，第二年春季这些侧芽萌生出的新枝即可开花（图 4-85）。

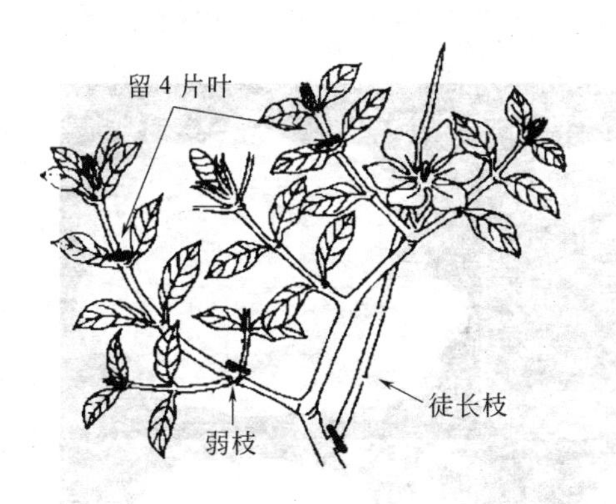

图 4-85 花期修剪

十九、茶花

【学名】 *Camellia japonica*

【科属】 山茶科、山茶属

【产地分布】

主要分布于中国和日本。中国中部及南方各省露地多有栽培，已有 1400 年的栽培历史，北部则行温室盆栽。

【形态特征】

常绿灌木，高 1～3m；嫩枝、嫩叶具细柔毛。单叶互生；叶片薄革质，椭圆形或倒卵状椭圆形，先端短尖或钝尖，基部楔形，边缘有锯齿。花两性，芳香，通常单生或 2 朵生于叶腋；向下弯曲；萼片 5～6，圆形，宿存；花瓣 5～8，有单瓣、半重瓣、重瓣等；颜色有红、黄、白、粉色等（见图 4-86）。蒴果近球形或扁形，果皮革质，较薄。种通常 1 颗盛或 2～3 颗，近球形或微有棱色。茶花的花期较长，一般从 10 月份始花，翌年 5 月份终花，花期 1～3 月份。果期次年 10～11 月。

【生长习性】

茶花生长适温在 20～32℃之间，29℃以上时停止生长，35℃时叶子会有焦灼现象，要求有一定温差；大部分品种可耐－10℃低温（自然越冬，云茶稍不耐寒），在淮河以南地区一般可自然越冬。喜半阴，忌烈日暴晒，环境湿度 70%以上。喜肥沃湿润、排水良

图 4-86　茶花形态特征

好的酸性土壤，并要求较好的透气性。不耐盐碱和黏重积水的地段。

【园林应用前景】

茶花株形优美，叶浓绿而有光泽，花形艳丽缤纷，为中国传统名花，世界名花之一，是云南省省花，重庆市、宁波市的市花。可孤植、列植植于园林绿地、庭院等，也常种植专类园，供重点观赏(见图 4-87)。

【栽培管理】

茶花常用扦插、嫁接法繁殖。秋植为好，不论苗木大小均应带土球移植。地栽应选排水良好、保水性能强。栽植地应选不积水、烈日暴晒不到的地方。

山茶对肥水要求较高，一年施肥主要抓三个时期，在 2～3 月施肥春季春梢生长和花后补肥；6 月施肥春季二次枝生长；10～11 月施肥提高抗寒能力。施肥以稀薄矾肥水为好，忌施浓肥。

图 4-87 茶花园林应用

【整形修剪】

1. 整形

茶花整形有丛生形、独干形、球形、伞形或树墙（见图 4-88 至图 4-91），树墙在西欧北美应用较多，即将山茶花植于向阳温暖的墙面之外，使山茶覆盖墙面，颇为壮观。丛生形、独干形具体整形步骤参见第二章第四节。

图 4-88 茶花丛生形

图 4-89 茶花独干形

2. 修剪

山茶修剪主要任务是明显影响树形的枝条，维持良好树形；同时要剪去干枯枝、病弱枝、交叉枝、过密枝，以及疏去多余的

图 4-90　茶花球形

图 4-91　茶花树墙

花蕾。

二十、枸骨

【学名】 *Ilex cornuta Lindl. et Paxt.*

【科属】 冬青科、冬青属

【产地分布】

产南京、镇江、宜兴、无锡、苏州、上海等地，生于山坡谷地灌木丛中；现各地庭园常有栽培；分布于长江中下游地区各省。

【形态特征】

常绿灌木或小乔木，树冠球形。树皮灰白色，平滑。叶革质，形状多变，先端具 3 枚尖硬刺齿，两侧各具 1～2 刺齿；表面深绿色、有光泽，背面淡绿色。12 月至翌年 1 月叶色有变化，光照部分叶色变红，庇荫处叶鲜绿。雌雄异株，聚伞花序，小花黄绿色。核果球形，成熟后鲜红色（见图 4-92）。花期 4～5 月，果期 10～11 月。

【生长习性】

喜阳光充足、温暖的气候环境，但也能耐阴。适宜肥沃、排水良好的酸性土壤。耐干旱，不耐盐碱。较耐寒，长江流域可露地越冬，能耐－5℃的短暂低温。

【园林应用前景】

枸骨枝叶稠密，叶形奇特，深绿光亮，入秋红果累累，经冬不凋，鲜艳美丽，是良好的观叶、观果树种。可作花园、庭园中花

图 4-92　枸骨形态特征

坛、草坪的主景树，更适宜制作绿篱、分隔空间（见图 4-93 和图 4-94）。

图 4-93　枸骨园林应用（一）

图 4-94　枸骨园林应用（二）

【栽培管理】

枸骨以扦插繁殖为主。梅雨季节实行嫩枝扦插，成活率较高。枸骨须根稀少，苗期应移植，促进根系生长。移植需带土球，操作时要防止散球。移栽可在春秋两季进行，而以春季较好。移植时剪去部分枝叶，以减少蒸腾，提高成活率。

生长旺盛时期需勤浇水，需保持土壤湿润、不积水，夏季需常向叶面喷水，以利蒸发降温。枸骨喜肥沃，一般春季每 2 周施一次稀薄的饼肥水，秋季每月追肥一次，夏季可不施肥，冬季施一次肥。

【整形修剪】

1. 整形

枸骨生长慢，萌发力强，耐修剪。常用树形有低干球形、高干球形、造型树等。整形过程参见红花檵木。

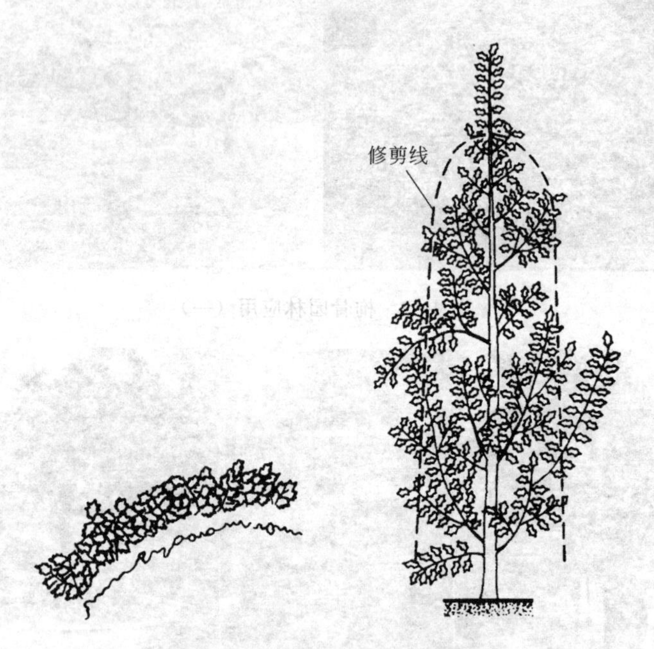

图 4-95　枸骨不同冠形的修剪

左图为球形冠整形修剪；右图为圆柱状树冠的整形

2. 修剪

对成景的作品，平时可剪去不必要的徒长枝、萌发枝和多余的芽，以保持一定的树型。花后剪去花穗，6～7 月剪去过高、过长的枯枝、弱小枝、拥挤枝，保持树冠生长空间（图 4-95）。一般 3～4 年可整形修剪一次，创造优美的树形。

第五章

绿篱的栽培与修剪

一、中华金叶榆

【学名】 *Ulmus pumila cv. jinye*

【科属】 榆科、榆属

【产地分布】

在我国广大的东北、西北地区生长良好，同时有很强的抗盐碱性，在沿海地区可广泛应用。其生长区域北至黑龙江、内蒙古，东至长江以北的江淮平原，西至甘肃、青海、新疆，南至江苏、湖北等省，是我国目前彩叶树种中应用范围最广的一个。

【形态特征】

金叶榆是白榆变种。叶片金黄色，有自然光泽，色泽艳丽；叶脉清晰，质感好；叶卵圆形，比普通白榆叶片稍短；叶缘具锯齿，叶尖渐尖，互生于枝条上。一年中叶色随季节发生变化，初春娇黄，夏初叶片变得金黄艳丽，盛夏后至落叶前，树冠中下部的叶片渐变为浅绿色，枝条中上部的叶片仍为金黄色（见图 5-1）。金叶榆的枝条萌生力很强，比普通白榆更密集，树冠更丰满。

【生长习性】

中华金叶榆根系发达，耐贫瘠，对寒冷、干旱气候具有极强的适应性，抗逆性强，可耐－36℃的低温，同时有很强的抗盐碱性。工程养护管理比较粗放，定植后灌一两次透水就可以保证成活。对榆叶甲类有明显抗虫性，无明显病害。

【园林应用前景】

中华金叶榆生长迅速，枝条密集，耐强度修剪，造型丰富，用

图 5-1 中华金叶榆形态特征

途广泛。既可培育为黄色乔木，作为园林风景树，又可培育成黄色灌木及高桩金球，广泛应用于绿篱、色带、拼图、造型（见图 5-2 和图 5-3）。

图 5-2 中华金叶榆园林应用（一）

【栽培管理】

中华金叶榆可用扦插、嫁接法繁殖，嫁接法一般以白榆为砧木，采用大苗砧木高接，也可采取在一年或二年生白榆实生苗上嫁接。移植一般在秋季落叶后至春季萌芽前进行，裸根移植，要尽量多带根，大苗要剪去部分枝，栽植要求苗正，根系舒展。养护管理比较粗放，定植后灌一两次透水就可以保证成活。

成活后每年春季萌芽前浇一次透水，北方初春旱风较厉害，相隔 7～10 天时间再补一次水，避免因风造成苗木失水死亡。夏季金

图 5-3 中华金叶榆园林应用（二）

叶榆生长旺盛，应根据土壤干旱情况及时浇水；雨季减少浇水次数，土壤以见湿见干为最佳。

金叶榆早春萌芽前主要以施氮、磷、钾复合肥较好，又因金叶榆根系发达，需要吸收土壤中大量的养分，故同时施用一些腐熟发酵的有机肥，不仅可以提升土壤的肥力和活性，还可以平衡整株植物的营养，提升萌芽动力。一般每 2 年施用一次化肥，同时掺拌有机肥。

【整形修剪】

中华金叶榆枝条密集，耐强度修剪，造型丰富，常整成绿篱、球形、多层造型树等。低干球形整形方法参见红花檵木。

1. 高干球型

一般在砧木距地面 1m 处嫁接，接后第 2 年春季修剪成球（见图 5-4）。

2. 多层造型树

乔木多层造型要求主干高 2m 以上，分别在地面处或 1m 处，2m 处进行嫁接，生长 1 年后进行修剪，可修成方形、球形、三角形等多种造型（见图 5-5）。

二、火棘

【学名】 *Pyracantha fortuneana* (*Maxim.*) *Li*

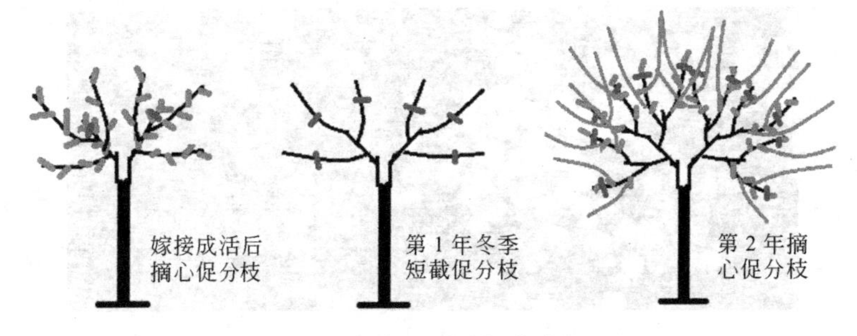

图 5-4 高干球形整形过程

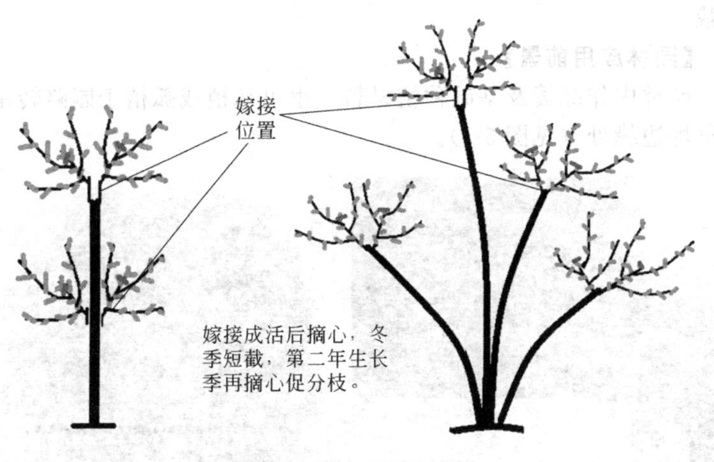

图 5-5 乔木多层造型树

【科属】蔷薇科、火棘属

【产地分布】

分布于中国黄河以南及广大西南地区。

【形态特征】

常绿灌木，高达 3m。侧枝短刺状，叶倒卵形。花集成复伞房花序，花瓣白色，近圆形，花期 3～4 月；果成穗状，果实近球形，每穗有果 10～20 余个，橘红色至深红色，9 月底开始变红（图 5-6）。花期 3～5 月，果期 8～11 月。

【生长习性】

喜强光，耐贫瘠，耐干旱。黄河以南可露地种植，华北需

图 5-6　火棘形态特征

盆栽。

【园林应用前景】

园林中作绿篱及基础种植材料，也可丛植或孤植于园路转角处或草坪边缘处（见图 5-7）。

图 5-7　火棘园林应用

【栽培管理】

火棘以播种和扦插繁殖为主。移栽可在秋冬或早春进行，带土球并重剪才能保证成活。栽植前施足基肥，栽植后灌透水。

火棘栽植成活后，为促进枝干的生长发育和植株尽早成形，施肥应以氮肥为主；植株成形后，每年在开花前，应适当多施磷、钾肥，以促进植株生长旺盛，有利植株开花结果。开花期间为促进坐果，提高果实质量和产量，可酌施 0.2%的磷酸二氢钾水溶液；秋季施有机肥，每株施 0.5～1kg；冬季停止施肥，将有利火棘度过休眠期。

火棘耐干旱，但春季土壤干燥，可在开花前浇水 1 次，要灌足。开花期保持土壤偏干，有利坐果；故不要浇水过多。如果花期正值雨季，还要注意挖沟、排水，避免植株因水分过多造成落花。果实成熟收获后，在进入冬季休眠前要灌足越冬水。

【整形修剪】

火棘适应性强，耐强修剪，易萌发，可采取多种整形方式（图 5-8）。整形时应注意采取轻剪，否则第二年不结果，但第三年结果数量会特别多。

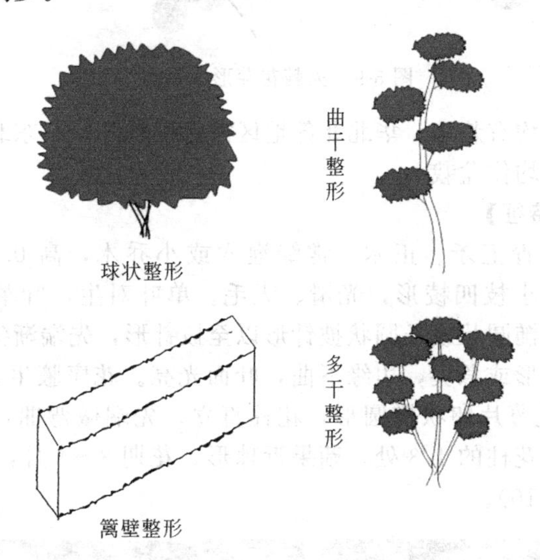

图 5-8　火棘的整形方式

整形修剪应可在 3～4 月、6～7 月和 9～10 月修剪，若冬季进行，容易剪掉花芽（图 5-9）。在成年树上一般在 3～4 月强剪，以控制观赏树形。

三、大叶黄杨

【学名】 *Euonymus japonicus* L.

【科属】 卫矛科、卫矛属

【产区分布】

产贵州西南部、广西东北部、广东西北部、湖南南部、江西南

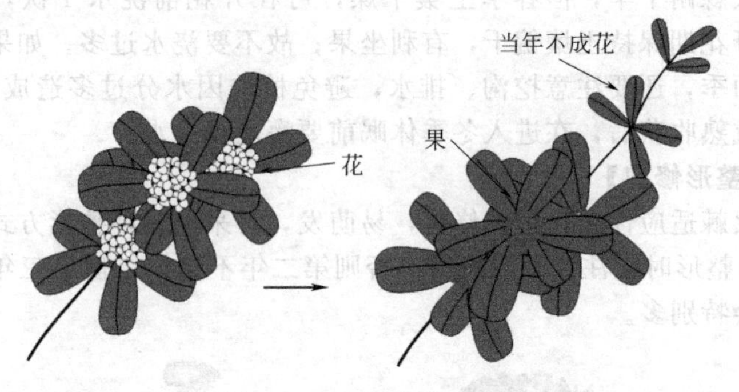

图 5-9 火棘花芽形成特点

部。现各省均有栽培。华北北部地区需保护越冬，在东北和西北的大部分地区均作盆栽。

【形态特征】

别名冬青卫矛、正木。常绿灌木或小乔木，高 0.6～2.2m，胸径 5cm；小枝四棱形，光滑、无毛。单叶对生，叶革质或薄革质，卵形、椭圆状或长圆状披针形以至披针形，先端渐尖，顶钝或锐，基部楔形或急尖，边缘下曲，叶面光亮。花序腋生，雄花 8～10 朵，雌花萼片卵状椭圆形，花柱直立，先端微弯曲，柱头倒心形，下延达花柱的 1/3 处。蒴果近球形。花期 3～4 月，果期 6～7 月（见图 5-10）。

图 5-10 大叶黄杨形态特征

【生长习性】

喜光，但也耐阴，喜温暖湿润性气候及肥沃土壤。耐寒性差，温度低于－17℃即受冻害。在北京以南地区可露地自然越冬。耐修剪，寿命很长。

【园林用途】

叶色浓绿有光泽，生长繁茂，四季常青，且有各种花叶变种，抗污染性强，园林绿化常用作绿篱，也可修剪成球。在园林中应用最多的是规模性修剪成型，配植有绿篱，栽于花坛中心或对植等（见图 5-11）。

图 5-11　大叶黄杨的园林应用

【栽培管理】

可采用扦插、嫁接、压条繁殖，以扦插繁殖为主，极易成活。苗木移植多在春季 3～4 月进行，小苗可裸根移，大苗需带土球移栽。大叶黄杨喜湿润环境，种植后应立刻浇头水，第二天浇二水，第五天浇三水，三水过后要及时松土保墒，并视天气情况浇水，以保持土壤湿润而不积水为宜。

夏天气温高时也应及时浇水，并对其进行叶面喷雾，需要注意的是夏季浇水只能在早晚气温较低时进行，中午温度高时则不宜浇水，夏天大雨后，要及时将积水排除，积水时间过长容易导致根系因缺氧而腐烂，从而使植株落叶或死亡。入冬前应于 10 月底至 11 月初浇足浇透防冻水；3 月中旬也应浇足浇透返青水，这次水对植株全年的生长至关重要，因为春季风力较大且持续时间长，缺水会影响新叶的萌发。

大叶黄杨喜肥，在栽植时应施足底肥，肥料以腐熟肥、圈肥或烘干鸡粪为好，底肥要与种植土充分拌匀，若不拌匀，种植后根系会被灼伤；在进入正常管理后，每年仲春修剪后施用一次氮肥，可使植株枝繁叶茂；在初秋施用一次磷、钾复合肥，可使当年生新枝条加速木质化，利于植株安全越冬。在植株生长不良时，可采取叶面喷施的方法来施肥，常用的有0.5%尿素溶液和0.2%磷酸二氢钾溶液，可使植株加速生长。

【整形修剪】

作绿篱栽培时，每年春、夏各进行一次剪修，具体修剪参见第二章第四节。球形和造型树整形参见中华金叶榆。

四、小叶黄杨

【学名】 *Buxus sinica var. parvifolia M. Cheng*

【科属】 黄杨科、黄杨属

【产区分布】

产安徽（黄山）、浙江（龙塘山）、江西（庐山）、湖北（神农架及兴山）；树种分布于北京、天津、河北、山西、山东、河南、甘肃等地。

【形态特征】

常绿灌木，高2m。茎枝四楞，光滑，密集。叶小，对生，革质，椭圆形或倒卵形，先端圆钝，有时微凹，基部楔形，最宽处在中部或中部以上；有短柄，表面暗绿色，背面黄绿，表面有柔毛，背面无毛，二面均光亮。花多在枝顶簇生，花淡黄绿色（见图5-12），有香气。花期3～4月，果期8～9月。

【生长习性】

性喜肥沃湿润土壤，忌酸性土壤。抗逆性强，耐水肥，抗污染，能吸收空气中的二氧化硫等有毒气体，有耐寒，耐盐碱、抗病虫害等许多特性。极耐修剪整形。

【园林用途】

小叶黄杨枝叶茂密，叶光亮、常青，是常用的观叶树种。其抗污染，能吸收空气中的二氧化硫等有毒气体，对大气有净化作用，特别适合车辆流量较高的公路旁栽植绿化。为华北城市绿化、绿篱设置等的主要灌木品种（见图5-13）。

图 5-12 小叶黄杨形态特征

图 5-13 小叶黄杨园林应用

【栽培管理】

小叶黄杨主要用播种、扦插、压条繁殖。宜作绿篱，绿篱常用 3～4 年生的苗，在春季带土球移栽。

小叶黄杨易栽培，干旱季节要注意适当浇水，要满足苗木对水分的需求；10～11 月，苗木生长趋缓，应适当控水，注意入冬前浇封冻水，来年 3 月中旬浇返青水。结合浇水，可在生长前期施磷酸二铵和尿素，7 月后停止施尿素，控制生长，安全越冬。

【整形修剪】

小叶黄杨极耐整形修剪，作为绿篱可一年多次修剪（图 5-14）。夏秋间修剪会刺激二次生长，在南方可加速成型，但在北方应注意如果秋梢发育不充实，冬季易受冻。修剪时注意疏除根蘖。

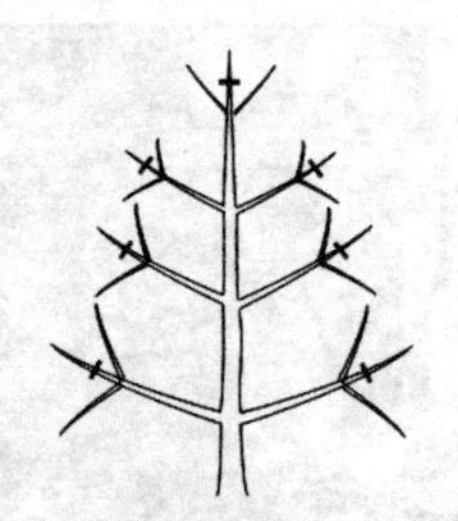

短截主枝的中心枝，株体整齐，而且小枝集中

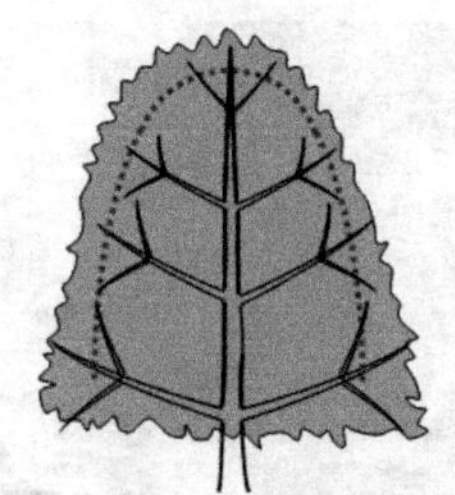

沿着所需造型的修剪线修剪，增加了全株的小枝数量，枝叶密集，适宜于绿篱的修剪

图 5-14　黄杨的整形修剪

五、紫叶小檗

【学名】 *Berberisthunbergiicv. atropurpurea*

【科属】 小檗科、小檗属

【产地分布】

产地在中国浙江、安徽、江苏、河南、河北等地。中国各省市广泛栽培，各北部城市基本都有栽植。

【形态特征】

紫叶小檗也叫红叶小檗，为落叶灌木，高 1～2m。叶深紫色或红色，幼枝紫红色，老枝灰褐色或紫褐色，具刺。叶全缘，菱形或倒卵形，在短枝上簇生。花单生或 2～5 朵成短总状花序，黄色，下垂，花瓣边缘有红色纹晕（见图 5-15）。浆果红色，宿存。花期

图 5-15　紫叶小檗形态特征

4 月，果期 8～10 月。

【生长习性】

紫叶小檗喜凉爽湿润环境，耐寒也耐旱，不耐水涝，喜阳也能耐阴，萌蘖性强，耐修剪，对各种土壤都能适应，在肥沃深厚排水良好的土壤中生长更佳。

【园林应用前景】

紫叶小檗是园林绿化中色块组合的重要树种，适宜在园林中作花篱或在园路角丛植、大型花坛镶边或剪成球形对称状配植，或点缀在岩石间、池畔（见图 5-16）。

图 5-16　紫叶小檗园林应用

【栽培管理】

紫叶小檗可用播种、扦插、分株法繁殖。移植常在春季或秋季进行，可以裸根带宿土或蘸泥浆栽植，如能带土球移植，则更有利于恢复。栽植后灌透水，并进行强度修剪。小檗适应性强，长势强健，管理也很粗放，浇水应掌握见干见湿的原则，不干不浇。较耐旱，但经常干旱对其生长不利，高温干燥时，如能喷水降温增湿，对其生长发育大有好处。生长期间，每月应施一次 20%的饼肥水等液肥。秋季落叶后，在根际周围开沟施腐熟有机肥。

【整形修剪】

（1）幼苗定植后，应进行轻度修剪，以促发多生枝条，有利于成型（图 5-17）。

（2）每年入冬至早春前，对植株进行适当修整。疏剪过密枝、徒长枝、病虫枝、过弱的枝条，保持枝条分布均匀成圆球形。花坛中群植的紫叶小檗，修剪时要使中心高些，边缘的植株顺势低一

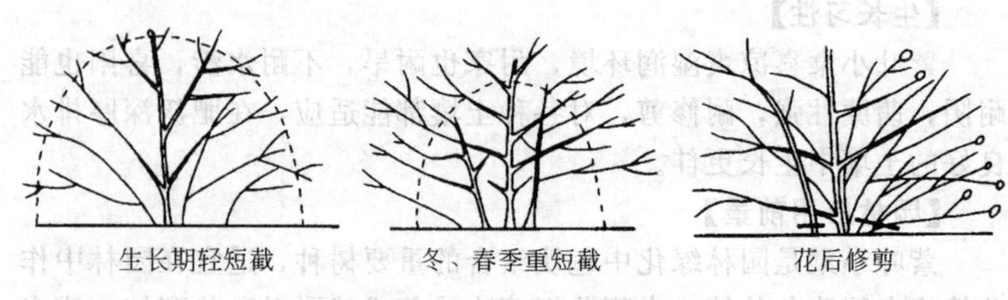

图 5-17 紫叶小檗的修剪

点，以增强花坛的立体感。

(3) 栽植过密的植株，3～5 年应重修剪 1 次，以达到更新复壮的目的。

六、小叶女贞

【学名】 *Ligustrum quihoui Carr*

【科属】 木犀科、女贞属

【产区分布】

产于陕西南部、山东、河北、江苏、安徽、浙江、江西、云南、西藏等。

【形态特征】

落叶灌木，高 1～3m。小枝淡棕色，圆柱形，密被微柔毛，后脱落。叶片薄革质，形状和大小变异较大，披针形、长圆状椭圆形、椭圆形等，叶缘反卷，上面深绿色，下面淡绿色。圆锥花序顶生，近圆柱形，花冠长 4～5mm（见图 5-18）。果倒卵形、宽椭圆形或近球形，呈紫黑色。花期 5～7 月，果期 8～11 月。

【生长习性】

小叶女贞喜阳，稍耐阴，较耐寒，但幼苗不甚耐寒。华北地区可露地栽培；对二氧化硫、氯化氢等毒气有较好的抗性。耐修剪，萌发力强。适生于肥沃、排水良好的土壤。

【园林用途】

小叶女贞为园林绿化中的重要绿篱材料；小叶女贞球主要用于道路绿化，公园绿化，住宅区绿化等（见图 5-19 和图 5-20）。抗多种有毒气体，是优秀的抗污染树种。

图 5-18 小叶女贞形态特征

图 5-19 小叶女贞园林应用（一）

图 5-20 小叶女贞园林应用（二）

【栽培管理】

可用播种、扦插和分株方法繁殖，但以播种繁殖为主。移植以春季 2～3 月份为宜，秋季亦可。需带土球，栽植时不宜过深。如在定植时，在穴底施肥，促进生长。

【整形修剪】

作绿篱栽培时，每年春、夏各进行一次剪修，具体修剪参见第一章第三节。球形和造型树整形参见红花檵木。

第六章

藤本的栽培与修剪

一、凌霄

【学名】 *Campsis grandiflora*（*Thunb.*）*Schum*

【科属】 紫葳科、凌霄属

【产地分布】

产长江流域各地，以及河北、山东、河南、福建、广东、广西、陕西。

【形态特征】

落叶攀缘藤本；茎木质，表皮脱落，枯褐色，以气生根攀附于它物之上。叶对生，为奇数羽状复叶；小叶 7～9 枚，卵形至卵状披针形，顶端尾状渐尖，基部阔楔形，两侧不等大，边缘有粗锯齿。顶生疏散的短圆锥花序，花萼钟状，分裂至中部，裂片披针形。花冠内面鲜红色，外面橙黄色，裂片半圆形。蒴果顶端钝（见图 6-1）。花期 5～8 月。

图 6-1　凌霄形态特征

【生长习性】

喜充足阳光，也耐半阴。适应性较强，耐寒、耐旱、耐瘠薄、耐盐碱，病虫害较少，但不适宜在暴晒或无阳光下。以排水良好、疏松的中性土壤为宜，忌酸性土。凌霄要求土壤肥沃的沙土，但是不喜欢大肥，不要施肥过多，否则影响开花。

【园林应用前景】

干枝扭曲多姿，翠叶团团如盖，花大色艳，花期甚长，为庭园中棚架、花门之良好绿化材料。适宜用于攀缘墙垣、枯树、石壁，或点缀于假山间隙，繁花艳彩（见图 6-2）。厚萼凌霄藤本，具气生根，长达 10m，更具独特的观赏价值（见图 6-3）。

图 6-2 凌霄的园林应用

图 6-3 厚萼凌霄（长长的气生根）

【栽培管理】

主要用扦插、压条繁殖，也可分株或播种繁殖。移栽可在春、秋两季进行，带宿土，远距离运输应蘸泥浆，并保湿包装。大苗应带土球移植。栽植前在穴内施足有机肥，栽后应设立支架，使枝条攀援而上，连浇3～4次透水。发芽后应加强肥水管理，一般每月喷1～2次叶面肥。

栽植成活后，每年开花之前施一些复合肥，并进行适当灌溉，使植株生长旺盛、开花茂密。冬季休眠前应施基肥。

【整形修剪】

1. 整形

(1) 选留主蔓　定植后修剪时，首先适当剪去顶部，促使新枝萌发。生长季选一健壮枝条作主蔓（主干）培养，疏剪掉主蔓上萌发的一部分分枝，以减少竞争，保证主蔓的优势，然后进行牵引使主蔓附着在支柱上。第一年冬季主蔓在壮芽上方短截，除主蔓外其他枝疏除。

(2) 选留主枝　第二年冬季修剪时，在主蔓两侧选留2～3个主枝，主蔓在壮芽上方处进行短截，主蔓上的主枝同样留壮芽短截，留部分其他枝条作为辅养枝。

(3) 选留侧枝　主枝上选留侧枝时，要注意留有一定距离，不留重叠枝条，以利于形成主次分明、均匀分布的枝干结构。

2. 修剪

春季，新枝萌发前进行适当修剪，保留所需走向的枝条，剪去不需要方向的枝条，也可将不需要方向的枝条绑扎到需要的地方。理顺主、侧枝，剪除过密枝、枯枝，使枝叶分布均匀，达到各个部位都能通风见光，有利于多开花（图6-4）。夏季，对辅养枝进行摘心，抑制其生长，促使主枝生长。

二、紫藤

【学名】 *Wisteria sinensis* (*Sims*) *Sweet*

【科属】 豆科、紫藤属

【产地分布】

原产中国，朝鲜、日本亦有分布。华北地区多有分布，以河

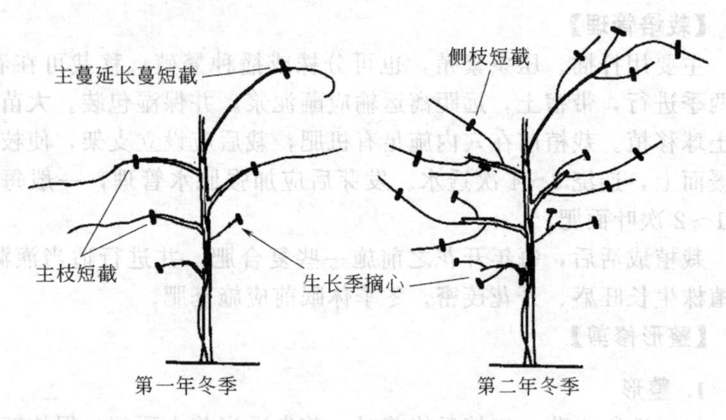

图 6-4 凌霄的整形修剪

北、河南、山西、山东最为常见。中国南至广东，北至内蒙古普遍栽培于庭园，以供观赏。

【形态特征】

别名朱藤、藤萝等。落叶藤本。茎右旋，枝较粗壮，嫩枝被白色柔毛，后秃净。奇数羽状复叶，小叶 3～6 对，纸质，卵状椭圆形至卵状披针形。花为总状花序，在枝端或叶腋顶生，长达 20～50cm，下垂，花密集，蓝紫色至淡紫色等，有芳香。每个花序可着花 50～100 朵。花冠旗瓣圆形，花开后反折。荚果倒披针形，悬垂枝上不脱落（见图 6-5）。花期 4～5 月，果期 5～8 月。

【生长习性】

紫藤为暖带及温带植物，对气候和土壤的适应性强，较耐寒，能耐水湿及瘠薄土壤，喜光，较耐阴。以土层深厚，排水良好，向阳避风的地方栽培最适宜。主根深，侧根浅，不耐移栽。生长较快，寿命很长。缠绕能力强，它对其他植物有绞杀作用。

【园林应用前景】

常见的品种有多花紫藤、银藤、红玉藤、白玉藤、南京藤等。是优良的观花藤本植物，一般应用于园林棚架，适栽于湖畔、池边、假山、石坊等处，具独特风格，盆景也常用（见图 6-6）。它对二氧化硫和氧化氢等有害气体有较强的抗性，对空气中的灰尘有吸附能力，有增氧、降温、减尘、减少噪声等作用。

图 6-5　紫藤形态特征

图 6-6　紫藤园林应用

【栽培管理】

紫藤繁殖容易，可用播种、扦插、压条、分株、嫁接等方法，主要用扦插。多于早春定植，定植前须先搭架，并将粗枝分别系在架上，使其沿架攀援，由于紫藤寿命长，枝粗叶茂，制架材料必须坚实耐久。

幼树初定植时，枝条不能形成花芽，以后才会着生花蕾。如栽种数年仍不开花，一是因树势过旺，枝叶过多，二是树势衰弱，难以积累养分。前者采取部分切根和疏剪枝叶，后者增施肥料即能开花。生长期一般追肥 2～3 次，萌芽前可施氮肥、过磷酸钙等；生长期追施腐熟人粪尿即可。

紫藤的主根很深，所以有较强的耐旱能力，但是喜欢湿润的土壤，然而又不能让根泡在水里，否则会烂根。应选择土层深厚、土壤肥沃且排水良好的高燥处，过度潮湿易烂根。

【整形修剪】

1. 整形

定植后，选留健壮枝作主蔓（主干）培养，在壮芽处短截，剪口附近如有侧枝，剪去2～3个，以减少竞争，也便于将主蔓缠绕于支柱上。分批除去从根部发生的其他枝条。生长季主干上的选留1主枝，适度留辅养枝，辅养枝摘心，控制生长。

第二年冬，主蔓短截至壮芽处，以期来年发出强健主枝，选留2个枝条作第二、第三主枝进行短截。全部疏去主干下部所留的辅养枝。参见凌霄整形。

2. 修剪

每年冬，剪去枯死枝、病虫枝、互向缠绕过分的重叠枝。一般小侧枝，留2～3个芽短截，使架面枝条分布均匀（图6-7）。

放任树更新，冬季在架面上选留3～4个生长粗壮的骨干枝，进行短截或回缩修剪。再短截其上的全部枝条，壮枝轻剪长留，弱枝重剪短留，使新生枝条得以势力平衡而复壮。主枝上的侧枝，除过于密集的适当疏剪几个外，一律留2～3个芽重剪。

三、葡萄

【学名】 *Vitis vinifera*

【科属】 葡萄科、葡萄属

【产地与分布】

中国葡萄多在北纬30°～43°之间。我国葡萄主产区为环渤海地区和西北地区，主要有辽宁、河北、山东、北京、新疆。

【形态特征】

落叶木质藤本。小枝圆柱形，有纵棱纹。卷须2叉分枝，与叶对生。叶卵圆形，显著3～5浅裂或中裂（见图6-8），边缘有锯齿，齿深而粗大，不整齐，齿端急尖。叶上面绿色，下面浅绿色，无毛

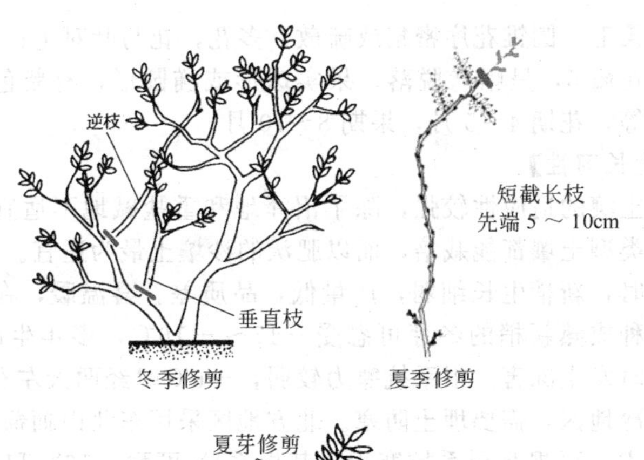

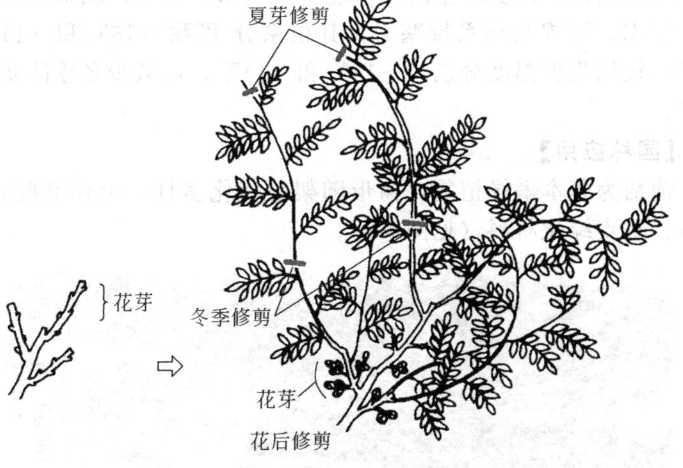

图 6-7 紫藤的修剪

图 6-8 葡萄形态特征

或被疏柔毛。圆锥花序密集或疏散，多花，花与叶对生；花蕾倒卵圆形，花瓣 5，呈帽状脱落。果实球形或椭圆形，有紫色、红色、黄绿色等，花期 4～5 月，果期 8～10 月。

【生长习性】

对土壤的适应性较强，除了沼泽地和重盐碱地不适宜生长外，其余各类型土壤都能栽培，而以肥沃的沙壤土最为适宜。喜光，光照不足时，新梢生长细弱，产量低，品质差。喜温暖，在休眠期，欧亚品种成熟新梢的冬芽可忍受－17～－16℃，多年生的老蔓在－20℃时发生冻害。根系抗寒力较弱，－6℃时经两天左右被冻死，北方寒冷地区，需要埋土防寒。北方地区采用东北山葡萄或贝达葡萄作砧木，可提高根系抗寒力，其根系分 可耐－16℃和－11℃的低温，致死临界温度分别为－18℃和－14℃，可减少冬季防寒埋土厚度。

【园林应用】

葡萄为藤本攀缘植物，树形随架势变化多样，可作庭院观赏、长廊、垂直绿化材料（见图 6-9）。

图 6-9　葡萄园林应用

【栽培管理】

葡萄主要用扦插繁殖。移栽主要在春季裸根栽植，栽植前施足基肥，栽后灌透水。

基肥在果实采摘后土壤封冻前施入效果为好，以有机肥和磷钾肥为主，根据树势配施一定量的氮肥。基肥施入量应随树龄增大而增加，幼龄树每株施农家肥 30～50kg，初结果施 50～100kg，成龄果树施 100～130kg。

葡萄一年追肥 3～4 次，萌芽前追施氮肥；在开花前追施氮肥并配施一定量的磷肥和钾肥；开花后，当果实如绿豆粒大小的时候，追施氮肥；在果实着色的初期，可适当追施少量的氮肥并配合磷、钾肥，以改善果实的内外品质。每次施肥结合灌水。

【整形修剪】

（一）整形

葡萄常用树形有 1 个主蔓、2 个主蔓、多主蔓。

1. 多主蔓扇形整形（见图 6-10）

第一年在地面附近培养出 3～4 根新梢作主蔓，秋后粗壮的留 50～80cm，较细的（<1cm）留 2～3 芽短截。

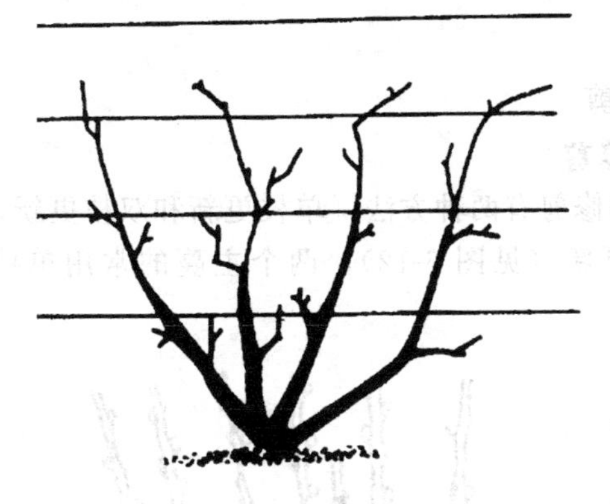

图 6-10 多主蔓扇形

第二年秋季从去年选留的主蔓的顶端选一粗壮的枝蔓作主蔓延长蔓，留 10～15 芽（据粗度而定），其余的每隔 20～30cm 留一个新梢，强的留 3～5 个芽，弱的留 1～2 个芽，30cm 以下的枝条多去掉。

第三年继续培养主蔓与枝组，主蔓高达三道铁丝，有 3～4 个枝组，树形基本完成。一般行二枝更新。

2. 两个主蔓整形（见图 6-11）

第一年选留两个主蔓，粗>1cm 剪留 1m，较弱的可平茬。

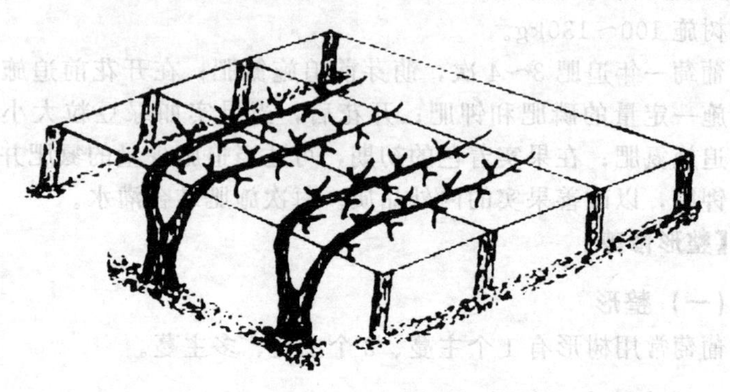

图 6-11　两个主蔓

第二年主蔓先端留一个 1～1.5m 的延长蔓，其余新梢留 2～3 个芽短截，隔 20～25cm 留一个培养成永久性枝组第三年继续培养主蔓和枝组。

（二）修剪

1. 冬季修剪

葡萄冬季修剪有两种方法，单枝更新和双枝更新，一般多主蔓的常用双枝更新（见图 6-12），两个主蔓的常用单枝更新（见图 6-13）。

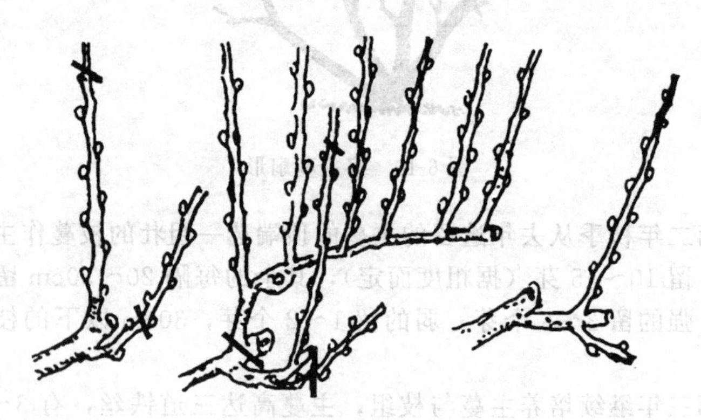

图 6-12　双枝更新

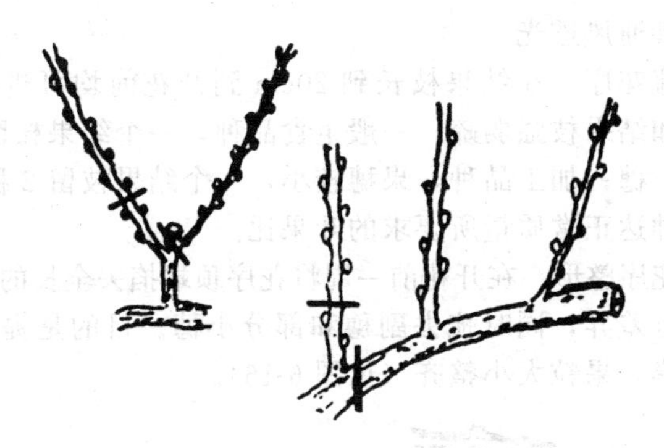

图 6-13 单枝更新

2. 夏剪修剪

（1）抹芽和疏枝 新梢长到 5～10cm 时，可看出花序，可把多余的发育枝、隐芽枝及过密过弱的新梢抹去。

（2）结果枝摘心 在开花前将结果枝顶端摘去，目的终止加长生长，使养分转流向花序，提高坐果率。开花前 5 天左右进行摘心，大约在花序以上留 5～8 片叶，要考虑结果枝的长势，长势弱新梢短的可适当短些，一般在是正常叶片三分之一大的叶片处（见图 6-14）。

（3）副梢处理 结果枝只保留顶端一个副梢，其余均及时抹去（见图 6-15），留下的副梢每次留 2～3 叶反复摘心。减少树体营养

图 6-14 摘心

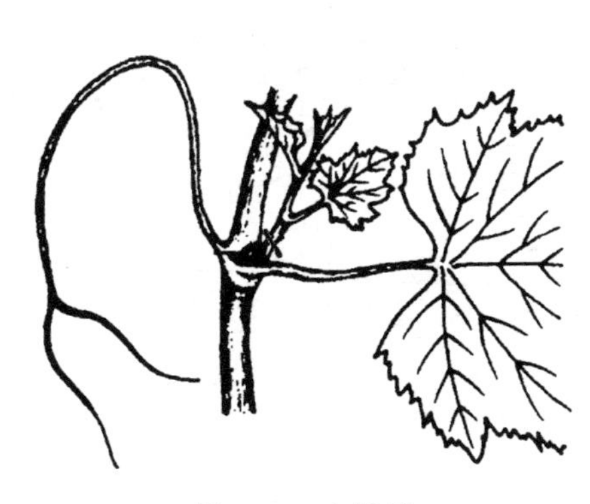

图 6-15 去副梢

消耗，改善通风透光。

（4）疏花序　在结果枝长到 20cm 到开花前均可进行疏花序。根据树势和结果枝强弱疏，一般生食品种，一个结果枝留 1 穗，少数壮的留 2 穗；加工品种，果穗较小，一个结果枝留 2 穗，原则是满足该品种达正常质量所要求的叶果比。

（5）花序整形　在开花前一周将花序顶端掐去全长的 1/5～1/3，不同品种有差异，同时疏去副穗和部分小穗。目的是提高坐果率，使果穗紧凑，果粒大小整齐（见图 6-16）。

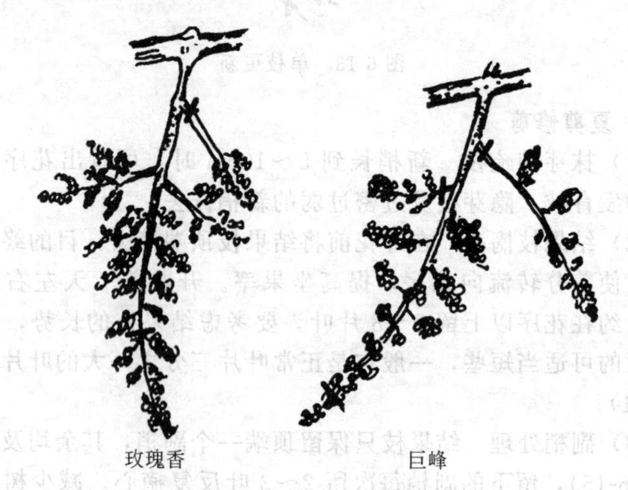

图 6-16　葡萄花序整形

参 考 文 献

[1] [日] 村越匡芳著. 陆世钧译. 图解庭院树木修剪. 上海：上海科学技术出版社，2013.

[2] 汪景彦等. 苹果树合理整形修剪图解. 北京：金盾出版社，2004.

[3] 郭育文等. 园林树木的整形修剪技术及研究方法. 北京：中国建筑工业出版社，2013.

[4] 徐晔春等. 观赏乔木. 北京：中国电力出版社，2012.

[5] 吴泽民等. 园林树木栽培学. 北京：中国农业出版社，2003.

[6] 南京市林业局. 南京市园林科研所编. 大树移植法. 北京：中国建筑工业出版社，2004.

[7] 恭维红，赖九江. 园林树木栽培与养护. 北京：中国电力出版社，2009.

[8] 王鹏，贾志国，冯莎莎. 园林树木移栽与整形修剪，北京：化工出版社，2010.